普通高等教育新工科电子信息类课改系列教材

传感器原理与应用

主　编　仲嘉霖　姜　莉
副主编　潘欣裕　顾敏明
参　编　刘传洋　戴华东

西安电子科技大学出版社

内 容 简 介

传感器技术是重要的基础性技术，掌握传感器技术、合理应用传感器构建各类传感器系统与网络，几乎是所有技术领域工程人员必须具备的基本能力。本书是作者在多年从事传感器教学、科研和生产实践的基础上编写而成的。

本书分为两篇，共 12 章。第一篇为传感器原理（第 1～10 章），包括传感器概述、电阻式传感器、电容式传感器、电感式传感器、压电式传感器、磁电式传感器、热电式传感器、光电式传感器、光纤传感器、化学量传感器等内容；第二篇为物联网系统（第 11 章和第 12 章），内容包括传感电路与系统应用和无线传感器网络。

本书内容全面、系统，理论与实际结合，层次分明，条理清晰，可作为电子信息、仪器仪表、自动控制、电气工程及自动化等专业的本科生和研究生教学用书，也可作为有关工程技术人员的参考资料。

图书在版编目（CIP）数据

传感器原理与应用 / 仲嘉霖，姜莉主编. -- 西安：西安电子科技大学出版社，2024. 10. -- ISBN 978-7-5606-7274-8

Ⅰ. TP212

中国国家版本馆 CIP 数据核字第 20240Z1R11 号

策　　划	高　樱	
责任编辑	买永莲	
出版发行	西安电子科技大学出版社（西安市太白南路 2 号）	
电　　话	(029) 88202421　88201467	邮　编　710071
网　　址	www. xduph. com	电子邮箱　xdupfxb001@163.com
经　　销	新华书店	
印刷单位	咸阳华盛印务有限责任公司	
版　　次	2024 年 10 月第 1 版　2024 年 10 月第 1 次印刷	
开　　本	787 毫米×1092 毫米　1/16　印张 14	
字　　数	327 千字	
定　　价	40.00 元	

ISBN 978-7-5606-7274-8

XDUP 7576001-1

＊＊＊如有印装问题可调换＊＊＊

前　言

信息获取与处理是现代信息技术领域的核心技术之一，对推动社会发展、科技进步起着重要的作用。传感器作为信息获取的工具，处在处理系统的最前端，直接面向被测量的对象，是现代信息技术的重要基础。在工业自动化、航空航天、军事工程、环境监测、海洋探测、石油化工、生物工程等许多领域，传感器得到了越来越广泛的应用。

传感器处于被测对象和测控系统的接口位置，为各类系统提供原始信息，在各类测控与网络系统中起着至关重要的基础性作用。本书期望对各类传感器的工作原理、结构及调理电路作较为详尽的描述，但本书更注重传感器的使用，更注重从建立传感器测控网络系统的角度来介绍传感器。

目前，传感器技术是重要的基础性技术，掌握传感器技术，合理应用传感器构建各类传感器系统与网络，几乎是所有技术领域工程人员必须具备的基本能力。本书是作者在多年从事传感器教学、科研和生产实践的基础上编写而成的。

全书内容主要分为两大部分，共 12 章。

第一篇为传感器原理，包括第 1～10 章，主要内容如下：

第 1 章是传感器概述，主要介绍传感器的定义、组成和分类，传感器的静态特性及其主要指标，传感器动态特性的一般数学模型，并从时域和频域两个方面来研究动态特性，最后介绍传感器的标定。

第 2～10 章介绍了多种常用传感器，对每种传感器从物理效应出发，简单介绍了它的转换原理、组成结构和基本特性，之后较详细地介绍了被测物理量转换成电压、电流或频率信号等的传感器转换电路。传感器的种类繁多，用传感器进行信息变换的原理和方式也是多种多样、灵活多变的。

传感器所涉及的领域非常广泛，要全面介绍传感器所涉及的各种技术领域是困难的。本篇选择目前已被广泛使用且技术比较成熟的传感器作为重点内容，此外也介绍了近年来迅速发展的新型传感器。

第二篇为物联网系统，包括第 11 章和第 12 章，主要内容如下：

以传感器为核心，将传感器与其他若干相关的部件或子系统组合在一起，使其具有对客体或事件的特性、品质加以定量测量的功能，这样形成的系统称为传感器测量系统。传感器是测量系统的基础，从应用的角度来看，传感器与测量系统是分不开的。因此，第 11 章主要介绍了信号的基本运算电路和放大电路，给出了几个传感器测量系统实例。

进入 21 世纪以来，随着感知、识别技术的快速发展，以智能传感器和无线网络为代表的信息自动生成设备可以实时地对物理世界感知、测量和监控，物理世界的联网需求和信息世界的扩展需求催生出一类新型网络——无线传感器网络（简称 WSN）。无线传感器网络是系统集成度越来越高的、能获取和处理信息的一种新型智能传感器系统。第 12 章主要介绍无线传感器网络的体系结构和特征，通过两个典型无线传感器网络系统的实例来阐明系统的特征，最后结合物联网和区块链两大热门技术进行应用展望。

　　本书主要由苏州科技大学的仲嘉霖（第 1、2、3、4、6 章）、姜莉（第 8、9 章）、潘欣裕（第 5、11 章）、顾敏明（第 7、12 章）和刘传洋（第 10 章）编写，井通网络科技有限公司的技术人员戴华东参与了第 12 章部分内容的编写。

　　传感器与物联网系统发展迅速，而编者学识水平有限，书中疏漏和不妥之处在所难免，敬请广大读者批评指正。

编　者

2024 年 3 月

目　录

第一篇　传感器原理

第二篇 物联网系统

第一篇　传感器原理

第1章 传感器概述

1.1 传感器的定义、组成和分类

1.1.1 传感器的定义

传感器来自"感觉"(sensor)一词。在研究自然现象的过程中,仅仅依靠人的五官取得外界信息是远远不够的,于是人们发明了能代替或补充人体五官功能的传感器。工程上也将传感器称为"变换器"。

根据国家标准《传感器通用术语》(GB/T 7665—2005),传感器(transducer/sensor)的定义为:能感受被测量并按照一定规律转换成可用输出信号的器件或装置,通常由敏感元件和转换元件组成。"这一定义所表述的传感器的主要内涵包括:

(1)从传感器的输入端来看,一个指定的传感器只能感受规定的被测量,即传感器对规定的物理量具有最高的灵敏度和最佳的选择性。例如,温度传感器只能用于测温,而不能同时受其他物理量的影响。

(2)从传感器的输出端来看,传感器的输出信号为"可用信号"。这里的"可用信号"是指便于处理、传输的信号,最常见的是电信号。有时输出的可用信号也可能是光信号等。可以预料,未来的"可用信号"或许是更先进、更实用的其他形式的信号。

(3)从输入与输出的关系来看,其应具有"一定规律",即传感器的输入与输出不仅是相关的,而且可以用确定的数学模型来描述,也就是具有确定规律的静态特性和动态特性。

由定义可知,传感器的基本功能是检测信号和转换信号。因此,传感器总是处于测试系统的最前端,用来获取检测信息,其性能将直接影响整个测试系统,对测量精确度起着决定性的作用。

1.1.2 传感器的基本组成

传感器一般由敏感元件、转换元件和测量电路三部分组成,有时还需要加系列电源等辅助电路。其组成可用框图表示,见图1.1。

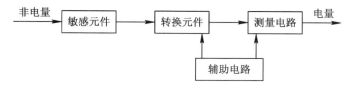

图 1.1 传感器的组成框图

（1）敏感元件（预变换器）：在完成非电量到电量的变换时，并非所有的非电量都能利用现有手段直接变换为电量，往往是先将被测非电量预先变换为另一种易于变换成电量的非电量，再将该非电量变换为电量。能够直接感受被测量，并能够完成这种预变换的器件称为敏感元件，又称为预变换器。传感器中各种类型的弹性元件常被称为敏感元件，并统称为弹性敏感元件。

（2）转换元件：将感受到的非电量直接转换为电量的器件，如压电晶体、热电偶等。转换元件也可以不直接感受被测量，而只感受与被测量成确定关系的其他非电量。例如，差动变压器式压力传感器并不直接感受压力，而只是感受与被测压力成确定关系的衔铁位移量，然后输出电量。

（3）测量电路：将转换元件输出的电量变成便于显示、记录、控制和处理的有用电信号的电路，也可称为基本转换电路（简称转换电路）。测量电路的类型视转换元件的分类而定，经常采用的有电桥电路及其他特殊电路，如高阻抗输入电路、脉冲调宽电路、振荡回路等。

1.1.3　传感器的分类

传感器的种类很多，目前尚没有统一的分类方法，一般常采用的分类方法有如下几种：

（1）按输入量分类。例如，输入量分别为温度、压力、位移、速度、加速度、湿度等非电量时，相应的传感器称为温度传感器、压力传感器、位移传感器、速度传感器、加速度传感器、湿度传感器等。这种分类方法给使用者提供了方便，容易根据测量对象选择所需要的传感器。

（2）按测量原理分类。现有传感器的测量原理主要依据的是物理学中的各种定律和效应，以及化学原理和固体物理学理论。例如，根据变阻器的原理，相应地有电位器式、应变式传感器；根据变磁阻原理，相应地有电感式、差动变压器式、电涡流式传感器；根据半导体有关理论，相应地有半导体力敏、热敏、光敏、气敏等固态传感器。

（3）按结构和物性分类。结构型传感器主要是通过机械结构的几何形状或尺寸的变化，将外界被测参数转换成相应的电阻、电感、电容等物理量的变化，从而检测出被测信号。这种传感器目前应用得最为普遍。物性型传感器则是利用某些材料本身物理性质的变化而实现测量，它是以半导体、电介质、铁电体等作为敏感材料的固态器件。

1.2　传感器的静态特性

传感器的基本特性主要是指输出量与输入量之间的关系。传感器的输入量可分为静态量和动态量两类。静态量指稳定状态的信号或变化极其缓慢的信号（准静态）。当输入量为常量或缓慢变化时，这一关系称为静态特性。动态量通常指周期信号、瞬变信号或随机信号。当输入量随时间变化时，这一关系称为动态特性。无论对动态量或静态量，传感器输出电量都应当不失真地复现输入量的变化。这种转换的精度取决于传感器的基本特性，即主要取决于传感器的静态特性和动态特性。

1.2.1 静态方程式

静态方程式是指被测量的各个值处于稳定状态下时输出量和输入量之间的关系式，即 $y = f(x)$。

通常要求传感器在静态情况下的输出-输入关系保持线性。但实际上影响输出的除输入量以外，还有外界的干扰量，不可能保持线性关系。输出量和输入量之间的关系式（不考虑迟滞及蠕变效应）可表示为

$$Y = a_0 + a_1 X + a_2 X^2 + \cdots + a_n X^n \tag{1.2-1}$$

式中，Y——输出量；

X——输入量；

a_0——零位输出；

a_1——传感器的灵敏度，常用 K 表示；

$a_2, a_3, \cdots, a_n$——非线性项系数。

由式（1.2-1）可见，如果 $a_0 = 0$，则表示静态特性通过原点。此时静态特性是由线性项（$a_1 X$）和非线性项（$a_2 X^2, \cdots, a_n X^n$）叠加而成的，一般可分为以下 4 种典型情况：

（1）理想线性（图 1.2(a)）：

$$Y = a_1 X \tag{1.2-2}$$

（2）具有 X 奇次阶项的非线性（图 1.2(b)）：

$$Y = a_1 X + a_3 X^3 + a_5 X^5 + \cdots \tag{1.2-3}$$

（3）具有 X 偶次阶项的非线性（图 1.2(c)）：

$$Y = a_1 X + a_2 X^2 + a_4 X^4 + \cdots \tag{1.2-4}$$

（4）具有 X 奇、偶次阶项的非线性（图 1.2(d)）：

$$Y = a_1 X + a_2 X^2 + a_3 X^3 + a_4 X^4 + \cdots \tag{1.2-5}$$

由此可见，除图 1.2(a)为理想线性关系外，其余均为非线性关系。其中，具有 X 奇次项的曲线如图 1.2(b)所示，在原点附近一定范围内基本上是线性的。

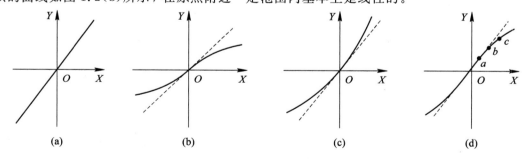

图 1.2　传感器的 4 种典型静态特性

在实际应用中，若非线性项的方次不高，则在输入量变化不大的范围内，用切线或割线代替实际的静态特性曲线的某一段，使传感器的静态特性接近于线性，这称为传感器静态特性的线性化。在设计传感器时，应将测量范围选取在静态特性最接近直线的一小段，此时原点可能不在零点。以图 1.2(d)为例，如取 ab 段，则原点在 a 点。若选择 c 点为原点，则传感器静态特性的非线性使其输出不能成比例地反映被测量的变化情况，而且对动态特

性也有一定的影响。

传感器的静态特性是在静态标准条件下测定的。在标准工作状态下，利用一定精度等级的校准设备对传感器进行循环测试，即可得到输出-输入数据。将这些数据列成表格，再画出各被测量值（正行程和反行程）对应输出平均值的连线，即为传感器的静态校准曲线。

1.2.2　静态特性的主要技术指标

传感器静态特性的主要指标有线性度、灵敏度、精确度、迟滞、重复性、零点漂移、温度漂移等。

1. 线性度（非线性误差）

在规定条件下，传感器校准曲线与拟合直线间最大偏差和满量程（FS）输出值的百分比称为线性度（见图 1.3），也称为非线性误差。

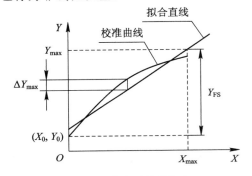

图 1.3　传感器的线性度

用 δ_l 代表线性度，则

$$\delta_l = \pm \frac{\Delta Y_{\max}}{Y_{FS}} \times 100\%$$

$(1.2-6)$

式中，$\Delta Y_{\max}$——校准曲线与拟合直线间的最大偏差；

Y_{FS}——传感器满量程输出，$Y_{FS} = Y_{\max} - Y_0$。

由此可知，非线性误差是以一定的拟合直线或理想直线为基准直线算出来的。因此，基准直线不同，所得线性度也不同，见图 1.4。

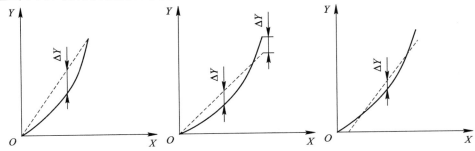

图 1.4　基准直线的不同拟合方法

对同一传感器，在相同条件下校准时得出的非线性误差不会完全一样，因而不能笼统地说线性度或非线性误差，必须同时说明所依据的基准直线。目前国内外关于拟合直线的计算方法不尽相同，下面仅介绍两种常用的拟合基准直线方法。

1）端基法

端基法把传感器校准数据的零点输出平均值 a_0 和满量程输出平均值 b_0 连成的直线 a_0b_0 作为传感器特征的拟合直线（见图 1.5），其方程式为

$$Y = a_0 + KX \qquad (1.2-7)$$

式中，Y——输出量；

$\quad X$——输入量；

$\quad a_0$——Y 轴上截距；

$\quad K$——直线 a_0b_0 的斜率。

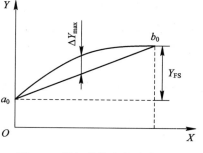

图 1.5　端机线性度拟合直线

由此得到端基法拟合直线方程，按式（1.2-6）可算出端基线性。这种拟合方法简单直观，但是未考虑所有校准点数据的分布，拟合精度较低，一般用在特性曲线非线性度较小的情况下。

2）最小二乘法

采用最小二乘法拟合直线，拟合精度很高。其计算方法如下：

令拟合直线方程为 $Y = a_0 + KX$。假定实际校准点有 n 个，在 n 个校准数据中，任一个校准数据 Y_i 与拟合直线上对应的理想值 $a_0 + KX_i$ 间的线差为

$$\Delta_i = Y_i - (a_0 + KX_i) \qquad (1.2-8)$$

最小二乘法拟合直线的拟合原则就是使 $\sum\limits_{i=1}^{n} \Delta_i^2$ 为最小值，亦即使 $\sum\limits_{i=1}^{n} \Delta_i^2$ 对 K 和 a_0 的一阶偏导数等于零，从而求出 K 和 a_0 的表达式：

$$\frac{\partial}{\partial K} \sum_{i=1}^{n} \Delta_i^2 = 2 \sum (Y_i - KX_i - a_0)(-X_i) = 0$$

$$\frac{\partial}{\partial a_0} \sum_{i=1}^{n} \Delta_i^2 = 2 \sum (Y_i - KX_i - a_0)(-1) = 0$$

联立求解以上二式，可求出 K 和 a_0，即

$$K = \frac{n \sum\limits_{i=1}^{n} X_i Y_i - \sum\limits_{i=1}^{n} X_i \cdot \sum\limits_{i=1}^{n} Y_i}{n \sum\limits_{i=1}^{n} X_i^2 - \left(\sum\limits_{i=1}^{n} X_i \right)^2} \qquad (1.2-9)$$

$$a_0 = \frac{\sum\limits_{i=1}^{n} X_i^2 \cdot \sum\limits_{i=1}^{n} Y_i - \sum\limits_{i=1}^{n} X_i \cdot \sum\limits_{i=1}^{n} X_i Y_i}{n \sum\limits_{i=1}^{n} X_i^2 - \left(\sum\limits_{i=1}^{n} X_i \right)^2} \qquad (1.2-10)$$

式中：n——校准点数。

由此得到最佳最小二乘法拟合直线方程，再利用式（1.2-6），可算出最小二乘法线性度。

2. 灵敏度

传感器的灵敏度指到达稳定工作状态时输出变化量与引起此变化的输入变化量之比。由图 1.6(a)可知，线性传感器校准曲线的斜率就是静态灵敏度 K。其计算方法为

$$K = \frac{\text{输出变化量}}{\text{输入变化量}} = \frac{\Delta Y}{\Delta X} \qquad\qquad (1.2-11)$$

非线性传感器的灵敏度用 dY/dX 表示(见图 1.6(b)),其数值等于所对应的最小二乘法拟合直线的斜率。

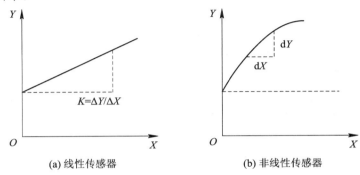

(a) 线性传感器　　　　　　　　　　(b) 非线性传感器

图 1.6　传感器灵敏度的定义

3. 精确度(精度)

衡量精确度的指标有三个:精密度、正确度和精确度。

(1) 精密度 δ:说明测量结果的分散性,即对某一稳定的对象(被测量)由同一测量者用同一传感器和测量仪表在相当短的时间内连续重复测量多次(等精度测量)所得测量结果的分散程度。δ 愈小,则说明测量越精密(对应随机误差)。

(2) 正确度 ε:说明测量结果偏离真值大小的程度,即示值有规则偏离真值的程度,换句话说,它是指所测值与真值的符合程度(对应系统误差)。

(3) 精确度 τ:含有精密度与正确度两者之和的意思,即测量的综合优良程度;在最简单的场合下可取两者的代数和,即 $\tau = \delta + \varepsilon$。通常,精确度是以测量误差的相对值来表示的。

在工程应用中,为了简单表示测量结果的可靠程度,引入一个精确度等级概念,用 A 来表示,传感器与测量仪表精确度等级 A 以一系列标准百分数值(0,0.001,0.005,0.02,0.05,…,1.5,2.5,4.0,…)进行分挡。这个数值是传感器和测量仪表在规定条件下,其允许的最大绝对误差相对于其测量范围的百分数。它可以用下式表示:

$$A = \frac{\Delta A}{Y_{FS}} \times 100\% \qquad\qquad (1.2-12)$$

式中,A——传感器的精度;

　　　ΔA——测量范围内允许的最大绝对误差;

　　　Y_{FS}——满量程输出。

传感器设计和出厂检验时,其精度等级代表的误差指传感器测量的最大允许误差。

4. 迟滞

迟滞是指在相同工作条件下全测量范围校准时,在同一次校准中对应同一输入量的正行程和反行程的输出值间的最大偏差(见图 1.7)。其数值用最大偏差或最大偏差的一半与满

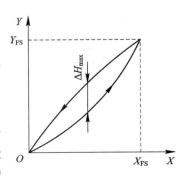

图 1.7　传感器的迟滞特性

量程输出值的百分比表示：

$$\delta_{\mathrm{H}} = \pm \frac{\Delta H_{\max}}{Y_{\mathrm{FS}}} \times 100\% \qquad (1.2-13)$$

或

$$\delta_{\mathrm{H}} = \pm \frac{\Delta H_{\max}}{2Y_{\mathrm{FS}}} \times 100\% \qquad (1.2-14)$$

式中，$\Delta H_{\max}$——输出值在正、反行程间输出的最大偏差；

δ_{H}——传感器的迟滞。

迟滞现象反映了传感器机械结构和制造工艺上的缺陷，如轴承摩擦、间隙、螺钉松动、元件腐蚀或破碎及积塞灰尘等。

5. 重复性

重复性是指在同一工作条件下，输入量按同一方向在全测量范围内连续变动多次所得特性曲线的不一致性。如图 1.8 所示，重复性在数值上用各测量值正、反行程标准偏差最大值的 2 倍或 3 倍与满量程的百分比表示，即

$$\delta_{\mathrm{k}} = \pm \frac{2\sigma \sim 3\sigma}{Y_{\mathrm{FS}}} \times 100\% \qquad (1.2-15)$$

式中，δ_{k}——重复性误差；

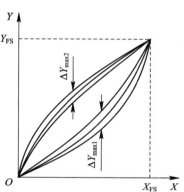

图 1.8　传感器的重复性

σ——标准偏差。其中，σ 前的系数称为置信系数。当置信系数取 2 时，置信概率为 95.4%；当置信系数取 3 时，置信概率为 99.73%。因此，在计算重复性误差时，其置信系数常取 2～3。

标准偏差 σ 可用贝塞尔公式计算得出，即

$$\sigma = \sqrt{\frac{\sum\limits_{i=1}^{n}(Y_i - \overline{Y})}{n-1}} \qquad (1.2-16)$$

式中，Y_i——测量值；

$\overline{Y}$——测量值的算术平均值；

n——测量次数。

重复性所反映的是测量结果偶然误差的大小，而不表示与真值之间的差别。有时重复性虽然很好，但可能远离真值。

6. 零点漂移

零点漂移（简称零漂）是指当传感器无输入（或某一输入值恒定不变）时，每隔一段时间进行读数，其输出的变化量。零漂可用以下定义式计算，即

$$零漂 = \frac{\Delta Y_0}{Y_{\mathrm{FS}}} \times 100\% \qquad (1.2-17)$$

式中，ΔY_0——最大零点偏差（或响应偏差）；

Y_{FS}——满量程输出。

7. 温度漂移

温度漂移(简称温漂)表示温度变化时,传感器输出值的偏离程度。温漂一般以温度变化 $1℃$ 时,输出最大偏差与满量程的百分比来表示,即

$$温漂 = \frac{\Delta_{\max}}{Y_{FS} \Delta T} \times 100\%$$ (1.2 − 18)

式中,$\Delta_{\max}$ —— 输出最大偏差;

ΔT —— 温度变化范围;

Y_{FS} —— 满量程输出。

1.3 传感器的动态特性

在实际测量中,大量的被测量是随时间变化的动态信号,这就要求传感器的输出不仅能精确地反映被测量的大小,还要正确地再现被测量随时间变化的规律。

传感器的动态特性是指传感器的输出对随时间变化的输入量的响应特性。一个动态特性好的传感器,其输出将再现输入量的变化规律,即具有相同的时间函数。实际上除了具有理想的比例特性的环节外,由于传感器固有因素的影响,输出信号将不会与输入信号具有相同的时间函数,这种输出与输入之间的差异就是所谓的动态误差。研究传感器的动态特性主要是从测量误差角度分析产生动态误差的原因及改善措施。

由于绝大多数传感器都可以简化为一阶或二阶系统,因此一阶和二阶传感器是最基本的。研究传感器的动态特性可以从时域和频域两个方面来进行,在"时域"中研究时,输入量采用阶跃信号;在"频域"中研究时,取正弦信号作输入信号。

1.3.1 动态特性的一般数学模型与传递函数

为了分析动态特性,首先要写出数学模型,求得传递函数。一般情况下,传感器输出量 y 与被测量 x 之间的关系可写成

$$f_1 \left(\frac{d^n y}{dt^n}, \cdots, \frac{dy}{dt}, y \right) = f_2 \left(\frac{d^m x}{dt^m}, \cdots, \frac{dx}{dt}, x \right)$$

不过,大多数传感器在其工作点附近一定范围内,其数学模型可用线性微分方程表示,即

$$a_n \frac{d^n y}{dt^n} + \cdots + \frac{a_1 dy}{dt} + a_0 y = b_m \frac{d^m x}{dt^m} + \cdots + \frac{b_1 dx}{dt} + b_0 x$$ (1.3 − 1)

设 $x(t)$、$y(t)$ 的初始条件为零,对上式两边进行拉普拉斯变换,可得

$$a_n s^n Y(s) + \cdots + a_1 s Y(s) + a_0 Y(s) = b_m s^m X(s) + \cdots + b_1 s X(s) + b_0 X(s)$$

由此可求得初始条件为零的条件下输出信号拉普拉斯变换 $Y(s)$ 与输入信号拉普拉斯变换 $X(s)$ 的比值:

$$\frac{Y(s)}{X(s)} = W(s) = \frac{b_m s^m + \cdots + b_1 s + b_0}{a_n s^n + \cdots + a_1 s + a_0}$$ (1.3 − 2)

这一比值 $W(s)$ 就被定义为传感器的传递函数。

传递函数是拉普拉斯变换算子 s 的有理分式，所有系数 a_n，$\cdots$，a_1，a_0 及 b_m，$\cdots$，b_1，b_0 都是实数。这是由传感器的结构参数决定的。分子的阶次 m 不能大于分母的阶次 n。这是由物理条件决定的，否则系统不稳定。分母的阶次用来代表该传感器的特征。$n=0$ 时称零阶，$n=1$ 时称一阶，$n=2$ 时称二阶，n 更大时称为高阶。稳定的传感器系统所有极点都位于复平面的左半平面。零点、极点可能是实数，也可能是共轭复数。

1.3.2 传感器的频率特性

输入量 x 按正弦函数变化时，微分方程式(1.3-1)的特解(强迫振荡)，即输出量 y 也是同频率的正弦函数，其振幅和相位将随频率变化而变化，这一性质就称为频率特性。

设输入量为

$$x = A\sin(\omega t + \varphi_0) \tag{1.3-3}$$

获得的输出量为

$$y = B\sin(\omega t + \phi_0) \tag{1.3-4}$$

式中，A、B、φ_0、ϕ_0——输入、输出的振幅和初相角；

ω——角频率。

则

$$
\begin{cases}
\dfrac{\mathrm{d}x}{\mathrm{d}t} = A\omega\cos(\omega t + \varphi_0) = \mathrm{j}\omega x \\[2mm]
\dfrac{\mathrm{d}^2 x}{\mathrm{d}t^2} = -A\omega^2 \sin(\omega t + \varphi_0) = (\mathrm{j}\omega)^2 x \\[2mm]
\qquad\qquad \vdots \\[2mm]
\dfrac{\mathrm{d}^m x}{\mathrm{d}t^m} = (\mathrm{j}\omega)^m x
\end{cases}
$$

$$
\begin{cases}
\dfrac{\mathrm{d}y}{\mathrm{d}t} = B\omega\cos(\omega t + \phi_0) = \mathrm{j}\omega y \\[2mm]
\dfrac{\mathrm{d}^2 y}{\mathrm{d}t^2} = -B\omega^2 \sin(\omega t + \phi_0) = (\mathrm{j}\omega)^2 y \\[2mm]
\qquad\qquad \vdots \\[2mm]
\dfrac{\mathrm{d}^n y}{\mathrm{d}t^n} = (\mathrm{j}\omega)^n y
\end{cases}
$$

将它们代入式(1.3-1)，可得

$$[a_n (\mathrm{j}\omega)^n + \cdots + a_1(\mathrm{j}\omega) + a_0]y = [b_m (\mathrm{j}\omega)^m + \cdots + b_1(\mathrm{j}\omega) + b_0]x \tag{1.3-5}$$

从而可得

$$W(\mathrm{j}\omega) = \frac{b_m (\mathrm{j}\omega)^m + \cdots + b_1(\mathrm{j}\omega) + b_0}{a_n (\mathrm{j}\omega)^n + \cdots + a_1(\mathrm{j}\omega) + a_0} \tag{1.3-6}$$

$W(\mathrm{j}\omega)$ 为一复数，它可用代数形式及指数形式表示，即

$$W(\mathrm{j}\omega) = k_1 + \mathrm{j}k_2 = k\mathrm{e}^{\mathrm{j}\varphi} \tag{1.3-7}$$

式中，k_1、k_2——分别为 $W(\mathrm{j}\omega)$ 的实部和虚部；

k、φ——分别为 $W(\mathrm{j}\omega)$ 的幅值和相角 $\left(k = \sqrt{k_1^2 + k_2^2},\ \tan\varphi = \dfrac{k_2}{k_1}\right)$。

将式(1.3-7)代入式(1.3-5)，可得

$$y = k e^{j\varphi} x \qquad (1.3-8)$$

将式(1.3-3)、式(1.3-4)代入式(1.3-8)，可得

$$B\sin(\omega t + \phi_0) = kA\sin(\omega t + \varphi_0 + \varphi) \qquad (1.3-9)$$

可见，k 值表示输出量幅值与输入量幅值之比，即动态灵敏度，k 值是 ω 的函数，称为幅频特性，以 $k(\omega)$ 表示。φ 值表示输出量的相位较输入量超前的角度，它也是 ω 的函数，称为相频特性，以 $\varphi(\omega)$ 表示。

1.3.3 过渡函数与稳定时间

传感器的输入为阶跃信号，即输入由零突变到 A，且保持为 A，如图 1.9(a)所示，输出量 y 将随时间变化，如图 1.9(b)所示。$y(t)$ 可能经过若干次振荡(或不经振荡)缓慢地趋向稳定值 kA，这里 k 为仪器的静态灵敏度，这一过程称为过渡过程，$y(t)$ 称为过渡函数。

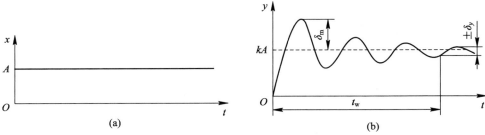

图 1.9 阶跃输入与响应

过渡函数就是符合 $t=0$，$y=0$ 等初始条件的下列方程的特解：

$$\frac{a_n \mathrm{d}^n y}{\mathrm{d}t^n} + \cdots + \frac{a_1 \mathrm{d}y}{\mathrm{d}t} + a_0 y = b_0 A \qquad (1.3-10)$$

对过渡函数的要求，与输出信号如何提取有关。严格说来，过渡函数曲线上各点到 $y=kA$ 直线的距离都是动态误差。当过渡过程基本结束后，y 处于允许误差 δ_y 范围内所经历的时间称为稳定时间 t_w。稳定时间也是重要的动态特性之一。输出值超出稳态值的最大量 δ_m 称过冲量。它是又一个重要的动态性能指标。当后续测量控制系统有可能受到过渡函数的极大值的影响时，应对过冲量 δ_m 予以限制。

1.3.4 二阶传感器

模拟传感器的数学模型，通常可简化用零阶、一阶、二阶微分方程表示，需用高阶(三阶以上)微分方程表示的较少。数学模型为几阶微分方程，对应的传感器就称为几阶传感器。

本小节对二阶传感器进行具体分析。二阶传感器的方程为

$$a_2 \frac{\mathrm{d}^2 y}{\mathrm{d}t^2} + a_1 \frac{\mathrm{d}y}{\mathrm{d}t} + a_0 y = b_0 x \qquad (1.3-11)$$

也可写成

$$(\tau^2 s^2 + 2\xi\tau s + 1)Y = kX \qquad (1.3-12)$$

式中，τ——时间常数，$\tau = \sqrt{\dfrac{a_2}{a_0}}$；

ξ——阻尼比，$\xi = \dfrac{a_1}{2\sqrt{a_0 a_2}}$；

k——静态灵敏度，$k = \dfrac{b_0}{a_0}$。

由式(1.3－12)可得二阶传感器的频率特性、幅频特性和相频特性，分别为

$$W(\mathrm{j}\omega) = \frac{k}{1-\omega^2\tau^2 + 2\mathrm{j}\xi\omega\tau} \qquad (1.3-13)$$

$$k(\omega) = \frac{k}{\sqrt{(1-\omega^2\tau^2)^2 + (2\xi\omega\tau)^2}} \qquad (1.3-14)$$

$$\varphi(\omega) = -\arctan\frac{2\xi\omega\tau}{1-\omega^2\tau^2} \qquad (1.3-15)$$

图 1.10 所示为二阶传感器的幅频与相频特性，即动态特性与静态灵敏度之比的曲线图。

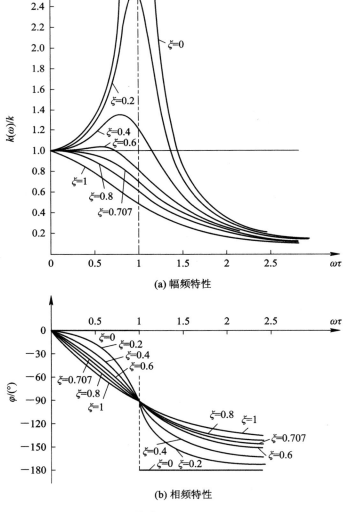

图 1.10　二阶传感器的幅频特性与相频特性

由此可见，阻尼比 ξ 的影响较大。当 $\xi \to 0$ 时，在 $\omega\tau = 1$ 处 $k(\omega)$ 趋近无穷大，这一现象称为谐振。随着 ξ 的增大，谐振现象逐渐不明显。当 $\xi \geqslant 0.707$ 时，不再出现谐振，这时 $k(\omega)$ 将随着 $\omega\tau$ 的增大而单调下降。

为了求得二阶传感器的过渡函数，需要在输入阶跃量 $x = A$ 的情况下求下列方程的解：

$$\tau^2 \frac{\mathrm{d}^2 y}{\mathrm{d}t^2} + 2\xi\tau \frac{\mathrm{d}y}{\mathrm{d}t} + y = kA \qquad (1.3-16)$$

方程 $(1.3-16)$ 的特征方程为

$$\tau^2 s^2 + 2\xi\tau s + 1 = 0 \qquad (1.3-17)$$

根据阻尼比大小的不同，特征方程 $(1.3-17)$ 可分为以下 4 种情况：

(1) $0 < \xi < 1$（有阻尼）：

该特征方程具有共轭复数根：

$$\lambda_{1,2} = \frac{-(\xi \pm \mathrm{j}\sqrt{1-\xi^2})}{\tau} \qquad (1.3-18)$$

方程 $(1.3-16)$ 的通解为

$$y(t) = -\mathrm{e}^{-\xi t/\tau}\left(A_1 \cos \frac{\sqrt{1-\xi^2}}{\tau}t + A_2 \sin \frac{\sqrt{1-\xi^2}}{\tau}t\right) + A_3$$

根据 $t \to \infty$，$y \to kA$，求出 A_3；根据初始条件 $t = 0$，$y(0) = 0$，求出 A_1、A_2，可得

$$y(t) = kA\left[1 - \frac{\exp(-\xi t/\tau)}{\sqrt{1-\xi^2}}\sin\left(\frac{\sqrt{1-\xi^2}}{\tau}t + \arctan\frac{\sqrt{1-\xi^2}}{\xi}\right)\right] \qquad (1.3-19)$$

$\xi < 1$ 的二阶传感器过渡过程曲线如图 1.11 所示。这是一个衰减振荡过程。ξ 越小，振荡频率越高，衰减越慢。

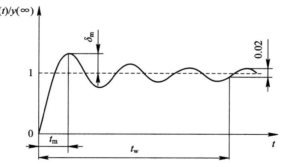

图 1.11　$\xi < 1$ 的二阶传感器过渡过程曲线

由式 $(1.3-19)$ 还可求得稳定时间 t_w、过冲量 δ_m 与其发生的时间 t_m：

$$t_w = \frac{4\tau}{\xi} \text{（设允许的相对误差 } \gamma_y = 0.02\text{）}$$

$$\delta_m = \exp\left(-\frac{\xi t_m}{\tau}\right)$$

$$t_m = \frac{\tau\pi}{\sqrt{1-\xi^2}}$$

(2) $\xi = 0$（零阻尼）：

输出变成了等幅振荡，即

$$y(t) = kA\left[1 - \sin\left(\frac{t}{\tau} + \varphi_0\right)\right] \tag{1.3-20}$$

其中，φ_0 由初始条件确定。

（3）$\xi = 1$（临界阻尼）：

特征方程具有重根 $-1/\tau$，过渡函数为

$$y(t) = kA\left[1 - \exp\left(-\frac{t}{\tau}\right) - \frac{t}{\tau}\exp\left(-\frac{t}{\tau}\right)\right] \tag{1.3-21}$$

（4）$\xi > 1$（过阻尼）：

特征方程具有两个不同的实根：

$$\lambda_{1,2} = \frac{-(\xi \pm \sqrt{\xi^2 - 1})}{\tau}$$

过渡函数为

$$y(t) = kA\left[1 + \frac{\xi - \sqrt{\xi^2 - 1}}{\sqrt{\xi^2 - 1}}\exp\left(\frac{-\xi + \sqrt{\xi^2 - 1}}{\tau}t\right) - \frac{\xi + \sqrt{\xi^2 - 1}}{2\sqrt{\xi^2 - 1}}\exp\left(\frac{-\xi - \sqrt{\xi^2 - 1}}{\tau}t\right)\right]$$

$$\tag{1.3-22}$$

式（1.3-21）、式（1.3-22）表明，当 $\xi \geqslant 1$ 时，该系统不再是振荡的，而是由两个一阶阻尼环节组成的，前者两个时间常数相同，后者两个时间常数不同。

实际的传感器，ξ 值一般可适当安排，兼顾过冲量 δ_m 不要太大、稳定时间 t_w 不要过长的要求，在 $\xi = 0.6 \sim 0.7$ 范围内可以获得较为合适的综合特性。对于正弦输入来说，当 $\xi = 0.6 \sim 0.7$ 时，幅值比 $k(\omega)/k$ 在比较宽的范围内变化较小。计算表明，在 $\omega\tau = 0 \sim 0.58$ 范围内，幅值比变化不超过 5%，相频特性 $\varphi(\omega)$ 接近于线性关系。

1.4 传感器的标定

传感器在制造、装配完毕后，必须对设计指标进行标定试验，以保证量值的准确传递。传感器使用一段时间（中国计量法规定一般为一年）或经过修理后，也必须对其主要技术指标再次进行标定试验，即校准试验，以确保其性能指标达到要求。

传感器的标定，就是通过试验确立传感器的输入量与输出量之间的关系，同时也确定出不同使用条件下的误差关系。因此，传感器标定有两个含义。其一是确定传感器的性能指标；其二是明确这些性能指标所适用的工作环境。本章仅讨论第一个问题。

传感器的标定有静态标定和动态标定两种。静态标定的目的是确定传感器静态指标，主要是线性度、灵敏度、滞后和重复性。动态标定的目的是确定传感器动态指标，主要是时间常数、固有频率和阻尼比。有时，根据需要也对非测量方向（因素）的灵敏度、温度响应、环境影响等进行标定。

标定的基本方法是将已知的被测量（亦即标准量）输入给待标定的传感器，同时得到传感器的输出量；对所获得的传感器输入量和输出量进行处理和比较，从而得到一系列表征两者对应关系的标定曲线，进而得到传感器性能指标的实测结果。

标定系统框图如图 1.12 所示。图中,实线框环节组成绝对法标定系统。这时,标定装置能产生被测量并将之传递给待标定传感器,而且还能将被测量测试出来;待标定传感器的输出信号由输出量测量环节测量并显示出来。一般来说,它的标定精度较高,但较复杂。如果标定装置不能测量被测量,或不用它给出的测量值,就需要增加标准传感器测量被测量。这就组成了简单易行的比较法标定系统。另外,若待标定传感器包括后续测量电路和显示部分,标定系统中就可去掉输出量测试环节,如此标定能提高传感器在工程测试中使用的精度。

图 1.12　标定系统框图

对传感器进行标定,是根据试验数据确定传感器的各项性能指标,实际上也就是确定传感器的测量精度。所以在标定传感器时,所用测量设备(称为标准设备)的精度通常要比待标定传感器的精度高一个数量级(至少要高 1/3 以上)。这样通过标定确定的传感器性能指标才是可靠的,所确定的精度才是可信的。

1.4.1　传感器静态特性的标定方法

传感器的静态特性是在静态标准条件下进行标定的。静态标准条件主要包括没有加速度、振动、冲击(除非这些参数本身就是被测量)及环境温度一般为室温(20 ± 5)℃、相对湿度不大于 85%、气压为(101 ± 7)kPa 等条件。

一般的静态标定包括如下步骤:

(1) 将传感器全量程(测量范围)分成若干等间距点。

(2) 根据传感器量程分点情况,由小到大逐点递增输入标准量值,并记录与各点输入值相对应的输出值。

(3) 将输入量值由大到小逐点递减,同时记录与各点输入值相对应的输出值。

(4) 按(2)、(3)所述过程,对传感器进行正、反行程循环多次(一般为 3~10 次)测试,将得到的输出—输入测试数据用表格列出或画成曲线。

(5) 对测试数据进行必要的处理,根据处理结果就可以得到传感器校正曲线,进而可以确定出传感器的灵敏度、线性度、迟滞性和重复性。

1.4.2　传感器动态特性的实验确定法

传感器的动态标定,实质上就是通过实验得到传感器动态性能指标的具体数值,因此下面主要讨论动态特性的实验确定法。确定方法常常因传感器的形式(如电的、机械的、气动的等)不同而不完全一样,但从原理上一般可分为阶跃信号响应法、正弦信号响应法、随机信号响应法和脉冲信号响应法等。

标定系统中所用标准设备的时间常数应比待标定传感器的小得多,而固有频率则应高得多。这样它们的动态误差才可忽略不计。

1. 阶跃信号响应法

(1) 一阶传感器时间常数 τ 的确定。

一阶传感器输出 y 与被测量 x 之间的关系为 $\dfrac{a_1 \mathrm{d}y}{\mathrm{d}t}+a_0 y=b_0 x$，当输入量 x 是幅值为 A 的阶跃函数时，可以解得

$$y(t)=kA\left[1-\exp\left(-\frac{t}{\tau}\right)\right] \tag{1.4-1}$$

式中，τ——时间常数，$\tau=\sqrt{\dfrac{a_1}{a_0}}$；

$\qquad k$——静态灵敏度，$k=\dfrac{b_0}{a_0}$。

在测得的传感器阶跃响应曲线上，取输出值达到其稳态值的 63.2% 处所经过的时间，即为其时间常数 τ。但这样确定 τ 值实际上没有涉及响应的全过程，测量结果的可靠性仅仅取决于某些个别的瞬时值。采取下述方法，可获得较为可靠的 τ 值。根据式(1.4-1)得

$$1-\frac{y(t)}{kA}=\exp\left(-\frac{t}{\tau}\right)$$

令 $Z=-\dfrac{t}{\tau}$，可见 Z 与 t 呈线性关系，而且

$$Z=\ln\left[1-\frac{y(t)}{kA}\right] \tag{1.4-2}$$

因此，根据测得的输出信号 $y(t)$ 作出 $Z-t$ 曲线，则 $\tau=-\dfrac{\Delta t}{\Delta Z}$。这种方法考虑了瞬态响应的全过程，并可以根据 $Z-t$ 曲线与直线的符合程度来判断传感器接近一阶系统的程度。

(2) 二阶传感器阻尼比 ξ 和固有频率 ω_0 的确定。

二阶传感器一般都设计成 $\xi=0.7\sim0.8$ 的欠阻尼系统，其测得的传感器阶跃响应输出曲线可见图 1.11，在其上可以获得曲线振荡频率 ω_{d}、稳态值 $y(\infty)$、最大过冲量 δ_{m} 与其发生的时间 t_{m}。而根据式(1.3-19)可以推导出

$$\xi=\sqrt{\cfrac{1}{1+\left[\cfrac{\pi}{\ln(\delta_{\mathrm{m}}/y(\infty))}\right]^2}} \tag{1.4-3}$$

$$\omega_{\mathrm{o}}=\frac{\omega_{\mathrm{d}}}{\sqrt{1-\xi^2}}=\frac{\pi}{t_{\mathrm{m}}}\frac{1}{\sqrt{1-\xi^2}} \tag{1.4-4}$$

由式(1.4-3)和式(1.4-4)可确定出 ξ 和 ω_{o}。

也可以利用任意两个过冲量来确定 ξ，设第 i 个过冲量 δ_{m} 和第 $i+n$ 个过冲量 $\delta_{\mathrm{m}(i+n)}$ 之间相隔整数 n 个周期，它们分别对应的时间是 t_i 和 t_{i+n}，则 $t_{i+n}=t_i+(2\pi n)/\omega_{\mathrm{d}}$。令 $\delta_n=\ln(\delta_{\mathrm{mi}}/\delta_{\mathrm{m}(i+n)})$，根据式(1.3-19)，可推导出

$$\xi=\sqrt{\cfrac{1}{1+\cfrac{4\pi^2 n^2}{\left[\ln(\delta_{\mathrm{mi}}/\delta_{\mathrm{m}(i+n)})\right]^2}}} \tag{1.4-5}$$

那么，从传感器阶跃响应曲线上，测取相隔 n 个周期的任意两个过冲量 δ_{mi} 和 $\delta_{\mathrm{m}(i+n)}$，然后代入式(1.4-5)，便可推导出 ξ。

上述方法由于采用了比值 $\delta_{\mathrm{mi}}/\delta_{\mathrm{m}(i+n)}$，因而可消除信号幅值不理想的影响。若传感器是二阶的，则取任意正整数 n，求得的 ξ 值都相同；反之，就表明传感器不是二阶的。所以，

该方法还可以判断传感器与二阶系统的符合程度。

2. 正弦信号响应法

该方法是先测量传感器正弦稳态响应的幅值和相角，然后得到稳态正弦输入/输出的幅值比和相位差。逐渐改变输入正弦信号的频率，重复前述过程，即可得到幅频和相频特性曲线。

(1) 一阶传感器时间常数 τ 的确定。

将一阶传感器的频率特性曲线绘成伯德图，则其对数幅频特性曲线下降 3 dB 处所测取的角频率 $\omega = 1/\tau$，由此可确定一阶传感器的时间常数 τ。

(2) 二阶传感器阻尼比 ξ 和固有频率 ω_o 的确定。

二阶传感器的幅频特性曲线见图 1.10(a)。在欠阻尼情况下，从曲线上可以测得三个特征量，即零频增益 k_o、共振频率增益 k_r 和共振角频率 ω_r。由式(1.3 - 14)通过求极值可推导出

$$\frac{k_r}{k_o} = \frac{1}{2\xi\sqrt{1-\xi^2}} \tag{1.4 - 6}$$

$$\omega_o = \frac{\omega_r}{\sqrt{1-2\xi^2}} \tag{1.4 - 7}$$

即可确定 ξ 和 ω_o。

虽然从理论上来讲，也可通过传感器相频特性曲线确定 ξ 和 ω_o，但一般来说准确的相角测试比较困难，所以很少使用相频特性曲线。

在实用中，还有许多其他的实验方法。例如，利用随机信号校验法得到传感器的频率特性，这种方法可消除干扰信号对标定结果的影响。如果用冲击信号作为传感器的输入量，则传感器的系统传递函数为其输出信号的拉普拉斯变换，由此可确定传感器的传递函数。

第 2 章　电阻式传感器

电阻式传感器将被测的非电量(如位移、力、加速度等)转换成电阻的变化量,并通过电阻值的测量电路变换为电压或电流,达到检测非电量的目的。由于它的结构简单、易于制造、价格便宜、性能稳定、输出功率大,至今在检测技术中仍应用广泛。

由于构成电阻的材料种类很多,例如导体、半导体、电解质溶液等,因而引起电阻变化的物理原因也很多。例如电阻材料的长度变化或内应力变化、温度变化等,根据这些不同的物理原理,就产生了各种各样的电阻式传感器。

电阻式传感器的敏感元件有应变片、半导体膜片和电位器等。由它们可分别制成应变片式传感器、压阻式传感器和电位式传感器等。本章主要介绍应变片式传感器和压阻式传感器的原理和结构特性等。

2.1　金属应变片式电阻传感器

应变片式电阻传感器是一种具有较长应用历史的传感器,这种传感器一般由弹性元件和电阻应变片构成,工作时利用金属弹性元件的电阻应变效应,将被测物变形转换成电阻变化。所以称它为应变片式电阻传感器。应变片式电阻传感器具有结构简单、体积小、使用方便、动态响应快、测量精确度高等优点,因而被广泛应用于航天、机械、电力、化工、建筑、纺织、医学等领域,成为目前应用最广泛的传感器之一。

2.1.1　工作原理

金属电阻应变片有丝式和箔式两种,其工作原理是电阻应变效应。导体的电阻随着机械变形而发生变化的现象,称为电阻应变效应。

金属丝式电阻应变片(又称电阻丝式应变片)出现较早,现仍在广泛使用,其典型结构如图 2.1 所示。它主要由具有高电阻率的金属丝(康铜或合金等,直径为 0.025 mm 左右)绕成的敏感栅、基底、覆盖层和引出线组成。

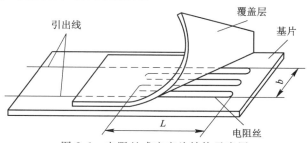

图 2.1　电阻丝式应变片结构示意图

金属箔式电阻应变片则是用栅状金属箔片代替栅状金属丝。金属箔栅采用光刻技术制造，适于大批量生产。其线条均匀，尺寸准确，阻值一致性好。箔片厚度为 $1\sim10~\mu\mathrm{m}$，散热好，黏结情况好，传递试件应变性能好。因此目前使用的多是金属箔式电阻应变片，其结构形式如图 2.2 所示。

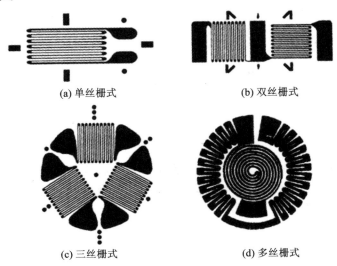

(a) 单丝栅式 　　　　　　　　(b) 双丝栅式

(c) 三丝栅式 　　　　　　　　(d) 多丝栅式

图 2.2　金属箔式电阻应变片

把应变片用特制胶水黏固在弹性元件或需要变形的物体表面上，在外力作用下，应变片敏感栅随构件一起变形，其电阻值发生相应的变化，由此可将被测量转换成电阻的变化。

由物理学知识可知，其均匀截面导体的电阻为

$$R=\rho\,\frac{l}{A} \tag{2.1-1}$$

式中，ρ——电阻率（$\Omega\cdot\mathrm{mm}^2/\mathrm{m}$）；

　　　l——电阻丝的长度（m）；

　　　A——电阻丝截面积（mm^2）。

由式（2.1-1）得知，当敏感栅发生变形时，其 l、ρ、A 均将变化，从而引起 R 的变化。当每一可变参数分别有一增量 $\mathrm{d}l$、$\mathrm{d}\rho$、$\mathrm{d}A$ 时，所引起的电阻增量为

$$\mathrm{d}R=\frac{\partial R}{\partial l}\mathrm{d}l+\frac{\partial R}{\partial A}\mathrm{d}A+\frac{\partial R}{\partial \rho}\mathrm{d}\rho \tag{2.1-2}$$

式中，$A=\pi r^2$，r 是电阻丝半径，则上式变换为

$$\mathrm{d}R=R\left(\frac{\mathrm{d}l}{l}-\frac{2\mathrm{d}r}{r}+\frac{\mathrm{d}\rho}{\rho}\right)$$

电阻的相对变化为

$$\frac{\mathrm{d}R}{R}=\frac{\mathrm{d}l}{l}-\frac{2\mathrm{d}r}{r}+\frac{\mathrm{d}\rho}{\rho} \tag{2.1-3}$$

式中，$\dfrac{\mathrm{d}l}{l}$——电阻丝轴向的相对变形，或称纵向应变；

　　　$\dfrac{\mathrm{d}r}{r}$——电阻丝径向的相对变形，或称横向应变。

当电阻丝轴向伸长时，必然沿径向缩小，两者之间的关系为

$$\frac{\mathrm{d}r}{r} = -\mu \frac{\mathrm{d}l}{l} = -\mu\varepsilon \qquad (2.1-4)$$

其中，μ——电阻丝材料的泊松比；

ε——材料的纵向应变；

$\dfrac{\mathrm{d}\rho}{\rho}$——电阻丝电阻率的相对变化，$\dfrac{\mathrm{d}\rho}{\rho}$ 与电阻丝轴向所受正应力 δ 有关，为

$$\frac{\mathrm{d}\rho}{\rho} = \lambda\delta = \lambda E\varepsilon \qquad (2.1-5)$$

其中，E——电阻丝材料的弹性模量；

λ——电阻系数，与材质有关。

将式(2.1-4)和式(2.1-5)代入式(2.1-3)，得

$$\frac{\mathrm{d}R}{R} = (1 + 2\mu + \lambda E)\varepsilon \qquad (2.1-6)$$

在式(2.1-6)中，$(1+2\mu)\varepsilon$ 由电阻丝的几何尺寸改变所引起。对于同一电阻材料，$(1+2\mu)$ 是常数。$\lambda E\varepsilon$ 项由电阻丝的电阻率随应变的改变所引起。对于金属电阻丝来说，λE 很小，可以忽略不计，所以上式可简化为

$$\frac{\mathrm{d}R}{R} \approx (1 + 2\mu)\varepsilon \qquad (2.1-7)$$

式(2.1-7)表明了电阻相对变化率与应变成正比。这里再定义一个量，即电阻应变片的应变系数灵敏度 k：

$$k = \frac{\mathrm{d}R/R}{\mathrm{d}l/l} = 1 + 2\mu = 常数 \qquad (2.1-8)$$

将式(2.1-8)代入式(2.1-7)，则得

$$\frac{\mathrm{d}R}{R} = k\varepsilon \qquad (2.1-9)$$

由于测试中 R 的变化量微小，可以认为 $\mathrm{d}R \approx \Delta R$，则式(2.1-9)可表示为

$$\frac{\Delta R}{R} = k\varepsilon \qquad (2.1-10)$$

常用的灵敏度 S 的取值范围为 1.7～3.6。

2.1.2 金属电阻应变片的选用和粘贴

1. 应变片电阻的选择

应变片的原电阻阻值一般有 60 Ω、90 Ω、120 Ω、200 Ω、300 Ω、500 Ω、1000 Ω 等。当选配动态应变仪组成测试系统进行测试时，由于动态应变仪电桥的固定电阻为 120 Ω，为了避免对测量结果进行修正计算，以及在没有特殊要求的情况下，一般选择 120 Ω 的应变片为宜。除此以外，可根据测量要求选择其他阻值的应变片。

2. 应变片灵敏度的选择

当选配动态应变仪进行测量时，应选用 $k=2$ 的应变片。由于静态应变仪配有灵敏度的调节装置，故允许选用 $k\neq2$ 的应变片。对于那些不配有应变仪的测试，应变片的 k 值愈大，输出也愈大。因此，往往选用 k 值较大的应变片。

3. 金属电阻应变片的粘贴

应变片是用黏结剂粘贴到被测件上的，黏结剂形成的胶层必须准确迅速地将被测件应

变传递到敏感栅上。选择黏结剂时必须考虑应变片材料和被测件材料的性能，不仅要求黏结力强，黏结后机械性能可靠，而且黏合层要有足够大的剪切弹性模量、良好的电绝缘性、蠕变和滞后小、耐温、耐油、耐老化、动态应力测量时耐疲劳等；还要考虑到应变片的工作条件，如温度、相对湿度、稳定性要求，以及贴片固化时加热、加压的可能性等。

常用的黏结剂类型有硝化纤维素型、氰基丙烯酸型、聚酯树脂型、环氧树脂型和酚醛树脂型等。

粘贴工艺包括被测件粘贴表面处理、贴片位置确定、涂底胶、贴片、干燥固化、贴片质量检查、引线的焊接与固定以及防护与屏蔽等。黏结剂的性能及应变片的粘贴质量直接影响着应变片的工作特性，如零漂、蠕变、滞后、灵敏系数、线性以及它们受温度变化影响的程度等。可见，选择黏结剂和正确的黏结工艺与应变片的测量精度有着极重要的关系。

2.1.3 电阻应变片的测量电路

应变片将应变的变化转换成电阻的相对变化 $\Delta R/R$，还要把电阻的变化再转换为电压或电流的变化，才能用电测仪表测量；通常采用电桥电路实现微小阻值变化的转换。

普通的惠斯顿电桥如图 2.3 所示，由被连接成四边形的 4 个阻抗、跨接在其中一个对角线上的激励源（电压源或电流源）和跨接在另一个对角线上的电压检测器构成。检测器测量跨接在激励源上的两个分压器输出之间的电位差。图中 4 个桥臂 Z_1、Z_2、Z_3、Z_4 以顺时针方向为序，A、B 为电源端，C、D 为输出端，电压检测器等效为负载 Z_L。

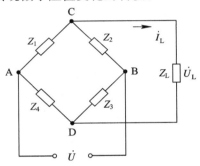

图 2.3 普通惠斯顿电桥

按电桥的供电电源分，电桥可分为直流电桥（直流电源供电的电桥，只能接入电阻）和交流电桥（交变电流供电的电桥，可接入电阻、电感、电容）。

对负载 Z_L 而言，即从输出端向电桥看去，电桥可等效为输出阻抗 Z_o 与开路输出电压 U_o 的串联。电桥输出阻抗（或内阻）Z_o 为

$$Z_o = (Z_1 \parallel Z_2) + (Z_3 \parallel Z_4) = \frac{Z_1 Z_2}{Z_1 + Z_2} + \frac{Z_3 Z_4}{Z_3 + Z_4} \tag{2.1-11}$$

电桥开路时的输出电压 U_o 为

$$\dot{U}_o = \dot{U}\left(\frac{Z_1}{Z_1 + Z_2} - \frac{Z_4}{Z_3 + Z_4}\right) = \dot{U}\,\frac{Z_1 Z_3 - Z_2 Z_4}{(Z_1 + Z_2)(Z_3 + Z_4)} \tag{2.1-12}$$

一般情况下，流过负载 Z_L 的电流为

$$\dot{I}_L = \frac{\dot{U}_o}{Z_o + Z_L}$$

负载电压为

$$\dot{U}_L = \dot{U}_o\,\frac{Z_L}{Z_o + Z_L} \tag{2.1-13}$$

若 $Z_L \gg Z_o$，则有 $U_L \approx U_o$。

由式（2.1-12）可知，电桥平衡（$U_o = 0$）的条件为相对两臂阻抗乘积相等，即

$$Z_1 \cdot Z_3 = Z_2 \cdot Z_4$$

我们知道,应变片是电阻性的变换元件,在实际工作中,当我们将应变片粘贴好后,通常要接入图 2.3 所示的惠斯顿电桥,称为应变电桥,以便把应变片电阻值的变化转换为电压的变化进行测量。我们先讨论四应变片工作的一般情况。

实际工作中,通常采用同型号的应变片,即 4 个应变片的阻值 R 和灵敏系数 k 都相同,分别接入惠斯顿电桥四臂。在应变为 0 的初始状态下,电桥平衡,没有输出电压;在应变片承受应变时,电桥失去平衡,产生输出电压。图 2.3 中,令

$$Z_i = R_i + \Delta R_i, \quad R_i = R \tag{2.1-14}$$

代入式(2.1-12),得电桥的开路输出电压为

$$U_o = \frac{(R_1 + \Delta R_1)(R_3 + \Delta R_3) - (R_2 + \Delta R_2)(R_4 + \Delta R_4)}{(R_1 + \Delta R_1 + R_2 + \Delta R_2)(R_3 + \Delta R_3 + R_4 + \Delta R_4)} U \tag{2.1-15}$$

通常,

$$\Delta R_i \ll R_i \tag{2.1-16}$$

因此可略去 ΔR_i 的二阶微量,将上式近似为

$$U_o \approx U'_o = \frac{U}{4}\left(\frac{\Delta R_1}{R_1} - \frac{\Delta R_2}{R_2} + \frac{\Delta R_3}{R_3} - \frac{\Delta R_4}{R_4}\right) \tag{2.1-17}$$

非线性误差近似为

$$\gamma_L = \frac{U'_o - U_o}{U_o} \approx \frac{1}{2}\left(\frac{\Delta R_1}{R_1} + \frac{\Delta R_2}{R_2} + \frac{\Delta R_3}{R_3} + \frac{\Delta R_4}{R_4}\right) \tag{2.1-18}$$

注意上两式中 $\Delta R_i/R_i$ 前的"+""-"号,可以从中得到以下几点结论:

(1) 由于温度引起的电阻变化是相同的,因此,如果电阻传感器接在电桥的相邻两臂,温度引起的电阻变化将相互抵消,其影响将减小或消除。

(2) 若被测非电量使两电阻传感器的电阻变化符号相同,则应将这两电阻传感器接在电桥的相对两臂上,但是这只能提高电桥的输出电压,并不能减小温度变化的影响和非线性误差。

(3) 被测非电量若使两电阻传感器的电阻变化符号相反,则应将这两电阻传感器接在电桥的相邻两臂上,即构成差动电桥,这既能提高电桥输出电压,又能减小温度变化的影响和非线性误差。

应用式(2.1-10),并根据式(2.1-17)可得

$$U_o = \frac{kU}{4}(\varepsilon_1 - \varepsilon_2 + \varepsilon_3 - \varepsilon_4) \tag{2.1-19}$$

实际工作中,关于应变片的粘贴和连接,常见的有以下几种情况:

(1) 单应变片工作:把一个工作应变片接入桥的一臂,另外三臂接固定电阻 $R_2 = R_3 = R_4 = R$,如图 2.4(a)所示。将 $\Delta R_1/R_1 = K\varepsilon$,$\Delta R_2 = \Delta R_3 = \Delta R_4 = 0$ 代入式(2.1-17),得

$$U_o = \frac{kU}{4}\varepsilon \tag{2.1-20}$$

(2) 双应变片工作:把两工作应变片接入电桥相邻两臂,另外两臂接固定电阻 $R_3 = R_4 = R$,将 $\Delta R_1/R_1 = k\varepsilon_1$,$\Delta R_2/R_2 = k\varepsilon_2$,$\Delta R_3 = \Delta R_4 = 0$ 代入式(2.1-17),得

$$U_o = \frac{kU}{4}(\varepsilon_1 - \varepsilon_2) \tag{2.1-21}$$

如果粘贴应变片时,使一片受拉,另一片受压,即 $\varepsilon_1 = \varepsilon_x$,$\varepsilon_2 = -\varepsilon_x$,则代入式(2.1-21)后,得应变电桥输出电压为

$$U_o = \frac{kU}{2}\varepsilon_x \tag{2.1-22}$$

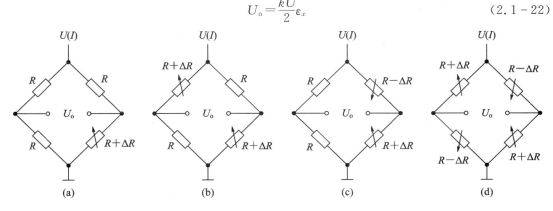

图 2.4　电阻传感器电桥实例

这里，ε_x 为应变片电阻丝的纵向应变，我们将这种应变电桥称为半差动等臂电桥，如图 2.4(c) 所示。这时它的非线性误差为 0。

如果粘贴应变片时，使一片承受纵向应变入 ε_x，即 $\varepsilon_1 = \varepsilon_x$，另一片承受横向应变 ε_y，即 $\varepsilon_2 = \varepsilon_y$，因 $\varepsilon_y = -\mu\varepsilon_x$（$\mu$ 为泊松比），则代入式 (2.1-21) 后，得应变电桥输出电压为

$$U_o = \frac{kU}{4}(1+\mu)\varepsilon_x \tag{2.1-23}$$

（3）四应变片工作：把 4 个应变片接入电桥四臂，如果粘贴应变片时，使 R_1 和 R_3 受拉，R_2 和 R_4 受压，即 $\varepsilon_1 = \varepsilon_3 = \varepsilon_x$，$\varepsilon_2 = \varepsilon_4 = -\varepsilon_x$，则代入式 (4.1-19) 后，得应变电桥输出电压为

$$U_o = kU\varepsilon_x \tag{2.1-24}$$

如果粘贴应变片时，使 R_1 和 R_3 承受纵向应变，R_2 和 R_4 承受横向应变，即 $\varepsilon_1 = \varepsilon_3 = \varepsilon_x$，$\varepsilon_2 = \varepsilon_4 = \varepsilon_y$，$\varepsilon_y = -\mu\varepsilon_x$（$\mu$ 为泊松比），则代入式 (2.1-19) 后，得应变电桥输出电压为

$$U_o = \frac{kU}{2}(1+\mu)\varepsilon_x \tag{2.1-25}$$

我们将这种应变电桥称为全差动等臂电桥。此时它的非线性误差为 0。对比上述几种情况可见，采用差动电桥，不仅可成倍提高输出电压，而且可消除非线性误差。但是，电桥相对两臂接入同向变化的电阻传感器，虽可成倍提高输出电压，却不能消除非线性误差，所以在实际应用中不采用这种接入方法。

2.1.4　温度误差及其补偿

温度变化时，电阻应变片的电阻也会变化，而且，由温度所引起的电阻变化与试件应变所造成的电阻变化几乎具有相同的数量级，这就是说，只要温度发生变化，即使没有应变，应变电桥也会有输出电压。如果把由温度变化所引起的应变电桥输出电压误认为是试件应变所造成的，那就会产生误差，这个误差称为温度误差。

1. 造成温度误差的原因

温度变化引起应变片电阻变化而造成温度误差的原因有两个。

一为应变片电阻本身随温度的变化：

$$R_t = R_0(1 + \alpha \Delta t)$$
$$\Delta R_{t\alpha} = R_t - R_0 = R_0 \alpha \Delta t \tag{2.1-26}$$

式中，R_t、R_0——应变片在温度为 t 和 t_0 时的电阻值；

    α——应变片电阻的温度系数；

    Δt——温度的变化值；

    $\Delta R_{t\alpha}$——温度变化 Δt 时的电阻变化值。

另一个是试件材料与应变片材料的线膨胀系数不同，使应变片产生附加变形，从而造成电阻变化。若设应变片材料和试件材料的线膨胀系数分别为 β_s 和 β_g，温度 t_0 时长度为 l_0 的应变片材料和试件材料如果不黏结在一起的话，在温度改变到 t 时，其长度将分别膨胀为

$$l_{st} = l_0(1 + \beta_s \Delta t)$$
$$l_{gt} = l_0(1 + \beta_g \Delta t)$$

若 $\beta_s < \beta_g$，则当应变片粘贴到试件表面上后，应变片电阻丝被迫从 l_{st} 拉长到 l_{gt}，如图 2.5 所示，这就使电阻丝产生附加变形 $\Delta l_{t\alpha}$，即

$$\Delta l_{t\alpha} = l_{gt} - l_{st} = (\beta_g - \beta_s) l_0 \Delta t$$

其相应的附加应变量 $\varepsilon_{t\beta}$ 为

$$\varepsilon_{t\beta} = \frac{\Delta l}{l_0} = (\beta_g - \beta_s) \Delta t$$

从而引起的电阻变化率为

$$\frac{\Delta R_{t\beta}}{R_0} = k \varepsilon_\beta = k(\beta_g - \beta_s) \Delta t \tag{2.1-27}$$

式中，k——应变片应变系数灵敏度。

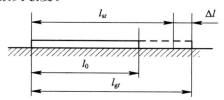

图 2.5 应变片的温度误差

由式(2.1-26)、式(2.1-27)可得温度变化引起的总电阻变化率为

$$\frac{\Delta R_t}{R_0} = \frac{\Delta R_{t\alpha} + \Delta R_{t\beta}}{R_0} = \alpha \Delta t + k(\beta_g - \beta_s) \Delta t \tag{2.1-28}$$

将它折算成相应的等效应变量 ε_t，则有

$$\varepsilon_t = \frac{\Delta R_t / R_0}{k} = \left[\frac{\alpha}{k} + (\beta_g - \beta_s) \right] \Delta t \tag{2.1-29}$$

这就是说，不仅因受力引起的真实应变 ε 会使应变片电阻发生变化，温度变化也会使应变片电阻发生变化，而温度变化引起的应变片电阻变化可等效为一个应变 ε_t 引起的。由于应变量 ε_t 并不是真正由外力引起的，故有时人们称其为"虚假视应变"。应变片所粘贴的试件受力引起的真实应变 ε 和温度变化引起的虚假视应变 ε_t 使应变片电阻总的变化为

$$\frac{\Delta R}{R_0} = \frac{\Delta R_\varepsilon + \Delta R_t}{R_0} = k(\varepsilon + \varepsilon_t) \tag{2.1-30}$$

如果采用单应变片工作，将式(2.1-30)代入式(2.1-20)得

$$U_o = \frac{kU}{4}(\varepsilon + \varepsilon_t)$$
(2.1-31)

如果不考虑温度的影响，而误以为电桥电压都是受力应变引起的，此时，从电桥电压 U_o 求出的应变值 $\frac{4U_o}{kU} = \varepsilon + \varepsilon_t$，与真实应变 ε 是有差别的，两者之差 ε_t 就是因温度变化引起的测量误差。虽然采取恒温措施，理论上可避免温度误差，但实际上这往往是成本很高或根本办不到的。因此实际工作中，一般都是从电路上采取措施，不让温度变化影响电路输出电压。这种减小或消除温度误差的办法叫温度补偿。

2. 补偿温度误差的办法

补偿温度误差的办法有多种，其中最常用的补偿方法是电桥补偿法。

1) 补偿块法

采用两个参数相同的应变片 R_1、R_2，将 R_1 贴在试件上，接入电桥作工作臂，R_2 贴在材料与试件相同的补偿块上，环境温度与试件相同但不承受机械应变，接入电桥相邻臂作补偿臂，如图 2.6 所示。

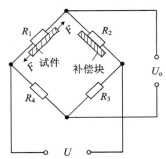

图 2.6　补偿块法原理

R_1 承受机械应变，由式(2.1-30)可知，温度变化时，其电阻变化为

$$\frac{\Delta R_1}{R_1} = \frac{\Delta R_{1\varepsilon} + \Delta R_{1t}}{R_1} = k(\varepsilon + \varepsilon_t)$$
(2.1-32)

R_2 不承受机械应变，但由于 R_1 与 R_2 所处环境温度及所粘贴材料相同，故因温度引起的电阻变化相同，由式(2.1-29)可知，其电阻变化为

$$\frac{\Delta R_2}{R_2} = \frac{\Delta R_{2t}}{R_2} = k\varepsilon_t$$
(2.1-33)

将式(2.1-32)、式(2.1-33)代入式(2.1-21)得

$$U_o = \frac{kU}{4}\varepsilon$$
(2.1-34)

对比式(2.1-31)和式(2.1-34)可见，补偿块法能消除单应变片工作时的温度误差

2) 差动电桥补偿法

在测量梁的弯曲应变或应用悬臂梁测力时，还可以不用补偿块，直接将两个参数相同的应变片分贴于梁的上、下两面对称位置，再将两应变片接入电桥横跨电源的相邻两臂。此时，两应变片承受的应变大小相同、符号相反，只要梁的上、下面温度一致，则两应变电阻随温度变化的大小就相同，符号也相同，因此 $\varepsilon_1 = \varepsilon_x + \varepsilon_t$，$\varepsilon_2 = -\varepsilon_x + \varepsilon_t$，代入式(2.1-21)得

$$U_\circ = \frac{kU}{2}\varepsilon_x \qquad (2.1-35)$$

在采用双应变片工作(一个承受纵向应变,一个承受横向应变)时,只要将两应变片接入电桥的相邻两臂,也可消除应变片工作时的温度误差。因为

$$\varepsilon_1 = \varepsilon_x + \varepsilon_t, \ \varepsilon_2 = \varepsilon_y + \varepsilon_t, \ \varepsilon_y = -\varepsilon_x \mu$$

代入式(2.1-21)得

$$U_\circ = \frac{kU}{4}(1+\mu)\varepsilon_x \qquad (2.1-36)$$

由式(2.1-35)和式(2.1-36)可见,双应变片工作时,如果两应变片型号参数、所处环境温度及所粘贴材料均相同,只要将两应变片接入电桥的相邻两臂,就可消除温度变化引起的测量误差。但是,如果不将两应变片接入电桥的相邻两臂,而将两应变片接入电桥的相对两臂,则不仅不能消除温度变化引起的测量误差,反而会增大温度误差。如果两应变片所处环境温度及所粘贴材料不同,即使将两应变片接入电桥的相邻两臂,也不能完全消除温度变化引起的测量误差。读者可自己去证明这两点。

还有其他一些温度补偿方法,有兴趣的读者可参阅有关文献。

2.2 基于 MEMS 的半导体压阻式传感器

压阻式传感器是利用压阻效应将被测量的变化转换成电阻变化的传感器。

2.2.1 半导体材料的压阻效应和压阻系数

固体受到作用力后电阻率(或电阻)就发生变化,这就是固体的压阻效应。所有的固体都有这个特点,其中以半导体材料最为显著,因而最具有实用价值。

任何材料的电阻的变化率均可以写成

$$\frac{\mathrm{d}R}{R} = \frac{\mathrm{d}\rho}{\rho} + \frac{\mathrm{d}L}{L} - 2\frac{\mathrm{d}r}{r}$$

对于金属电阻而言,$\mathrm{d}\rho/\rho$ 很小,主要由几何形变 $\mathrm{d}L/L$ 和 $\mathrm{d}r/r$ 形成电阻的应变效应;对于半导体材料而言,$\mathrm{d}\rho/\rho$ 很大,相对来说几何形变 $\mathrm{d}L/L$ 和 $\mathrm{d}r/r$ 很小,这是由半导体材料的导电特性决定的。

半导体材料的电阻取决于有限数目的载流子:空穴和电子的迁移。其电阻率可表示为

$$\rho \propto \frac{1}{eN_i\mu_{\mathrm{av}}}$$

式中,N_i——载流子浓度;

  μ_{av}——载流子的平均迁移率;

  e——电子电荷量,$e = 1.602 \times 10^{-19}$ C。

当应力作用于半导体材料时,单位体积内的载流子数目即载流子浓度 N_i、平均迁移率 μ_{av} 都要发生变化,从而使电阻率 ρ 发生变化,这就是半导体压阻效应的本质。

由实验研究可知,单向受力的半导体材料的电阻率的相对变化可写为

$$\frac{\mathrm{d}\rho}{\rho} = \pi_L \sigma_L \tag{2.2-1}$$

式中，π_L——压阻系数（Pa^{-1}），表示单位应力引起的电阻率的相对变化量；

σ_L——应力（Pa）。

对于单向受力的晶体，根据弹性体的胡克定律，引入 $\sigma_L = E\varepsilon_L$。式中，$E$ 为杨氏弹性模量。由式(2.2-1)，电阻率的变化率写为

$$\frac{\mathrm{d}\rho}{\rho} = \pi_L E \varepsilon_L \tag{2.2-2}$$

电阻的变化率可写为

$$\frac{\mathrm{d}R}{R} = \frac{\mathrm{d}\rho}{\rho} + \frac{\mathrm{d}L}{L} + 2\mu\frac{\mathrm{d}L}{L} = (\pi E + 2\mu + 1)\varepsilon_L = K\varepsilon_L \tag{2.2-3}$$

$$k = \pi_L E + 2\mu + 1 \approx \pi_L E \tag{2.2-4}$$

半导体材料的弹性模量 E 的量值范围为 $1.3 \times 10^{11} \sim 1.9 \times 10^{11}\ \mathrm{Pa}$，压阻系数 π_L 的量值范围为 $40 \times 10^{-11} \sim 80 \times 10^{-11}\ \mathrm{Pa}^{-1}$，故 $\pi_L E$ 的范围为 $50 \sim 150$。因此在半导体材料的压阻效应中，其应变系数远远大于金属的应变系数，且主要是由电阻率的相对变化引起的，而不是由几何形变引起的。基于上面的分析，有

$$\frac{\mathrm{d}R}{R} \approx \frac{\mathrm{d}\rho}{\rho} = \pi_L \sigma_L = \pi_L E \varepsilon_L \tag{2.2-5}$$

这就是半导体压阻式电阻传感器的工作原理。利用半导体材料的压阻效应可以制成压阻式传感器，其主要优点是压阻系数很高，分辨率高，动态响应好，易于向集成化、智能化方向发展；但其最大的缺点是压阻效应的温度系数大，存在较大的温度误差。

半导体压阻式传感中主要采用的是单晶硅基片。由于单晶硅材料是各向异性的，所以外加力的方向不同，其压阻系数变化就很大。晶体的不同取向决定了该方向压阻效应的大小。因此，这里就必须先了解单晶硅的晶向、晶面的概念和表示。

晶面的法线方向就是晶向。如图 2.7 所示，ABC 晶面的法线方向为 N，它与 x、y、z 轴的方向余弦分别为 $\cos\alpha$、$\cos\beta$、$\cos\gamma$；在 x、y、z 轴的截距分别为 r、s、t。它们之间满足

$$\cos\alpha : \cos\beta : \cos\gamma = \frac{1}{r} : \frac{1}{s} : \frac{1}{t} = h : k : l \tag{2.2-6}$$

式中，h、k、l 称为密勒指数，它们为无公约数的最大整数。

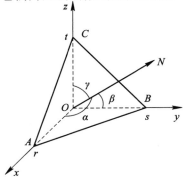

图 2.7　平面的截距表示法

这样，ABC 晶面的方向可以由 $\langle hkl \rangle$ 来表示，方向为 $\langle hkl \rangle$ 的 ABC 晶面表示为 (hkl)。

单晶硅的晶体结构是金刚石结构形式，而金刚石结构可以 1 立方单元来表达。所以下面讨论如图 2.8 所示的正立方体中某些晶面、晶向的表示，作为示例。

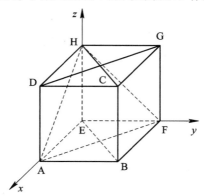

图 2.8 正方体示意图

(1) ABCD 面。该面在 x、y、z 轴的截距分别为 1、∞、∞，故有 $h:k:l=1:0:0$，于是晶面表达为 (100)，相应的晶向为 $\langle 100 \rangle$。

(2) ADGF 面。该面在 x、y、z 轴的截距分别为 1、1、∞，故有 $h:k:l=1:1:0$，于是晶面表达为 (110)，相应的晶向为 $\langle 110 \rangle$。

(3) AFH 面。该面在 x、y、z 轴的截距分别为 1、1、1，故有 $h:k:l=1:1:1$，于是晶面表达为 (111)；相应的晶向为 $\langle 111 \rangle$。

(4) BCHE 面。由于该面通过 z 轴，为了便于说明问题，将该面向 y 轴负方向平移一个单元后，在 x、y、z 轴的截距分别为 1、-1、∞，故有 $h:k:l=1:-1:0$，于是晶面表达为 $(1\text{-}10)=(1\bar{1}0)$；相应的晶向为 $\langle 110 \rangle$。

我们已经知道，当单晶硅受到一定的应力时，其电阻率随应力变化具有线性关系。以 σ 表示应力，ρ 表示电阻率，则电阻率的相对变化量与应力之间的关系为

$$\frac{\Delta \rho}{\rho}=\pi \sigma$$

式中，π——压阻系数。

因为在固体中一个截面上的应力一般不一定与截面垂直，我们可以将它分解为法向分量 $\sigma_\perp$ 和切向分量 σ_{11}，前者称为垂直应力，后者称为剪切应力。又因为力是一个矢量，任何一个作用在半导体上的应力都可以分解为三个相互独立的垂直应力分量 σ_1、σ_2、σ_3 和三个相互独立的剪切应力分量 σ_4、σ_5、σ_6。这些应力分量会引起垂直方向上电阻率相对变化量 $(\Delta\rho/\rho_0)_1$、$(\Delta\rho/\rho_0)_2$、$(\Delta\rho/\rho_0)_3$ 和剪切方向上的电阻率相对变化量 $(\Delta\rho/\rho_0)_4$、$(\Delta\rho/\rho_0)_5$、$(\Delta\rho/\rho_0)_6$。电阻率相对变化量、应力以及压阻系数之间具有如下的关系：

$$\left(\frac{\Delta \rho}{\rho_0}\right)_i = \sum_{j=1}^{6} \pi_{ij}\sigma_j \qquad (i=1,2,3,4,5,6) \qquad (2.2-7)$$

式中，π_{ij}——压阻系数（下标 i 表示电学量分量，j 表示力学量分量）。

将式 $(2.2-7)$ 改写为矩阵表达式，有

$$\begin{bmatrix} (\Delta\rho/\rho_\mathrm{o})_1 \\ (\Delta\rho/\rho_\mathrm{o})_2 \\ (\Delta\rho/\rho_\mathrm{o})_3 \\ (\Delta\rho/\rho_\mathrm{o})_4 \\ (\Delta\rho/\rho_\mathrm{o})_5 \\ (\Delta\rho/\rho_\mathrm{o})_6 \end{bmatrix} = \begin{bmatrix} \pi_{11} & \pi_{12} & \pi_{13} & \pi_{14} & \pi_{15} & \pi_{16} \\ \pi_{21} & \pi_{22} & \pi_{23} & \pi_{24} & \pi_{25} & \pi_{26} \\ \pi_{31} & \pi_{32} & \pi_{33} & \pi_{34} & \pi_{35} & \pi_{36} \\ \pi_{41} & \pi_{42} & \pi_{43} & \pi_{44} & \pi_{45} & \pi_{46} \\ \pi_{51} & \pi_{52} & \pi_{53} & \pi_{54} & \pi_{55} & \pi_{56} \\ \pi_{61} & \pi_{62} & \pi_{63} & \pi_{64} & \pi_{65} & \pi_{66} \end{bmatrix} \begin{bmatrix} \sigma_1 \\ \sigma_2 \\ \sigma_3 \\ \sigma_4 \\ \sigma_5 \\ \sigma_6 \end{bmatrix} \tag{2.2-8}$$

由于硅晶胞三个晶轴是完全等效的，而且取坐标系与晶轴重合，所以

$$\pi_{11} = \pi_{22} = \pi_{33}$$

$$\pi_{44} = \pi_{55} = \pi_{66}$$

$$\pi_{12} = \pi_{21} = \pi_{13} = \pi_{31} = \pi_{23} = \pi_{32}$$

由于垂直应力不可能产生剪切压阻效应，所以

$$\pi_{41} = \pi_{42} = \pi_{43} = \pi_{51} = \pi_{52} = \pi_{53} = \pi_{61} = \pi_{62} = \pi_{63} = 0$$

同样，剪切应力也不可能产生垂直压阻效应，即

$$\pi_{14} = \pi_{15} = \pi_{16} = \pi_{24} = \pi_{25} = \pi_{26} = \pi_{34} = \pi_{35} = \pi_{36} = 0$$

而且，剪切应力也不可能在剪切应力所在平面以外产生剪切压阻效应，即

$$\pi_{45} = \pi_{46} = \pi_{54} = \pi_{56} = \pi_{64} = \pi_{65} = 0$$

于是，硅的晶轴坐标系中压阻系数的矩阵表达可简化为

$$\begin{bmatrix} \pi_{11} & \pi_{12} & \pi_{12} & 0 & 0 & 0 \\ \pi_{12} & \pi_{11} & \pi_{12} & 0 & 0 & 0 \\ \pi_{12} & \pi_{12} & \pi_{11} & 0 & 0 & 0 \\ 0 & 0 & 0 & \pi_{44} & 0 & 0 \\ 0 & 0 & 0 & 0 & \pi_{44} & 0 \\ 0 & 0 & 0 & 0 & 0 & \pi_{44} \end{bmatrix} \tag{2.2-9}$$

由于单晶硅是中心对称的立方晶体结构，所以在其压阻系数矩阵表示中仅有三个独立、非零的压阻系数：纵向压阻系数 π_{11}，表示沿某晶轴方向的应力对与其垂直的另一晶轴方向电阻率的影响；横向压阻系数 π_{12}，表示沿某晶轴方向的应力对与其垂直的另一晶轴方向电阻率的影响；剪切压阻系数 π_{44}，表示剪切应力对与其相应的某电阻率分量的影响。该压阻系数矩阵表明，只需三个压阻系数 π_{11}、π_{12} 和 π_{44}，就可以描述各种压阻效应，所以也称它们为基本压阻系数。对硅材料而言，π_{11}、π_{12}、π_{44} 已经实验测定。在常温下，P 型硅（空穴导电）的 π_{11}、π_{12} 可以忽略，$\pi_{44} = 138.1 \times 10^{-11}\ \mathrm{Pa^{-1}}$；N 型硅（电子导电）的 π_{44} 可以忽略，π_{11}、π_{12} 较大，且有 $\pi_{12} \approx -(\pi_{11})/2$，$\pi_{11} = -102.2 \times 10^{-11}\ \mathrm{Pa^{-1}}$。

在实际应用中，电流、应力方向不一定与晶轴一致，所以必须了解单晶硅任意方向的压阻系数计算。如图 2.9 所示，1、2、3 为单晶硅立方晶格的主轴方向；可在任意方向形成压敏电阻条 R，P 为压敏电阻条 R 的主方向，又称纵向；Q 为压敏电阻条 R 的副方向，又称横向。方向 P 是由电阻条的实际长度方向决定的，也就是电流通过电阻条 R 的方向，记为 $1'$ 方向；Q 方向是在与 P 方向垂直的平面内的横向应力的方向，记为 $2'$ 方向。

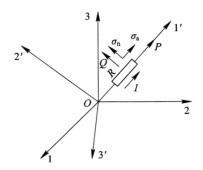

图 2.9 单晶硅任意方向的压阻系数计算图

定义 π_a、π_n 分别为纵向压阻系数（P 方向）和横向压阻系数（Q 方向）。我们可通过坐标变化，将任意晶向压阻系数 π_a 和 π_n 用三个基本压阻系数 π_{11}、π_{12}、π_{44} 来表示：

$$\pi_a = \pi_{11} - 2(\pi_{11} - \pi_{12} - \pi_{44})(l_1^2 m_1^2 + m_1^2 n_1^2 + l_1^2 n_1^2) \tag{2.2-10}$$

$$\pi_n = \pi_{12} + (\pi_{11} - \pi_{12} - \pi_{44})(l_1^2 l_2^2 + m_1^2 m_2^2 + n_1^2 n_2^2) \tag{2.2-11}$$

式中，l_1、m_1、n_1——分别为力敏电阻的纵向在晶体主轴坐标系中的方向余弦；

l_2、m_2、n_2——分别为力敏电阻的横向在晶体主轴坐标系中的方向余弦。

根据式（2.2-10）和式（2.2-11）可以计算得到常用晶向上的压阻系数，下面介绍几个计算实例。

① 计算（001）面上〈010〉晶向的纵向、横向压阻系数。

如图 2.8 所示，ABCDEFGH 为一单位立方体，CDHG 为（001）面，其上〈010〉晶向为CD；相应的横向为 CG，即〈100〉。

〈010〉的方向余弦为 $l_1 = 0$，$m_1 = 1$，$n_1 = 0$；〈100〉的方向余弦为 $l_2 = 1$，$m_2 = 0$，$n_2 = 0$，则

$$\pi_a = \pi_{11} - 2(\pi_{11} - \pi_{12} - \pi_{44})0 = \pi_{11}$$

$$\pi_n = \pi_{12} + (\pi_{11} - \pi_{12} - \pi_{44})0 = \pi_{12}$$

② 计算（100）面上〈011〉晶向的纵向、横向压阻系数。

如图 2.8 所示，ABCDEFGH 为一单位立方体，ABCD 为（100）面，其上〈011〉晶向为AC；相应的横向为 BD。

面（100）方向的矢量描述为 i；方向〈011〉的矢量描述为 $j + k$。由于

$$i \times (j + k) = i \times j + i \times k = k + (-j)$$

故（100）面内，〈011〉方向的横向为 $\langle 0\bar{1}1 \rangle$（通常写为 $\langle 01\bar{1} \rangle$）。

〈011〉的方向余弦为 $l_1 = 0$，$m_1 = \dfrac{1}{\sqrt{2}}$，$n_1 = \dfrac{1}{\sqrt{2}}$；$\langle 01\bar{1} \rangle$ 的方向余弦为 $l_2 = 0$，$m_2 = \dfrac{1}{\sqrt{2}}$，$n_2 = \dfrac{-1}{\sqrt{2}}$，则

$$\pi_a = \pi_{11} - 2(\pi_{11} - \pi_{12} - \pi_{44})\frac{1}{2} \cdot \frac{1}{2} = \frac{1}{2}(\pi_{11} + \pi_{12} + \pi_{44})$$

$$\pi_n = \pi_{12} + (\pi_{11} - \pi_{12} - \pi_{44})\left(\frac{1}{2} \cdot \frac{1}{2} + \frac{1}{2} \cdot \frac{1}{2}\right) = \frac{1}{2}(\pi_{11} + \pi_{12} - \pi_{44})$$

对于 P 型硅，有

$$\pi_a = \frac{1}{2}\pi_{44}$$

$$\pi_n = -\frac{1}{2}\pi_{44}$$

③ 给出 P 型硅(001)面内的纵向和横向压阻系数的分布图。

如图 2.10(a)所示，(001)面内，假设所考虑的纵向 P 与 l 轴的夹角为 α，与 P 方向垂直的 Q 方向为所考虑的横向。在(001)面，方向 P 与方向 Q 的方向余弦分别为 l_1、m_1、n_1 和 l_2、m_2、n_2，则

$$l_1 = \cos\alpha, \ m_1 = \sin\alpha, \ n_1 = 0$$

$$l_2 = -\sin\alpha, \ m_2 = \cos\alpha, \ n_1 = 0$$

$$\pi_a = \pi_{11} - 2(\pi_{11} - \pi_{12} - \pi_{44})\sin^2\alpha \cos^2\alpha \approx \frac{1}{2}\pi_{44}\sin^2 2\alpha \quad (2.2-12)$$

$$\pi_n = \pi_{12} + (\pi_{11} - \pi_{12} - \pi_{44})(\sin^2\alpha \cos^2\alpha + \sin^2\alpha \cos^2\alpha)$$

$$\approx -\frac{1}{2}\pi_{44}\sin^2 2\alpha \quad (2.2-13)$$

因此，P 型硅在(001)晶面内，$\pi_n = -\pi_a$。

图 2.10(b)给出了纵向压阻系数 π_a 的分布图，图形关于 1 轴(〈100〉)和 2 轴(即〈010〉)对称，同时关于 45°直线(即〈110〉)和 135°直线(即〈1$\overline{1}$0〉)对称。

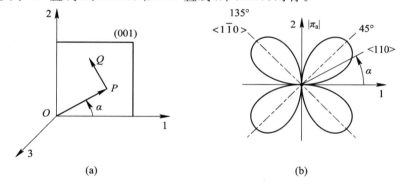

图 2.10　P 型硅(001)面内的横向和纵向压阻系数分布图

2.2.2　半导体压阻式压力传感器的构成

20 世纪 70 年代初，现代传感器技术获得发展。制作压阻式压力传感器是现代传感器技术开始的标志，也是 MEMS(Micro-Electrical Mechanic System，微机电系统)技术的开端。其特征是弹性敏感元件的材料采用半导体硅材料，加工工艺采用半导体集成电路工艺及三维微机械加工工艺制作出硅弹性元件(称为硅杯)，再通过半导体扩散工艺将 P 型电阻条制作在硅杯膜片上，实现了电阻变换器与弹性元件"一体化"，不再像应变式电阻变换器(应变片)需用胶粘到金属弹性元件上，从而对传感器整体性能(迟滞、蠕变、重复性、零点等)有很大改善。在具体的制作过程中，常是在硅弹性膜片上，用半导体器件制造技术在确定晶向上制作相同的四个感压电阻，将它们连接成惠斯登电桥，接上外加电源，就构成了基本的压阻式压力传感器。如图 2.11 所示，在硅杯膜片的下部是与被测系统相连的高压腔，上部一般可与大气相通。在被测压力 P 作用下，膜片产生应力和应变。在压阻式传感

器中，硅杯膜片既是力敏电阻的衬底，又是外加应力的承受体，所以是半导体压阻式压力传感器的核心部分。

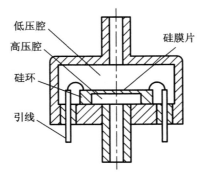

图 2.11 半导体压阻式压力传感器结构图

当存在外加应力时，膜片上各处受到的应力是不同的，四个桥臂电阻在膜片上的位置方向的设置要根据晶向和应力分布来决定。

下面以边缘固定的圆形膜片为例，介绍压阻式压力传感器的构建和基本工作原理。

图 2.12(a)所示的是周边固定的硅圆形膜片。根据弹性力学的分析结果，压力 P 作用在图中所示的半径为 R 的圆形膜片上所引起的径向应力 σ_r 和切向应力 σ_θ 分别为

径向应力为

$$\sigma_r = \frac{3P}{8H^2}\left[(1+\mu)R^2 - (3+\mu)r^2\right] \quad (\text{N/m}^2) \qquad (2.2-14)$$

切向应力为

$$\sigma_\theta = \frac{3P}{8H^2}\left[(1+\mu)R^2 - (1+3\mu)r^2\right] \quad (\text{N/m}^2) \qquad (2.2-15)$$

式中，μ——膜片材料的泊松系数，$\mu = 0.35$(硅)；

$\qquad P$——膜片承受的压力(Pa)；

$\qquad H$、R——膜片有效厚度、有效半径(m)；

$\qquad r$——膜片中心到计算点的距离。

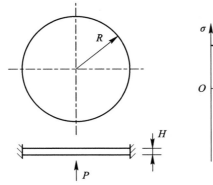

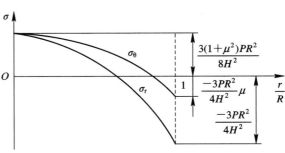

(a) 周边固定的硅圆形膜片的结构示意图　　　(b) 平膜片的应力分布

图 2.12 周边固支圆形平膜片

由式(2.2-14)和式(2.2-15)可以计算出膜片在受到载荷时的应力分布，如图2.12(b)所示。可以看出，在膜片中心，即 $r=0$ 时，σ_r 和 σ_θ 具有正的最大值：

$$\sigma_r(0)=\sigma_\theta(0)=\frac{3P}{8H^2}(1+\mu)R^2 \qquad (2.2-16)$$

随着 r 增大，σ_r 和 σ_θ 逐渐减小，在膜片边缘，即 $r=R$ 时，响应的应力 σ_r 和 σ_θ 达到负的最大值：

$$\begin{cases}\sigma_r(R)=-\dfrac{3}{4}\dfrac{R^2}{H^2}P\\[2mm]\sigma_\theta(R)=-\dfrac{3}{4}\dfrac{R^2}{H^2}P\mu\end{cases} \qquad (2.2-17)$$

这就是说，膜片上存在正、负两个应力区域。

当 $r=0.635R$ 时，$\sigma_r=0$；所以当 $r<0.635R$ 时，$\sigma_r>0$，为拉应力；当 $r>0.635R$ 时，$\sigma_r<0$，为压应力；当 $r=0.812R$ 时，$\sigma_\theta=0$，这时仅有 σ_r 存在，为压应力。

以上分析说明，膜片上存在正、负两个应力区，其最大值分别在膜片中心和边缘处。

这一应力分布的特点，对我们设计圆形膜片上扩散电阻位置的布置提供了有力的依据。下面就来讨论四个力敏电阻在膜片上的几种布置方案。

假设单晶硅圆形膜片的晶面方向为 $\langle001\rangle$，如图 2.13 所示。

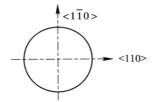

图 2.13　$\langle001\rangle$ 晶面的单晶硅圆形膜片

由于扩散性硅压力传感器中的硅膜片都很薄，可以按薄板处理，所以沿厚度方向的应力可以略去而简化成一个二维问题。任一膜片上的力敏电阻条，在应力作用下电阻的变化率可以表示为

$$\frac{\Delta R}{R}=\pi_a\sigma_a+\pi_n\sigma_n \qquad (2.2-18)$$

式中，σ_a 和 σ_n 分别为沿任一晶向形成的力敏电阻条的纵向（即图 2.9 中的 P 方向）和沿此力敏电阻条的横向（即图 2.9 中的 Q 方向）的应力；而 π_a 和 π_n 分别为纵向压阻系数和横向压阻系数。

由 2.2.1 节计算实例③的分析与计算结果可知，P 型硅(001)面内，当压敏电阻条的纵向与 $\langle100\rangle$（即 1 轴）的夹角为 α 时，该电阻条所在位置的纵向和横向压阻系数为

$$\pi_a\approx\frac{1}{2}\pi_{44}\sin^2 2\alpha$$

$$\pi_n\approx-\frac{1}{2}\pi_{44}\sin^2 2\alpha$$

如果压敏电阻条的纵向取圆形膜片的径向，有

$$\sigma_a=\sigma_r$$

$$\sigma_n=\sigma_\theta$$

结合式(2.2-14)、式(2.2-15)及式(2.2-12)、式(2.2-13)，则该电阻条的压阻效应可描述为

$$\left(\frac{\Delta R}{R}\right)_r = \pi_a\sigma_a + \pi_n\sigma_n = \pi_a\sigma_r + \pi_n\sigma_\theta = \frac{-3Pr^2(1-\mu)\pi_{44}}{8H^2}\sin^2 2\alpha \qquad (2.2-19)$$

如果压敏电阻条的纵向取圆形膜片的切向，则有

$$\sigma_a = \sigma_\theta$$

$$\sigma_n = \sigma_r$$

结合式(2.2-12)~式(2.2-15)，则该电阻条的压阻效应可描述为

$$\left(\frac{\Delta R}{R}\right)_\theta = \pi_a\sigma_a + \pi_n\sigma_n = \pi_a\sigma_\theta + \pi_n\sigma_r = \frac{3Pr^2(1-\mu)\pi_{44}}{8H^2}\sin^2 2\alpha \qquad (2.2-20)$$

对比式(2.2-19)和式(2.2-20)可知：在单晶硅的(001)面内，如果将 P 型压敏电阻条分别设置在圆形膜片的径向和切向上，则它们的变化是互为反向的，即径向电阻条的电阻值随压力单调减小，切向电阻条的电阻值随压力单调增加，而且减少量与增加量是相等的。这一规律为设计压敏电阻条提供了非常好的条件。

另一方面，上述压敏效应也是电阻条的纵向与〈100〉方向夹角 α 的函数，当 α 分别取45°(此为〈110〉晶向)、135°(此为〈$\bar{1}$10〉晶向)、225°(此为〈110〉晶向)、315°(此为〈1$\bar{1}$0〉晶向)时，压阻效应最显著，即压敏电阻条应该设置在上述位置的径向与切向上。这时，在圆形膜片的径向和切向上，P 型电阻条的压阻效应可描述为

$$\left(\frac{\Delta R}{R}\right)_r = \frac{-3Pr^2(1-\mu)\pi_{44}}{8H^2} \qquad (2.2-21)$$

$$\left(\frac{\Delta R}{R}\right)_\theta = \frac{3Pr^2(1-\mu)\pi_{44}}{8H^2} \qquad (2.2-22)$$

图 2.14 给出了压敏电阻相对变化的规律。按此规律即可将电阻条设置于圆形膜片的边缘处，即靠近平膜片的固定($r=R$)处。这样，沿径向和切向各设置两个 P 型压敏电阻条。按照这种设置方案，四个电阻条可有下述两种不同的布置，如图 2.15 所示。

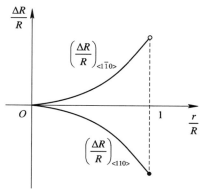

图 2.14　压敏电阻相对变化规律

在图 2.15(a)中，将四个电阻条都设置到圆形平膜片边缘处，R_2、R_4 沿着〈110〉晶向即沿着圆形膜片的径向，R_1、R_3 沿着圆形膜片的切向，即沿着与径向〈110〉垂直的〈1$\bar{1}$0〉径向。

图 2.15(b)中将四个电阻条也都设置到圆形平膜片边缘处，这四个电阻条相互平行，R_1、R_3 为径向电阻，R_2、R_4 为切向电阻。

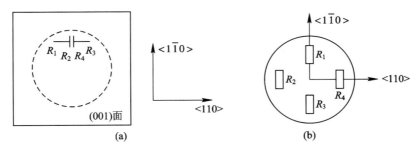

图 2.15　圆形膜片上电阻条的两种布置方案

通常，硅膜片上的四个电阻条的初始值相等，即 $R_1 = R_2 = R_3 = R_4 = R$。这四个电阻接成电桥，当被测压力 P 施力后，其中两个电阻具有相同的增量 $+\Delta R$，另外两个电阻具有相同的减量 $-\Delta R$，则电桥将有不平衡电压输出，这样就构建成了压阻式压力传感器中的电阻变换器。这四个电阻接成的电桥是一个全差动等臂电桥，大大提高了变换器的灵敏度。

以上叙述了四个电阻条设置在圆形膜片的同一应力区，实用中还可将四个电阻条分别设置于两个不同的正、负应力区。

仍以 (001) 膜片为例，如图 2.16 所示在沿着 $\langle 110 \rangle$ 方向的直径上对称设置四个相同的压敏电阻，分别在 $x = 0.635r$ 处的内外排列，在 $0.635r$ 之内侧的电阻承受的 σ_{ri} 值即拉应力（见图 2.16），外侧的电阻承受的 σ_{ro} 值即压应力。设计时，要正确地选择电阻的径向位置，使 $\overline{\sigma_{\mathrm{ri}}} = \overline{\sigma_{\mathrm{ro}}}$，而使 $\left| \left(\dfrac{\Delta R}{R} \right)_{\mathrm{i}} \right| = \left| \left(\dfrac{\Delta R}{R} \right)_{\mathrm{o}} \right|$。四个电阻接入差动电桥，初始状态平衡，受压力 P 后，差动电桥输出与 P 相对应。这样，同样可以达到提高压阻全桥灵敏度的目的。

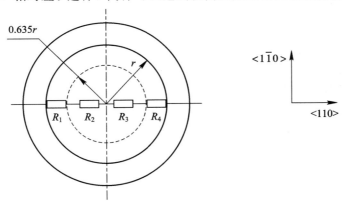

图 2.16　四个电阻条分别位于正、负应力区的布置图

2.2.3　压阻式传感器温度漂移的补偿

压阻式传感器的最大缺点是温度误差较大，故需温度补偿或在恒温条件下使用。压阻式传感器受到温度影响后，要产生零位漂移和灵敏度漂移，因而会产生温度误差。压阻式传感器中，扩散电阻的温度系数较大，各电阻值随温度变化量很难做得相等，故引起传感器的零位漂移。传感器灵敏度的温度漂移（简称温漂）是由于压阻系数随温度变化而引起的。当温度升高时，压阻系数变小，传感器的灵敏度要降低，反之灵敏度升高。

零位漂移一般可用串、并联电阻的方法进行补偿，如图 2.17 所示。

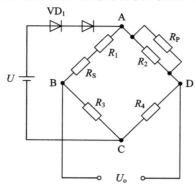

图 2.17　温漂补偿电路

图中 $R_1 \sim R_4$ 是在硅基片上用集成电路工艺制成的 4 个接成惠斯顿电桥的扩散电阻，串联电阻 R_S 主要起调零作用，而并联电阻 R_P 则主要起补偿作用。例如温度升高，R_2 的增量较大，则 B 点电位高于 D 点电位，两点电位差就是零位漂移。为了消除此电位差，在 R_2 上并联一负温度系数的阻值较大的电阻 R_P，用其约束 R_2 的变化，从而实现补偿。当然如果在 R_4 上并联一个正温度系数的阻值较大的电阻也可以。R_S 和 R_P 要根据 4 个桥臂在低温和高温下的实测电阻值计算出来，才能取得较好的补偿效果。

电桥的电源回路中串联的二极管 VD_1 是补偿灵敏度漂移的。二极管的 PN 结为负温度特性，温度每升高 1℃，正向压降减少 1.9～2.4 mV。这样，当温度升高时，二极管正向压降减小，因电源采用恒压源，则电桥电压必然提高，使输出变大，以补偿灵敏度的下降。所串联的二极管个数要依实际情况进行计算。

2.2.4　压阻式集成压力传感器

半导体集成电路平面工艺制造技术实现了压阻全桥力敏电阻与弹性膜片的一体化。在此基础上，人们希望把更多的外围相关电路与压力传感器集成在同一芯片上，以提高传感器的性能。

温度漂移的补偿是半导体压力传感器研究的重要课题之一。完美的温度补偿要求补偿电路与电桥处于相同的温度环境。只有实现了单片集成，才能满足这一要求。把信号放大电路、阻抗变换电路与压力传感器集成在一起，对于改善信号的信噪比、抑制外来干扰的影响具有重要意义。在分立状态下，从传感器输出的信号需经过传输线送到信号处理电路，而传输线往往会引入干扰信号。由于传感器的输出信号一般都比较弱，传输线上的干扰信号有时会对系统的信号质量产生严重影响。如果把信号处理电路、阻抗变换电路与压力传感器集成在一起，压力传感器产生的信号直接在同一芯片上进行放大和阻抗变换，使输出信号具有较高的强度和较低的输出阻抗，然后再经传输线馈送到后续电路作进一步的处理，这样就可以大大削弱传输线引入的干扰信号。如果把电源调节电路也与压力传感器集成在一起，就可以降低传感器对外部电源的要求，使用条件可以放宽，输出信号的稳定性也可以得到提高。此外，由于越来越多地采用微处理器对传感器信号进行处理，因此要求传感器的输出是数字量。如果把数/模变换电路也集成在一起，则是更理想的。

随着科学技术的发展，进一步的集成化可以把传感器与微处理器甚至执行器集成在一起，实现智能化的传感器，这不再是遥远的事。

1. 带温度补偿的集成压力传感器

把温度补偿电路与压力传感器集成在一起，使补偿元件与电桥电路处于同一温度环境，可以取得很好的补偿效果。图 2.18 是一个带温度补偿电路的集成压力传感器，电阻 R_5、R_6 和晶体管 V 构成的温度补偿电路与压阻全桥制作在同一芯片上。

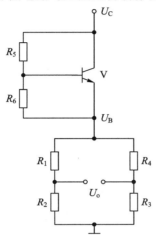

图 2.18　带温度补偿电路的集成压力传感器

当晶体管 V 的基极电流比流过电阻 R_5、R_6 的电流小得多时，晶体管的集电极一发射极电压 U_{CE} 为

$$U_{CE} = U_{BE}\left(1 + \frac{R_5}{R_6}\right) \qquad (2.2-23)$$

压阻全桥上实际供电电压 U_B 为

$$U_B = U_C - U_{CE} = U_C - U_{BE}\left(1 + \frac{R_5}{R_6}\right) \qquad (2.2-24)$$

由于电阻 R_5、R_6 是以相同制造工艺在同一芯片上制成的，具有相同的温度系数，所以 R_5/R_6 不随温度变化。当温度升高时，晶体管 V 的发射结压降 U_{BE} 下降引起 U_{CE} 的下降，这样就提高了电桥的供电电压，使电桥输出增大，从而补偿了电桥压力灵敏度随温度升高而引起的下降。

电桥的输出信号 U_o 为

$$U_o = U_B \frac{R_2 \cdot R_4 - R_1 \cdot R_3}{(R_1 + R_2) \cdot (R_3 + R_4)} \qquad (2.2-25)$$

当满足 $R_1 = R_3 = R_o + kPR_o$ 和 $R_2 = R_4 = R_o - kPR_o$ 条件时，有

$$U_o = U_B kP \qquad (2.2-26)$$

式中，k——力敏电阻的灵敏度系数；

　　　P——压力。

将式(2.2-24)代入式(2.2-26)，得到

$$U_o = \left(U_C - U_{BE}\frac{R_5 + R_6}{R_6}\right)kP \qquad (2.2-27)$$

输出电压的温度系数为

$$\frac{1}{U_\circ}\frac{\mathrm{d}U_\circ}{\mathrm{d}T} = \frac{1}{k}\frac{\mathrm{d}k}{\mathrm{d}T} - \frac{1+\dfrac{R_5}{R_6}}{U_\mathrm{C} - U_\mathrm{BE}\left(1+\dfrac{R_5}{R_6}\right)}\frac{\mathrm{d}U_\mathrm{BE}}{\mathrm{d}T} \qquad (2.2-28)$$

根据 k 的温度系数和 U_BE 的温度系数，可通过选择电阻 R_5 和 R_6 的适当比例，使输出电压的温度系数为零。由

$$\frac{1}{k}\frac{\mathrm{d}k}{\mathrm{d}T} - \frac{1+\dfrac{R_5}{R_6}}{U_\mathrm{C} - U_\mathrm{BE}\left(1+\dfrac{R_5}{R_6}\right)}\frac{\mathrm{d}U_\mathrm{BE}}{\mathrm{d}T} = 0$$

可以得到

$$\frac{R_5}{R_6} = \frac{\dfrac{1}{k}\dfrac{\mathrm{d}k}{\mathrm{d}T}U_\mathrm{C}}{\dfrac{\mathrm{d}U_\mathrm{BE}}{\mathrm{d}T} + \dfrac{1}{k}\dfrac{\mathrm{d}k}{\mathrm{d}T}U_\mathrm{BE}} - 1 \qquad (2.2-29)$$

根据式(2.2-29)可以得到不同的 $\dfrac{1}{k}\dfrac{\mathrm{d}k}{\mathrm{d}T}$ 值和不同电源电压条件下的电阻比。

设 $U_\mathrm{C} = 10\ \mathrm{V}$，$U_\mathrm{BE} = 0.7\ \mathrm{V}$，$\dfrac{\mathrm{d}U_\mathrm{BE}}{\mathrm{d}T} = -2\ \mathrm{mV/^\circ C}$，$\dfrac{1}{k}\dfrac{\mathrm{d}k}{\mathrm{d}T} = -0.2\%/^\circ C$，则可以得到

$$\frac{R_5}{R_6} = 4.9$$

此时，晶体管的发射极—集电极压降约为 4.1 V，电桥上有效工作电压约为 5.9 V。这样的内部温度补偿电路虽然简单，但是可以达到良好的补偿效果，因而得到了广泛的应用。

2. 带放大器的单片集成压力传感器

把压阻全桥、电压放大器和温度补偿电路集成在一起就构成一个使用方便、灵敏度高的单片集成压力传感器，其典型线路如图 2.19 所示。其中 $R_1 \sim R_4$ 构成压阻全桥，输出信号经 V_1、V_2 等组成的差分放大器放大后输出。这样，输出的信号幅度增大，抗干扰能力增加。差分放大器的两个集电极负载电阻是外接的。二极管 VD_1、VD_2 是温度补偿元件，V_3 用作外部补偿电路的感温元件，也可与 VD_1 串联使用，增强补偿的效果。

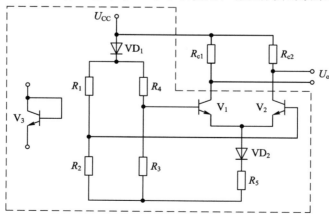

图 2.19　单片集成压力传感器的典型线路

由于扩散电阻具有正的温度系数，当恒流源供电时，压阻全桥的压力灵敏度随温度升高而下降。另外，在恒定工作电流下，差分放大器的跨导与绝对温度成反比。因此，未补偿时，电路的压力灵敏度具有负温度系数。由于二极管 VD_1 和 VD_2 的正向压降和三极管的 U_{be} 同样具有负温度系数，所以当温度升高时，加在电桥上实际的工作电压提高，使差分放大器的工作电流增大，补偿了电桥的压力灵敏度和差分放大器的跨导随温度升高而下降的影响。可以证明，这种集成压力传感器的温度系数能补偿到接近零。具体证明过程这里不详述，读者可参阅有关资料。

第3章 电容式传感器

电容式传感器是能把某些被测非电量的变化，通过一个可变电容器转换成电容量的变化的装置。电容式传感器可用来测量声强、液位、水量、振动、压力、厚度等参数，特别是可测量百分之几微米数量级的微位移值。随着固体组件的发展和测量电路的改进，电容式传感器的应用会更加广泛。

3.1 电容式传感器的基本工作原理和结构类型

3.1.1 电容式传感器的基本工作原理

当忽略边界效应时，对于图 3.1 所示的平行极板电容器，其电容量和两个极板的间隙、表面积之间的关系可用下式表示：

$$C = \frac{\varepsilon S_b}{d} = \frac{\varepsilon_r \varepsilon_0 S_b}{d} \tag{3.1-1}$$

式中，C——电容(pF)；

ε——极板间介质的介电常数，空气的 $\varepsilon \approx 1$；

S_b——两个极板相互覆盖的面积(cm^2)；

d——两个极板间的距离(cm)；

ε_r——相对介电常数；

ε_0——真空介电常数，$\varepsilon_0 = 0.088542 \times 10^{-12}$ F/cm。

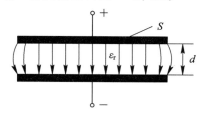

图 3.1 平行极板电容器

由式(3.1-1)可见，在 S_b、d、ε 三个参数中，只要改变其中一个参数，均可使电容 C 发生变化。如果保持其中两个参数不变，就可把另一个参数的单一变化转换成电容量的变化，也就是说，可以把三个参数中的任意一个的变化转换成电容 C 的变化。这就是电容式传感器的基本工作原理。

3.1.2　电容式传感器的结构类型

根据电容式传感器的基本工作原理，在实际应用中，一般可将其分成 3 种类型

1. 变极距型电容传感器

变极距型电容传感器的结构如图 3.2 所示。

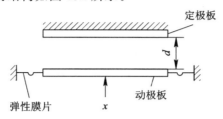

图 3.2　变极距型电容传感器结构

当动极板受被测物体作用产生位移时，改变了两极板之间的距离 d，若极板面积为 S，极板间为空气介质，极板初始距离为 d_0，则初始电容量 C_0 为

$$C_0 = \frac{\varepsilon_0 \varepsilon_r S}{d_0} \approx \frac{\varepsilon_0 S}{d_0} \qquad (3.1-2)$$

如果电容传感器极板间距由初始值减小 Δd，则电容量增大 ΔC，有

$$\Delta C = C - C_0 = \frac{\varepsilon_0 \varepsilon_r S}{d_0 - \Delta d} - \frac{\varepsilon_0 \varepsilon_r S}{d_0} = \frac{\varepsilon_0 \varepsilon_r S}{d_0} \times \frac{\Delta d}{d_0 - \Delta d} = C_0 \frac{\Delta d}{d_0 - \Delta d}$$

于是电容的相对变化量为

$$\frac{\Delta C}{C_0} = \frac{\Delta d}{d_0} \left(1 - \frac{\Delta d}{d_0}\right)^{-1} \qquad (3.1-3)$$

当 $\dfrac{\Delta d}{d_0} \ll 1$ 时，式(3.1-3)中括号可按幂级数展开，得

$$\frac{\Delta C}{C_0} = \frac{\Delta d}{d_0} \left[1 + \left(\frac{\Delta d}{d_0}\right) + \left(\frac{\Delta d}{d_0}\right)^2 + \cdots\right] \qquad (3.1-4)$$

可见，电容 C 的相对变化量与位移量 Δd 之间呈现的是一种非线性关系，在误差允许范围内，通过略去高次项得到其近似的线性关系：

$$\frac{\Delta C}{C_0} = \frac{\Delta d}{d_0} \qquad (3.1-5)$$

电容传感器的静态灵敏度系数为

$$k = \frac{\Delta C / C_0}{\Delta d} = \frac{1}{d_0} \qquad (3.1-6)$$

如果只考虑式(3.1-4)中的线性项和二次项，忽略其他高次项，则得

$$\frac{\Delta C}{C_0} = \frac{\Delta d}{d_0} \left(1 + \frac{\Delta d}{d_0}\right) \qquad (3.1-7)$$

由此得到非线性误差 δ_L 为

$$\delta_L = \frac{|(\Delta d / d_0)^2|}{|\Delta d / d_0|} \times 100\% = \left|\frac{\Delta d}{d_0}\right| \times 100\% \qquad (3.1-8)$$

由以上分析可知：变极距型电容传感器只有在 $\Delta d / d_0$ 很小时，才有近似的线性输出。

从式(3.1-6)可以看出,要提高灵敏度,应减小初始间距 d_0;但 d_0 的减小受到电容器击穿电压的限制,同时对加工精度的要求也提高了;而式(3.1-8)表明非线性误差随着相对位移的增加而增加,减小 d_0,相应地增大了非线性。为了限制非线性误差,变极距型电容传感器通常在较小的极距变化范围内工作,以使输入/输出特性保持近似的线性关系;一般极距变化范围取为 $\Delta d/d_0 \leqslant 0.1$。

在实际应用中,为了提高灵敏度,减小非线性误差,常采用差动式结构,如图3.3所示。上、下两个极板均为定极板,中间极板为动极板。未开始测量时,将动极板调整在中间位置,两边电容相等。当被测量使动极板移动 Δd 时,由动极板与两个定极板所形成的两个平板电容的极距一个减小、一个增大,差动式电容传感器总电容变化量为

$$\Delta C = C_1 - C_2 = \frac{\varepsilon_0 S}{d_0 + \Delta d} - \frac{\varepsilon_0 S}{d_0 - \Delta d} = -2C_0 \frac{\Delta d}{d_0} \frac{1}{1 - \left(\frac{\Delta d}{d_0}\right)^2} \tag{3.1-9}$$

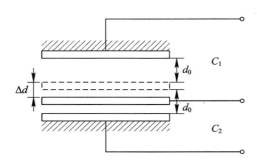

图 3.3 差动式电容传感器原理

当满足 $\dfrac{\Delta d}{d_0} \ll 1$ 时,将式(3.1-9)按泰勒极板展开,得电容相对变化量为

$$\frac{\Delta C}{C_0} = -2 \frac{\Delta d}{d_0} \left[1 + \left(\frac{\Delta d}{d_0}\right)^2 + \left(\frac{\Delta d}{d_0}\right)^4 + \cdots\right] \tag{3.1-10}$$

略去非线性高次项,得

$$\frac{\Delta C}{C_0} = -2 \frac{\Delta d}{d_0} \tag{3.1-11}$$

可见,$\dfrac{\Delta C}{C_0}$ 与 $\dfrac{\Delta d}{d_0}$ 近似呈线性关系。

变极距型差动式电容传感器的灵敏度 k 为

$$k = \left|\frac{\Delta C/C_0}{\Delta d}\right| = \frac{2}{d_0} \tag{3.1-12}$$

由式(3.1-10)可得变极距型差动式电容传感器的非线性误差 δ_L 近似为

$$\delta_L = \frac{|2(\Delta d/d_0)^3|}{|2\Delta d/d_0|} \times 100\% = \left(\frac{\Delta d}{d}\right)^2 \times 100\% \tag{3.1-13}$$

由此可见,电容式传感器做成差动式结构后,非线性误差大大降低了,而灵敏度比单极距电容传感器提高了一倍。与此同时,差动式电容传感器还能减小静电引力给测量带来的影响,并有效改善由于环境影响所造成的误差。

2. 变面积型电容传感器

图 3.4 所示为几种变面积型电容传感器的结构示意图。图中(a)、(b)、(c)为单边式，(d)为差动式。与变极距型的相比，它们的测量范围大，主要用于较大的线位移或角位移（1 度至几十度)的测量。

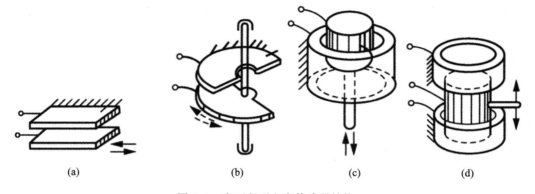

图 3.4　变面积型电容传感器结构

1）用于线位移测量的电容式传感器

（1）平板单边直线位移式电容传感器。如图 3.5 所示，若忽略边缘效应，当动极板相对于定极板沿着长度方向即 x 方向平移 Δx 时，其电容量为

$$C = \frac{\varepsilon(a - \Delta x)b}{d} = C_0 - \frac{\varepsilon b}{d}\Delta x \qquad (3.1-14)$$

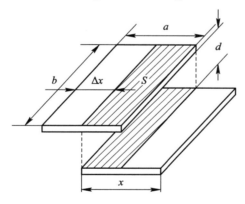

图 3.5　平板单边直线位移式电容传感器

电容的变化量为

$$\Delta C = C - C_0 = -\frac{\varepsilon b}{d}\Delta x = -C_0\frac{\Delta x}{a} \qquad (3.1-15)$$

式中，ε——电容器极板间介质的介电常数；

$\quad C_0$——电容器初始电容，$C_0 = \varepsilon\dfrac{ab}{d}$。

灵敏度系数 k 为

$$k = \frac{|\Delta C/C_0|}{|\Delta x|} = \frac{1}{a} \qquad (3.1-16)$$

式(3.1－16)说明其灵敏度系数 k 为常数，可见减小极板宽度 a，可提高灵敏度，而极板的起始覆盖长度 b 与灵敏度系数 k 无关。但 b 不能太小，必须保证 $b \gg d$，否则边缘处不均匀电场的影响将增大。

平板式极板作线位移的最大不足之处是对移动极板的平行度要求高，稍有倾斜就会导致极距 d 变化，影响测量精度。因此一般情况下，变面积型电容传感器常做成圆柱式的。

（2）圆柱式线位移电容传感器。实际应用中常用圆柱式电容传感器测量大位移，如图3.6 所示。其电容计算式为

$$C = \frac{2\pi\varepsilon x}{\ln\left(\dfrac{D}{d}\right)} \qquad (3.1-17)$$

式中，x——内、外电极重叠部分长度；

D、d——分别为外电极内径与内电极外径。

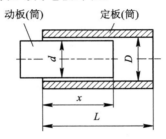

图 3.6　圆柱式线位移电容传感器

当重叠长度 x 变化时，电容变化量为

$$\Delta C = C_0 - C = \frac{2\pi\varepsilon L}{\ln\left(\dfrac{D}{d}\right)} - \frac{2\pi\varepsilon x}{\ln\left(\dfrac{D}{d}\right)} = \frac{2\pi\varepsilon(L-x)}{\ln\left(\dfrac{D}{d}\right)} = \frac{2\pi\varepsilon\Delta x}{\ln\left(\dfrac{D}{d}\right)} \qquad (3.1-18)$$

灵敏度系数为

$$k = \frac{\Delta C}{\Delta x} = \frac{2\pi\varepsilon}{\ln\left(\dfrac{D}{d}\right)} \qquad (3.1-19)$$

式(3.1－19)表明，圆柱式电容传感器的灵敏度是常数，但与平板式极板变化型相比，圆柱式电容传感器灵敏度较低，但其测量范围更大。

2）用于角位移测量的电容式传感器

该型传感器如图3.7所示，当动片有一角位移 θ 时，两极板间的覆盖面积就改变了，从而改变了电容量。

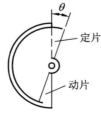

图 3.7　角位移变面积型电容传感器

当 $\theta = 0$ 时，有

$$C_0 = \frac{\varepsilon S_0}{d} \tag{3.1-20}$$

式中，ε——电容器极板间介质的介电常数；

S_0——极板间初始覆盖面积；

d——极板间距。

当转动 θ 角时，有

$$C_0 = \frac{\varepsilon \left(S_0 - \dfrac{S_0}{\pi}\theta \right)}{d} = C_0 \left(1 - \frac{\theta}{\pi} \right) \tag{3.1-21}$$

$$\Delta C = C - C_0 = -C_0 \frac{\theta}{\pi} \tag{3.1-22}$$

灵敏度系数 k 为

$$k = -\frac{\Delta C}{\theta} = \frac{C_0}{\pi} \tag{3.1-23}$$

可见，角位移式电容传感器的输出特性是线性的，灵敏度 k 为常数。

3. 变介电常数型电容传感器

变介电常数型电容传感器有许多结构形式，常用它来测量电介质的厚度和液体的高度；还可根据极间介质的介电常数随温度、湿度改变而改变的特性来测量介质材料的温度、湿度等。图 3.8 所示为一种变介电常数型电容式液位传感器原理图及其等效电路。

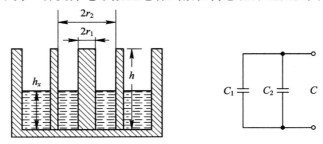

图 3.8　电容式液位传感器原理图与等效电路

图 3.8 所示的同轴圆柱形电容器的初始电容为

$$C_0 = \frac{2\pi \varepsilon_0 h}{\ln\left(\dfrac{r_2}{r_1} \right)} \tag{3.1-24}$$

式中，h——电容器圆柱高度；

r_1——内电极的外半径；

r_2——外电极的内半径。

测量时，电容器的介质一部分是被测液位的液体，一部分是空气。设 C_1 为液体有效高度 h_x 形成的电容，C_2 为空气高度 $h - h_x$ 形成的电容，则

$$C_1 = \frac{2\pi \varepsilon h_x}{\ln\left(\dfrac{r_2}{r_1} \right)} \tag{3.1-25}$$

$$C_2 = \frac{2\pi\varepsilon_0(h-h_x)}{\ln\left(\frac{r_2}{r_1}\right)} \qquad (3.1-26)$$

由于 C_1 和 C_2 并联，所以总电容为

$$C = \frac{2\pi\varepsilon h_x}{\ln\left(\frac{r_2}{r_1}\right)} + \frac{2\pi\varepsilon_0(h-h_x)}{\ln\left(\frac{r_2}{r_1}\right)} = \frac{2\pi\varepsilon_0 h}{\ln\left(\frac{r_2}{r_1}\right)} + \frac{2\pi(\varepsilon-\varepsilon_0)h_x}{\ln\left(\frac{r_2}{r_1}\right)}$$

$$= C_0 + C_0\frac{\varepsilon-\varepsilon_0}{h\varepsilon_0}h_x \qquad (3.1-27)$$

式中，ε——电容器极板间介质的介电常数。

由式(3.1-27)可见，电容 C 理论上与液面高度 h_x 成线性关系，只要测出传感器电容 C 的大小，就可得到液位高度。

图 3.9 所示为另一种测量介质位移的变介电常数型的电容式传感器结构。设厚度为 d_2 的介质(介电常数为 ε_2)在电容器中移动时，电容器中介质的介电常数(总值)的改变使电容量发生改变，于是可用来测量位移 x。

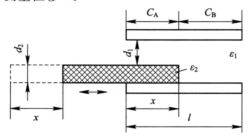

图 3.9　变介电常数型电容式传感器结构

由图 3.9 知，有 $C = C_A + C_B$，$d = d_1 + d_2$。无介质 ε_2 时，有

$$C_0 = \varepsilon_1\frac{bl}{d} \qquad (3.1-28)$$

式中：ε_1——空气的介电常数；

　　　　b——极板宽度；

　　　　l——极板长度；

　　　　d——极板间隔。

当介质 ε_2 移进电容器中 x 长度时，有

$$C_A = \frac{bx}{\dfrac{d_1}{\varepsilon_1}+\dfrac{d_2}{\varepsilon_2}} \qquad (3.1-29)$$

$$C_B = b(l-x)\frac{1}{d/\varepsilon_1} \qquad (3.1-30)$$

$$C = C_A + C_B = bl\frac{\varepsilon_1}{d} + bx\left[\frac{1}{\dfrac{d_1}{\varepsilon_1}+\dfrac{d_2}{\varepsilon_2}}-\frac{\varepsilon_1}{d}\right] = C_0 + C_0\frac{xd}{l}\left[\frac{\varepsilon_2}{d_1\varepsilon_2+d_2\varepsilon_1}-\frac{1}{d}\right]$$

$$= C_0 + C_0\frac{1}{l}\left[\frac{d}{d_1+\dfrac{\varepsilon_1}{\varepsilon_2}d_2}-1\right]x$$

设式中 $A=\dfrac{1}{l}\left(\dfrac{d}{d_1+\dfrac{\varepsilon_1}{\varepsilon_2}d_2}-1\right)$，则有

$$C=C_0(1+Nx) \tag{3.1-31}$$

因式中 N 是常数，电容量 C 与位移量 x 呈线性关系。上述结论均忽略了边缘效应，实际上，由于边缘效应，将出现非线性，从而使灵敏度下降。

注意　极板表面应涂绝缘层防止极板短路，如可涂厚度为 0.1 mm 的聚四氟乙烯薄膜。

实际应用中，一般变极距型电容传感器的起始电容为 20～100 pF，极板间距离为 25～200 μm，最大位移应小于间距的 1/10，所以在微位移测量中应用最广。

3.2　电容式传感器的测量电路

电容式传感器将被测量的变化转换成电容量的变化。但由于电容及其变化量均很小（几皮法至几十皮法），因此必须借助测量电路检测出这一微小电容及其增量，并将其转换成电压、电流或频率，以便于显示、记录及传输。电容式传感器的测量电路种类很多，下面介绍几种典型电路。

1. 调频电路

调频电路的工作原理如图 3.10 所示。传感器电容作为振荡器谐振回路的一部分，当被测量使传感器电容量发生变化时，振荡器的振荡频率也随之变化（调频信号），其输出经限幅放大、鉴频后变成电压输出。

图 3.10　调频电路工作原理

为了防止干扰使调频信号产生寄生调幅，在鉴频器前常加一个限幅器将干扰及寄生调幅削平，使进入鉴频器的调频信号是等幅的。鉴频器的作用是将调频信号的瞬时频率变化恢复成原调制信号电压的变化，它是调频信号的解调器。

调频电路具有抗干扰性强、灵敏度高等优点，其缺点是寄生电容对测量精度的影响较大，因此必须采取适当的措施来减小或消除寄生电容的影响；常用的措施包括缩短传感器和测量电路之间的电缆，采用专用的驱动电缆或者将传感器与测量电路做成一体等。

2. 运算放大器式电路

运算放大器的放大倍数非常大，且输入阻抗 Z_i 很高，这一特点使运算放大器可以作为电容式传感器的比较理想的测量电路。图 3.11 中，C_x 为电容式传感器的电容，$\dot{U}_i$ 是交流电源电压，$\dot{U}_o$ 是输出信号电压，Σ 是虚地点。由运算放大器的工作原理可得

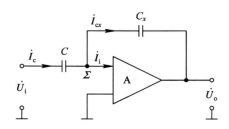

图 3.11　运算放大器式电路原理

$$\dot{U}_{\text{o}} = -\frac{C}{C_x}\dot{U}_{\text{i}} \qquad (3.2-1)$$

如果传感器是一只平板电容，则 $C_x = \varepsilon S/d$，代入式(3.2 - 1)可得

$$\dot{U}_{\text{o}} = -\frac{C\dot{U}_{\text{i}}}{\varepsilon S}d \qquad (3.2-2)$$

式中，"一"号表示输出电压的相位与电源电压相反。

式(3.2 - 2)说明运算放大器的输出电压与极板间的距离 d 成线性关系。运算放大器式电路虽解决了单个变极距型电容传感器的非线性问题，但要求 Z_{i} 及放大倍数足够大。为保证仪器精度，还要求电源电压 $\dot{U}_{\text{i}}$ 的幅值和固定电容 C 值稳定。

3. 二极管双 T 形交流电桥

图 3.12 是二极管双 T 形交流电桥原理，e 是高频电源，它提供了幅值为 U 的对称方波。VD_1 和 VD_2 为特性完全相同的两只二极管，固定电阻 $R_1 = R_2 = R$，C_1、C_2 为传感器的两个差动电容。

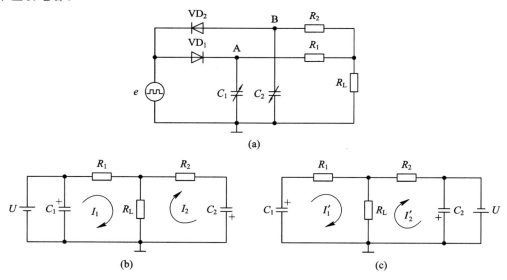

图 3.12　二极管双 T 形交流电桥原理

当传感器没有输入时，$C_1 = C_2$。其电路工作原理为：当 e 为正半周时，二极管 VD_1 导通，VD_2 截止，于是电容 C_1 充电，其等效电路如图 3.12(b)所示；在随后的负半周出现时，电容 C_1 上的电荷通过电阻 R_1、负载电阻 R_L 放电，流过 R_L 的电流为 I_1；当 e 为负半周时，

VD_2 导通、VD_1 截止，则电容 C_2 充电，其等效电路如图 3.12(c)所示；在随后出现正半周时，C_2 通过电阻 R_2、负载电阻 R_L 放电，流过 R_L 的电流为 I_2；根据上面所给的条件，则电流 $I_1 = I_2$，且方向相反，在一个周期内流过 R_L 的平均电流为零。

若传感器输入不为 0，则 $C_1 \neq C_2$，$I_1 \neq I_2$，此时在一个周期内通过 R_L 的平均电流不为零。因此产生输出电压，输出电压在一个周期内的平均值为

$$U_o = I_L R_L = \frac{1}{T} \int_0^T [I_1(t) - I_2(t)] \mathrm{d}t R_L$$

$$\approx \frac{R(R + 2R_L)}{(R + R_L)^2} R_L U f (C_1 - C_2) \qquad (3.2-3)$$

式中，f——电源频率。

当 R_L 已知时，式(3.2-3)中

$$\left[\frac{R(R + 2R_L)}{(R + R_L)^2} \right] R_L = M \quad （常数）$$

则式(3.2-3)可改写成

$$U_o = U f M (C_1 - C_2) \qquad (3.2-4)$$

由式(3.2-4)可知，输出电压 U_o 不仅与电流电压幅值和频率有关，而且与 T 形网络中电容 C_1 和 C_2 的差值有关。当电源电压确定后，输出电压 U_o 是电容 C_1 和 C_2 的函数。该电路输出电压较高，当电源频率为 1.3 MHz，电流电压 $U = 46$ V 时，电容变化范围为 $-7 \sim 7$ pF，可以在 1 MΩ 负载上得到 $-5 \sim 5$ V 的直流输出电压，电路的灵敏度与电源电压幅值和频率有关，故输入电源要求稳定。当 U 幅值较高，使二极管 VD_1、VD_2 工作在线性区域时，测量的非线性误差很小。当然，对于改变极板间隙的差动式电容检测原理来说，上述电路只能减小非线性，而不能完全消除非线性。

4. 脉冲宽度调制电路

脉冲宽度调制电路如图 3.13(a)所示。它由比较器 A_1、A_2，双稳态触发器及电容充放电回路组成。C_1、C_2 为传感器的差动电容，双稳态触发器的两个输出端 Q、$\overline{Q}$ 为电路的输出端。

当双稳态触发器的输出端 Q 为高电位时，通过 R_1 对 C_1 充电；而触发器另一输出端 $\overline{Q}$ 的输出为低电位时，电容 C_2 通过二极管 VD_2 迅速放电，G 点被钳制在低电位。当 F 点的电位高于参考电位 U_c 时，比较器 A_1 的输出极性发生改变，产生脉冲，使双稳态触发器翻转，Q 端的输出变为低电位，而 $\overline{Q}$ 端变为高电位。这时 C_2 充电，C_1 放电。当 G 点电位高于 U_c 时，比较器 A_2 的输出使触发器再一次翻转；如此重复，周而复始，双稳态触发器的两个输出端各自产生一宽度受 C_1 和 C_2 调制的方波信号。当 $C_1 = C_2 = C_0$ 时，各点的电压波形如图 3.13(b)所示，输出电压的平均值为零。但当工作状态为 $C_1 \neq C_2$ 时，C_1、C_2 充电时间常数发生变化；若 $C_1 > C_2$，则 $\tau_1 = R_1 C_1 > \tau_2 = R_2 C_2$。电路中各点电压波形产生相应改变，各点电压波形如图 3.13(c)所示，此时 u_A、u_B 脉冲宽度不再相等，一个周期 $T_1 + T_2$ 时间内输出电压 u_{AB} 的平均值不再是零。

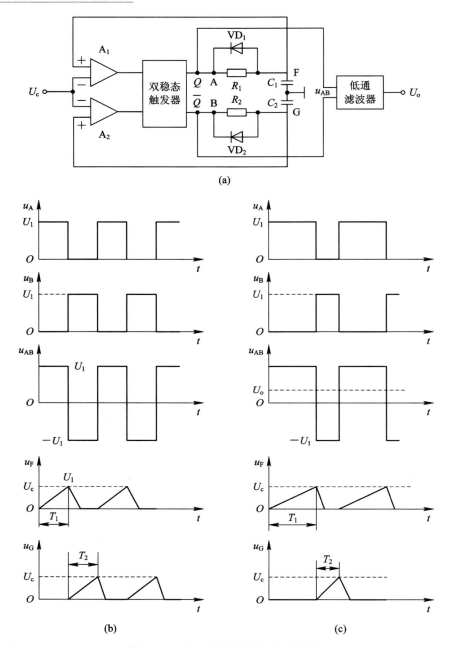

图 3.13 脉冲宽度调制电路及波形

输出电压 u_{AB} 经低通滤波后，便可得到一直流输出电压 U_o，其值为 A、B 两点电压平均值 U_A 与 U_B 之差，即

$$U_o = U_A - U_B = \frac{T_1}{T_1 + T_2} U_1 - \frac{T_2}{T_1 + T_2} U_1 = \frac{T_1 - T_2}{T_1 + T_2} U_1 \qquad (3.2-5)$$

式中，T_1、T_2——分别为 C_1、C_2 充至 U_c 需要的时间，即 A 点和 B 点的脉冲宽度；

U_1——触发器输出的高电位。

由于 U_1 的大小是固定的，因此，输出直流电压 U_o 随 T_1 和 T_2 的改变而改变，即随 u_A

和 u_B 的脉冲宽度的改变而改变，而电容 C_1 和 C_2 分别与 T_1 和 T_2 成正比。当电阻 $R_1 = R_2 = R$ 时，有

$$U_o = \frac{C_1 - C_2}{C_1 + C_2} U_1 = \frac{\Delta C}{C_0} U_1 \qquad (3.2-6)$$

由此可知，直流输出电压 U_o 与电容 C_1 和 C_2 之差成比例，极性可正可负。

对于差动式变极距型电容传感器，有

$$U_o = \frac{\Delta \delta}{\delta_0} U_1 \qquad (3.2-7)$$

对于差动式变面积型电容传感器，有

$$U_o = \frac{\Delta S}{S} U_1 \qquad (3.2-8)$$

根据以上分析可知：

（1）不论是变极距型还是变面积型电容传感器，其输入与输出变化量都呈线性关系，而且脉冲宽度调制电路对传感器元件的线性度要求不高；

（2）不需要解调电路，只要经过低通滤波器就可以得到直流输出；

（3）调宽脉冲频率的变化，对输出无影响；

（4）由于采用直流稳压电源供电，因此不存在对其波形及频率的要求。

所有这些特点都是其他电容测量电路无法比拟的。

3.3 基于 MEMS 的微型电容式传感器

由于电容式传感器的敏感元件仅为导电极板，不需要特殊的微细加工工艺步骤，因此非常适合结合 MEMS 工艺实现微型化。当然，具体实现时，还需要根据所需传感器的功能和电容式传感器本身的特点，对电极结构、实现工艺以及检测电路的集成等方面予以具体考虑。

在 MEMS 中实现的电容器，尺寸小，易于实现。它不仅可用于传感器，也可用于微执行器的设计。通过设计补偿电容，可有效降低传感器的温度系数。此外，将检测电路与传感器集成为一体，可避免因电缆线等因素所带来的寄生电容影响，达到比较高的检测精度。例如，传感器中的位置测量精度已经可以达到 10^{-12} m。

在微型电容式传感器中，需要重点克服的问题主要有：电容值比较小、信号幅值小、结构中存在寄生电容、静电场的影响等。

3.3.1 微型电容式加速度传感器

微型电容式加速度传感器可能是采用 MEMS 工艺所实现的微型电容式传感器中最早实现产品化的传感器之一。这种传感器一般采用平行极板式结构，其敏感原理是最常见的变极距式。图 3.14 为微型电容式加速度传感器的原理。位于中心的质量块将垂直方向的加速度转换为质量块的位移，并进而转换为敏感电极间距的变化，从而可通过测量电极间的

电容值得到加速度值。

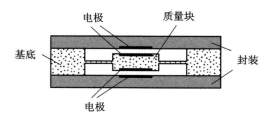

图 3.14 微型电容式加速度传感器原理

这种原理的传感器最早于 1991 年见诸报道，是最早成功实现商业化的微型电容式加速度传感器之一，测量范围为 ±5 g（g 为重力加速度，为 9.8 m/s²），分辨率为 0.005 g，目前已经在汽车的防撞气囊中得到应用。

在这里为说明方便起见，首先介绍一下常见的加速度传感器原理。

大部分加速度传感器都可等效为一个如图 3.15 所示的二阶系统。加速度测量的原理则基于牛顿定律，即

$$F = ma \tag{3.3-1}$$

式中，m——质量块的质量；

a——加速度。

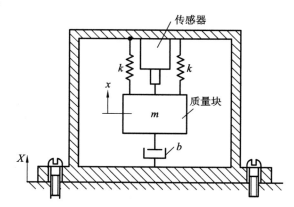

图 3.15 微型电容式加速度传感器原理

以 X 及 x 分别代表被测对象（机座）及质量块的绝对位移，根据牛顿定律，则有

$$k(X-x) + b\frac{\mathrm{d}(X-x)}{\mathrm{d}t} = m\frac{\mathrm{d}^2 x}{\mathrm{d}t^2} \tag{3.3-2}$$

式中 b 为阻尼系数，k 为弹簧刚度。定义 $Z = X - x$，$x = X - Z$，则

$$m\frac{\mathrm{d}^2 X}{\mathrm{d}t^2} = m\frac{\mathrm{d}^2 Z}{\mathrm{d}t^2} + kZ + b\frac{\mathrm{d}Z}{\mathrm{d}t} \tag{3.3-3}$$

假定 $X = X_0 \mathrm{e}^{\mathrm{j}\omega t}$，$Z = Z_0 \mathrm{e}^{\mathrm{j}\omega t}$，则有

$$-m\omega^2 X_0 \mathrm{e}^{\mathrm{j}\omega t} = -m\omega^2 Z_0 \mathrm{e}^{\mathrm{j}\omega t} + kZ_0 \mathrm{e}^{\mathrm{j}\omega t} + \mathrm{j}\omega b Z_0 \mathrm{e}^{\mathrm{j}\omega t}$$

因此

$$Z_0 = \frac{m\omega^2 X_0}{m\omega^2 - k - \mathrm{j}\omega b} \tag{3.3-4}$$

系统谐振频率为 $\omega_0 = \sqrt{\dfrac{k}{m}}$，则有

$$|Z_0| = \frac{X_0}{\sqrt{\left(1 - \dfrac{\omega_0^2}{\omega^2}\right)^2 + \dfrac{b^2}{m^2\omega^2}}} \qquad (3.3-5)$$

在不同阻尼状态下，$\dfrac{|Z_0|}{X_0}$ 与频率的关系曲线如图 3.16 所示。由图可见，当频率远低于谐振频率 ω_0，即 $\omega \ll \omega_0$ 时，有

$$|Z_0| \approx \frac{\omega^2 X_0}{\omega_0^2} = \frac{A}{\omega_0^2} \qquad (3.3-6)$$

其中，$|Z_0|$——质量块相对于传感器外壳即被测对象的位移，亦即传感器中敏感元件所探测到的位移量；

　　A——被测对象的加速度幅值。

因此，仅当 $\omega \ll \omega_0$ 时，传感器的输出信号所反映的才是所需测量的加速度。

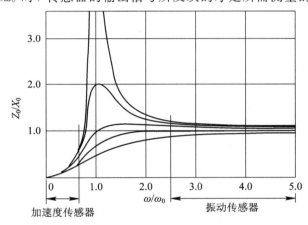

图 3.16　加速度传感器的频率响应曲线

另一方面，当 $\omega \gg \omega_0$ 时，有 $|Z_0| \approx X_0$，即传感器的输出信号为被测对象的位移，而不是加速度，此时的传感器成为振动传感器，用于测量被测对象的振动幅值，如地震波传感器。

综上所述，作为加速度传感器，其频率响应有一个上限，即最高频率不能超过传感器系统的谐振频率。而作为振动传感器，其频率响应有一个下限，即最低频率不能低于传感器系统的谐振频率。

根据式(3.3-6)，还可对加速度传感器的带宽与分辨率之间的关系进行更进一步的了解。例如，假定某加速度传感器的谐振频率为 1 kHz，则 $0.001g$ 的加速度所引起的相对位移量为

$$|Z_0| = \frac{A}{\omega_0^2} = \frac{(1 \times 10^{-3}) \times 9.8}{(2 \times \pi \times 1 \times 10^3)^2} = 2.5 \times 10^{-10} \text{ m} \qquad (3.3-7)$$

即位移量为 0.25 nm。而如果谐振频率为 20 kHz，则 $0.001g$ 的加速度所引起的相对位移量为

$$|Z_0| = \frac{A}{\omega_0^2} = \frac{(1 \times 10^{-3}) \times 9.8}{(2 \times \pi \times 20 \times 10^3)^2} = 6.2 \times 10^{-13} \text{ m} \qquad (3.3-8)$$

显然，这一位移量要低多了。因此，在加速度传感器中，响应带宽越高，对传感器内检测相对位移的敏感元件要求越高。

综合上述分析，可得到关于加速度传感器的几点常识：

（1）加速度传感器一般包括一个质量块、一个弹性环节及一个位移传感器。

（2）加速度传感器的总体性能一般会受到两方面的限制：一是弹性环节的机械性能，如线性、动态范围、对其他轴向加速度的敏感特性等；二是位移传感器的灵敏度。

（3）加速度传感器的带宽越高，所需要的位移检测分辨率越高。

再看图 3.15 所示的加速度传感器，质量块与基底之间的连接即为弹性环节，该弹性环节的性能直接影响传感器的动态特性。而电容测量的分辨率及稳定性则决定了传感器的分辨率及稳定性。为提高电容测量的精度，一般都将检测电路与敏感元件集成在一起，并且通过在芯片中同时设计和制作补偿电容，实现温度特性的补偿及传感器状态的自诊断。

图 3.17 为一种已实用的具有差动输出的基于组合梁的硅电容式单轴加速度传感器原理。该传感器的敏感结构包括一个活动电极和两个固定电极，活动电极固连在连接单元的正中心；两个固定电极设置在活动电极初始位置，即对称的两端。连接单元将两组梁框架结构的一端连在一起，梁框架结构的另一端用连接"锚"固定。

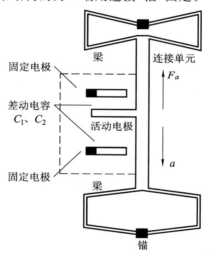

图 3.17　硅电容式单轴加速度传感器原理

该敏感结构可以感知沿着连接单元主轴方向的加速度。其基本原理是：基于惯性原理，被测加速度 a 使连接单元产生与加速度方向相反的惯性力 F_a；惯性力 F_a 使敏感结构产生位移，从而带动活动电极移动，与两个固定电极形成一对差动敏感电容 C_1、C_2 的变化（见图 3.17）。

将 C_1、C_2 组成适当的检测电路，便可以解算出被测加速度 a。该敏感结构只能感知沿连接单元主轴方向的加速度。对于其正交方向的加速度，由于它们引起的惯性力作用于梁的横向（宽度与长度方向），而梁的横向相对于其厚度方向具有非常大的刚度，因此这样的敏感结构不会感知与所测加速度 a 正交的加速度。

将两个或三个如图 3.17 所示的敏感结构组合在一起，就可以构成微结构双轴或三轴加速度传感器。这里不再详述。

3.3.2 微型电容式压力传感器

微型电容式压力传感器是硅微传感器中实现实用化的另一种传感器。如图 3.18 所示的膜片式结构是电容式压力传感器的常见结构形式。由一个固定电极和一个膜片电极形成距离为 d_0、极板有效面积为 πa^2、改变电极间平均间隙的平板电容式传感器，被测压力导致膜片电极变形，从而改变膜片电极与固定极板之间的电容值。

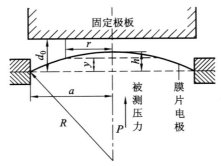

图 3.18 膜片式结构的压力传感器

在忽略边缘效应时，初始电容值为

$$C_0 = \frac{\varepsilon_0 \pi a^2}{d_0} \qquad (3.3-9)$$

在被测压力 P 的作用下，膜片向间隙方向呈球状凸起。在距离膜片圆心为 r 的周长上，各点凸起的挠度相等，可近似写为（在 $h \ll d_0$ 的情况下）

$$y = \frac{P}{4S}(a^2 - r^2) \qquad (3.3-10)$$

式中，S——膜片张力；膜片厚度为 t 时，有

$$S = \frac{t^3 E}{0.85 \pi a^2} \qquad (3.3-11)$$

这里，E 为材料的弹性模量。球面上宽度为 δr、长度为 $2\pi r$ 的环形带与固定电极间的电容值为

$$\delta C = \frac{\varepsilon 2\pi r \delta r}{d_0 - y} \qquad (3.3-12)$$

对式（3.3-12）积分，即可得到传感器的电容值：

$$C = \int_0^a \frac{\varepsilon 2\pi r \delta r}{d_0 - y} = \frac{\varepsilon 2\pi}{d_0} \int_0^a \frac{r}{1 - \dfrac{y}{d_0}} \delta r$$

考虑到 y 较 d_0 小很多，可将上式改写为

$$C = \frac{\varepsilon 2\pi}{d_0} \int_0^a \left(1 + \frac{y}{d_0}\right) \delta r = \frac{\varepsilon \pi a^2}{d_0} + \frac{\varepsilon \pi a^4}{8 d_0^2 S} P \qquad (3.3-13)$$

传感器电容的相对变化值为

$$\frac{\Delta C}{C} \approx \frac{a^3}{3 d_0 t^3 E} P \qquad (3.3-14)$$

大部分利用 MEMS 技术加工的微型电容式硅压力传感器采用的也是这种膜片式结构。

    图 3.19 所示为其中的一种。这种传感器的核心部件是一个对压力敏感的电容器。如图 3.19(a)所示。图中电容器的两个极板，一个置于玻璃上，为固定极板；另一个置于硅膜片的表面，为活动极板。硅膜片由腐蚀硅片的正面和反面形成。当硅膜片和玻璃键合在一起之后，就形成有一定间隙的空气(或真空)电容器。电容器的大小由电容电极的面积和两个电极间的距离决定，当硅膜片受压力作用变形时，电容器两电极间的距离便发生变化，从而导致电容的变化。电容的变化量与压力有关，因此可利用这样的电容器作为检测压力的敏感元件。这一工作方式与金属元件的压力敏感电容一样。但是微机械加工工艺可以把电容器的结构参数做得很小，其测量电路也与压敏电容做在同一硅片上，构成电容式单片集成压力传感器。

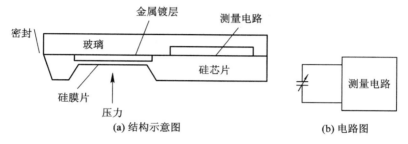

(a) 结构示意图　　　　　　　(b) 电路图

图 3.19　电容式硅压力传感器原理结构

4

第4章 电感式传感器

电感式传感器是将被测量转换成电感或互感变化的传感器，它是一种结构型传感器。

电感式传感器应用很广，可用来测量力、力矩、压力、位移、速度、振动等参数，既可以用于静态测量，又可以用于动态测量。

电感式传感器的优点是可以得到较大的输出功率（1～5 VA），这样可以不经放大而直接指示和记录。此外，其结构简单，工作可靠，可在工业频率下稳定工作。

按转换方式的不同，电感式传感器可分为自感型（包括可变磁阻式与涡流式）和互感型（如差动变压器式）两大类。有时人们把电涡流式传感器单独列为一类，但从工作原理上往往又把它归于自感型传感器。

4.1 自感型电感式传感器

4.1.1 可变磁阻式自感型传感器的工作原理和结构类型

可变磁阻式自感型传感器的基本原理如图 4.1 所示。它由线圈、铁芯和衔铁组成。在铁芯和衔铁之间保持一定的空气隙 δ，被测位移构件与衔铁相连。当被测物件产生位移时，衔铁随着移动，空气隙 δ 发生变化，引起磁阻变化，从而使线圈的电感值发生变化。当线圈通以激磁电流 i 时，产生磁通 Φ_m，其大小与电流成正比，即

$$W\Phi_m = Li \tag{4.1-1}$$

式中，W——线圈匝数；

L——比例系数，称为自感。

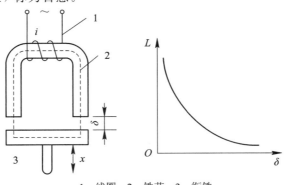

1—线圈；2—铁芯；3—衔铁

图 4.1 可变磁阻式自感型传感器基本原理

又根据磁路欧姆定律，有

$$F_{\mathrm{m}} = Wi \, , \quad \Phi_{\mathrm{m}} = \frac{F_{\mathrm{m}}}{R_{\mathrm{m}}} \tag{4.1-2}$$

式中，F_{m}——磁动势；

$\quad R_m$——磁路总磁阻。

将式(4.1-2)代入式(4.1-1)，则自感为

$$L = \frac{W^2}{R_{\mathrm{m}}} \tag{4.1-3}$$

如果空气隙 δ 较小，可以认为气隙中的磁场是均匀的。通常气隙磁阻又远大于铁芯和衔铁的磁阻，因此在不考虑磁路的铁损和铁芯磁阻时，则总磁阻为

$$R_{\mathrm{m}} \approx \frac{2\delta}{\mu_0 A_0} \tag{4.1-4}$$

式中，δ——气隙长度；

$\quad \mu_0$——空气磁导率，$\mu_0 = 4\pi \times 10^{-7} \ \mathrm{H/m}$；

$\quad A_0$——空气隙导磁截面积。

将式(4.1-4)代入式(4.1-3)中，则

$$L = \frac{W^2 \mu_0 A_0}{2\delta} \tag{4.1-5}$$

式(4.1-5)表明，自感 L 与空气隙 δ 的大小成反比，而与空气隙导磁截面积 A_0 成正比。当固定 A_0 不变，而改变 δ 时，L 与 δ 呈非线性关系，此时传感器的灵敏度为

$$K = \frac{\mathrm{d}L}{\mathrm{d}\delta} = -\frac{W^2 \mu_0 A_0}{2\delta^2} \tag{4.1-6}$$

灵敏度 K 与空气隙长度的平方成反比，δ 越小，灵敏度越高。由于 K 不是常数，故会出现非线性误差；为了减小这一误差，通常要求在较小间隙范围内工作。例如，设传感器的初始空气隙为 δ_0，初始自感量为 L_0；当衔铁上移时，传感器气隙减小 $\Delta\delta$，$\delta = \delta_0 - \Delta\delta$，则

$$L = L_0 + \Delta L = \frac{\mu_0 A_0 W}{2(\delta_0 - \Delta\delta)} = \frac{L_0}{1 - \dfrac{\Delta\delta}{\delta_0}} \tag{4.1-7}$$

当 $\Delta\delta \ll \delta_0$ 时，可将上式用泰勒级数展开：

$$L = L_0 \left[1 + \left(\frac{\Delta\delta}{\delta_0} \right) + \left(\frac{\Delta\delta}{\delta_0} \right)^2 + \left(\frac{\Delta\delta}{\delta_0} \right)^3 + \cdots \right]$$

对上式进行线性处理，忽略高次项，得

$$\frac{\Delta L}{L_0} = \frac{\Delta\delta}{\delta_0}$$

所以其灵敏度为

$$K_0 = \frac{\Delta L / L_0}{\Delta\delta} = \frac{1}{\delta_0} \tag{4.1-8}$$

故灵敏度 K_0 趋于定值，即输出与输入近似地呈线性关系。实际上忽略高次项的条件是 $\Delta\delta/\delta_0 \ll 1$，高次项才会迅速减小，非线性才会得到改善。因此限制气隙的变化量 $\Delta\delta$，即可减小传感器输出的非线性，但这又会使传感器的测量范围变小。所以，对输出特性的要求和对测量范围的要求是互相矛盾的。虽然增加初始自感值 L_0 也可减小非线性，但会使灵敏度降低。

图 4.2 列出了几种常用可变磁阻式传感器的典型结构。图 4.2(a)为可变导磁面积型，其自感 L 与 A_0 呈线性关系，这种传感器灵敏度较低。图 4.2(b)为差动型，衔铁位移时，可以使两个线圈的间隙按 $\delta_0 + \Delta\delta$ 和 $\delta_0 - \Delta\delta$ 变化，一个线圈自感增加，另一个线圈自感减小。将两线圈接于电桥相邻桥臂时，形成差动形式。差动变隙式电感式传感器与单极式传感器相比，其输出灵敏度可提高 1 倍，并大大减小了它的非线性。

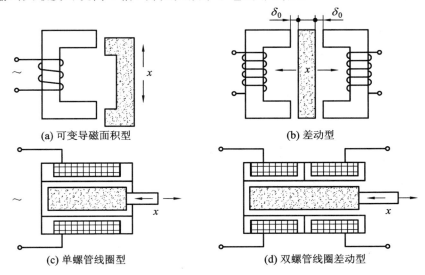

(a) 可变导磁面积型　　　　(b) 差动型

(c) 单螺管线圈型　　　　(d) 双螺管线圈差动型

图 4.2　可变磁阻式传感器的典型结构

图 4.2(c)为单螺管线圈型，当铁芯在线圈中运动时，将改变磁阻，使线圈自感发生变化。这种传感器结构简单、制造容易，但灵敏度低，适用于较大位移(数毫米)的测量。

图 4.2(d)为双螺管线圈差动型，较之单螺管线圈型有较高灵敏度及线性，被用于电感测微计上，其测量范围为 $0 \sim 300\ \mu m$，分辨率可达 $0.5\ \mu m$。

若传感器的线圈接于电桥上，构成两上桥臂，如图 4.3(a)所示，线圈电感 L_1、L_2 随铁芯位移而变化，其输出特性如图 4.3(b)所示。

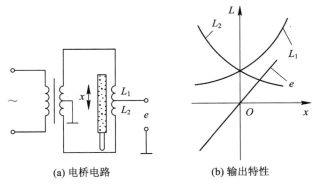

(a) 电桥电路　　　　(b) 输出特性

图 4.3　双螺管线圈差动型电桥电路及输出特性

4.1.2　可变磁阻式自感型传感器的信号测量电路

自感型传感器实现了把被测量的变化转变为自感的变化。为了测出自感的变化，往往就要用转换电路把自感的变化转换为电压或电流的变化。一般可将自感变化转换为电压（电流）的幅值、频率、相位的变化，相应的电路分别称为调幅、调频、调相电路。在自感型传感器中一般采用调幅电路，调幅电路的主要形式有变压器电桥式和交流电桥式两种，而调频和调相电路用得较少。

1. 变压器电桥式测量电路

变压器电桥式测量电路如图 4.4 所示。电桥两桥臂 Z_1 和 Z_2 为差动型可变磁阻式自感式传感器的两个线圈的阻抗，另外两臂为交流变压器的次级线圈，其阻抗为次级线圈总阻抗的 $1/2$。设传感器线圈为高 Q 值，即线圈电阻远小于其感抗，则

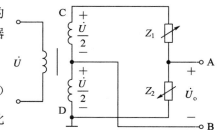

图 4.4 变压器电桥式测量电路

$$\dot{U}_\circ = \frac{Z_2 \dot{U}}{Z_1 + Z_2} - \frac{\dot{U}}{2} = \frac{Z_2 - Z_1}{Z_1 + Z_2} \cdot \frac{\dot{U}}{2} \qquad (4.1-9)$$

在初始位置，当衔铁位于中间时，$Z_1 = Z_2 = Z$，此时，$U_\circ = 0$，电桥平衡。

当衔铁下移时，下线圈阻抗增加，即 $Z_2 = Z + \Delta Z$，而上线圈阻抗减小，即 $Z_1 = Z - \Delta Z$，由式(4.1-9)得

$$\dot{U}_\circ = \frac{\Delta Z}{Z} \cdot \frac{\dot{U}}{2} = \frac{\Delta L}{L} \cdot \frac{\dot{U}}{2} \qquad (4.1-10)$$

同理，当衔铁上移时，$Z_1 = Z + \Delta Z$，$Z_2 = Z - \Delta Z$，则

$$\dot{U}_\circ = -\frac{\Delta Z}{Z} \cdot \frac{\dot{U}}{2} = -\frac{\Delta L}{L} \cdot \frac{\dot{U}}{2} \qquad (4.1-11)$$

比较式(4.1-10)和式(4.1-11)可以看出，两种情况的输出电压大小相等、方向相反，由于 $\dot{U}$ 是交流电压，所以输出指示无法判断出位移方向。输出电压 $\dot{U}_\circ$ 在输入到指示器前必须先进行整流、滤波。使用无相位鉴别的整流器(半流或全流)时，其实际输出电压特性曲线如图 4.5 所示。

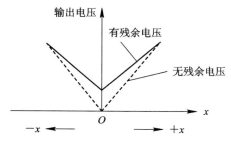

图 4.5 无相位鉴别整流器输出特性曲线

由于电路结构不完全对称(由两线圈损耗电阻 R_s 的不平衡所引起)，当输入电压中包含有谐波时，输出端在铁芯位移为零时将出现残余电压，称之为零点残余电压，如图中实线所示，图中虚线为理想对称状态下的输出特性。

2. 带相敏整流的交流电桥

为了既能判别衔铁位移的大小，又能判别衔铁位移的方向，通常在交流测量电桥中引入相敏整流电路，把电桥的交流输出转换为直流输出，而后用零值居中的直流电压表测量

电桥的输出电压，其电路原理如图 4.6 所示。

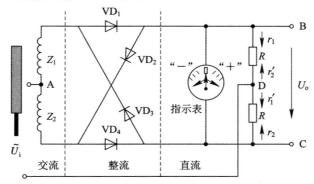

图 4.6 带相敏整流的测量电路原理

差动型自感式传感器的两个线圈 Z_1、Z_2 和两个平衡电阻 R 构成差动交流电桥；$VD_1 \sim$ VD_4 二极管构成相敏整流电路，U_i 为电桥交流输入电压；U_o 为测量电路输出电压，由零值居中的直流电压表指示输出电压的大小和极性。通过分析该电路的工作可知：

（1）当衔铁处于中间位置时，差动型自感式传感器两个线圈的阻抗 $Z_1 = Z_2 = Z$，电桥处于平衡状态，电路输出 $U_o = 0$。

（2）当衔铁上移时，无论电源在正半周还是负半周，输出均为 $U_o < 0$。此时电压表反向偏转，读数为负，表明衔铁上移。

（3）当衔铁下移时，无论电源正半周还是负半周，输出均为 $U_o > 0$，此时直流电压表正向偏转，读数为正，表明衔铁下移。

由此可见，采用带相敏整流的交流电桥，得到的输出信号既能反映位移大小，也能反映位移的方向，其输出特性曲线如图 4.7 所示。

比较图 4.4 和图 4.6 可知，测量电桥引入相敏整流后，输出特性曲线通过零点，输出电压的极性随位移方向而发生变化，同时消除了零点残余电压，还改善了线性度。

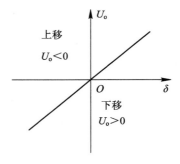

图 4.7 带相敏整流器的输出特性曲线

4.2 互感型差动变压器式传感器

互感型差动变压器式传感器利用了电磁感应中的互感现象，如图 4.8 所示。当线圈 W_1 输入交变电流 i_1 时，线圈 W_2 产生感应电动势 e_{12}，其大小与电流 i_1 的变化率成正比，即

$$e_{12} = -M \frac{\mathrm{d}i_1}{\mathrm{d}t} \qquad (4.2-1)$$

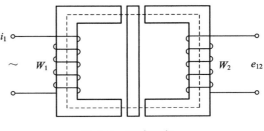

图 4.8 互感现象

式中，M——比例系数，称为互感，其大小与两线圈相对位置及周围介质的导磁能力等因素有关，它表明两线圈之间的耦合程度。

互感型传感器就是利用这一原理，将被测位移量转换成互感的变化。这种传感器实质上是一个输出电压可变的变压器。当变压器初级线圈输入稳定交流电压后，次级线圈便产生感应电压输出，该电压随被测量变化而变化。由于常常采用两个次级线圈组成差动式，故又称为差动变压器式传感器。这类传感器的结构形式有多种，但其工作原理基本一样。在非电量测量中，应用最为普遍的是螺线管式差动变压器，它可测量 $1\sim100$ mm 的机械位移，并具有测量精度高、灵敏度高、结构简单、性能可靠等优点。

4.2.1 螺线管式差动变压器的工作原理和基本特性

螺线管式差动变压器主要由绝缘线圈骨架，即 3 个线圈（一个初级线圈 P 和两个次级线圈 S_1、S_2）和插入线圈中央的圆柱形铁芯 b 组成，图 4.9 所示为差动变压器的结构，其中图（a）为三段式差动变压器，图（b）为两段式差动变压器。

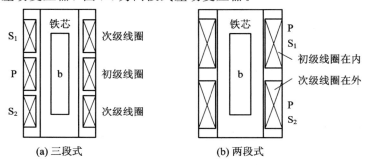

图 4.9　螺线管式差动变压器结构

对于图 4.9（a）所示三段式差动变压器而言，其中两个次级线圈反向串联，构成差动式结构，在忽略铁损、漏感和线圈分布电容的理想条件下，其等效电路如图 4.10 所示。

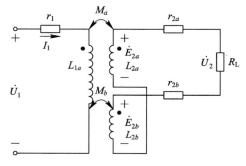

图 4.10　螺线管式差动变压器等效电路

设差动变压器中初级线圈的匝数为 W_1，两个次级线圈的匝数分别为 W_{2a} 和 W_{2b}。当初级绕组加以激励电压 $\dot{U}_1$ 时，根据变压器的工作原理，在两个次级绕组 W_{2a} 和 W_{2b} 中便会产生感应电动势 $\dot{E}_{2a}$ 和 $\dot{E}_{2b}$。由差动变压器等效电路图 4.10 可知，当次级绕组开路时，有

$$\dot{I}_1 = \frac{\dot{U}_1}{r_1 + j\omega L_1} \tag{4.2-2}$$

式中，$\dot{U}_1$——初级线圈激励电压；

　　ω——激励电压 $\dot{U}_1$ 的角频率；

　　$\dot{I}_1$——初级线圈激励电流；

　　r_1、L_1——分别为初级线圈直流电阻和电感。

将电流 $\dot{I}_1$ 写成复指数形式 $\dot{I}_1 = I_{1m}\mathrm{e}^{-\mathrm{j}\omega t}$，则

$$\frac{\mathrm{d}\dot{I}_1}{\mathrm{d}t} = -\mathrm{j}\omega I_{1m}\mathrm{e}^{-\mathrm{j}\omega t} = -\mathrm{j}\omega\dot{I}_1$$

根据电磁感应定律，次级绕阻中感应电动势的表达式为

$$\dot{E}_{2a} = M_a\frac{\mathrm{d}\dot{I}_1}{\mathrm{d}t} = -\mathrm{j}\omega M_a\dot{I}_1 \tag{4.2-3}$$

$$\dot{E}_{2b} = M_b\frac{\mathrm{d}\dot{I}_1}{\mathrm{d}t} = -\mathrm{j}\omega M_b\dot{I}_1 \tag{4.2-4}$$

式中，M_a、M_b——分别为初级线圈与两次级绕组的互感。

由于两次级绕组反向串联，且考虑到次级绕组开路，则由以上关系可得

$$\dot{U}_o = \dot{E}_{2a} - \dot{E}_{2b} = -\frac{\mathrm{j}\omega(M_a - M_b)\dot{U}_1}{r_1 + \mathrm{j}\omega L_1} \tag{4.2-5}$$

输出电压的有效值为

$$U_o = \frac{\omega(M_a - M_b)U_1}{\sqrt{r_1^2 + (\omega L_1)^2}} \tag{4.2-6}$$

式（4.2-6）说明，当激励电压的幅值 U_1 和角频率 ω、初级绕组的直流电阻 r_1 及电感 L_1 为定值时，差动变压器输出电压仅仅是初级绕组与两个次级绕组之间互感之差的函数，因此，只要求出互感 M_a 和 M_b 对活动铁芯位移 Δx 的关系式，再代入式（4.2-5），即可得到螺线管式差动变压器的基本特性表达式。对此，下面分三种情况进行分析：

（1）活动铁芯处于中间位置时，如果工艺上保证变压器结构完全对称，这时两互感系数必然相等，即

$$M_a = M_b = M$$

根据变压器的电磁感应原理，将有 $\dot{U}_o = \dot{E}_{2a} - \dot{E}_{2b} = 0$。由于变压器两级绕阻反向串联，因此 $\dot{U}_o = \dot{E}_{2a} - \dot{E}_{2b} = 0$。

（2）活动铁芯向上移动时，

$$M_a = M + \Delta M,\ M_b = M - \Delta M$$

代入式（4.2-6），得

$$U_o = \frac{2\omega\Delta M U_1}{\sqrt{r_1^2 + (\omega L_1)^2}} \tag{4.2-7}$$

故 $\dot{U}_o$ 与 $\dot{E}_{2a}$ 同相。

（3）活动铁芯向下移动时，

$$M_a = M - \Delta M,\ M_b = M + \Delta M$$

代入式(4.2-6)，得

$$U_o = -\frac{2\omega \Delta M U_1}{\sqrt{r_1^2 + (\omega L_1)^2}} \qquad (4.2-8)$$

故 $\dot{U}_o$ 与 $\dot{E}_{2b}$ 同相。

输出电压还可以写成

$$U_o = -\frac{2\omega \Delta M U_1}{\sqrt{r_1^2 + (\omega L_1)^2}}\frac{\Delta M}{M} = 2U_\infty \frac{\Delta M}{M} \qquad (4.2-9)$$

式中，U_∞——铁芯处于中间平衡位置时，单个次级线圈的感应电动势。

从以上分析可知，随着铁芯位移 Δx 的变化，差动变压器的输出电压 U_o 也必将随 Δx 变化。图 4.11 给出了差动变压器输出电压 U_o 与活动铁芯位移 Δx 的关系曲线，称它为输出特性曲线。图中实线为理论特性曲线，虚线为实际特性曲线。从图 4.11 可以看出，与自感式传感器相似，差动变压式传感器也存在零点残余电压，使得传感器的特性曲线不通过原点，实际特性曲线不同于理想特性曲线。

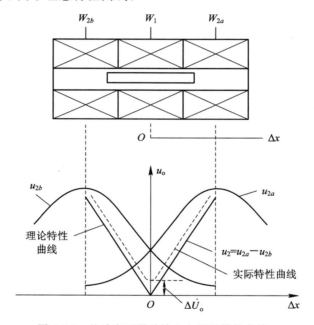

图 4.11 差动变压器总输出电压的特性曲线

差动变压器的灵敏度是指差动变压器在单位电压激励下，铁芯移动一单位距离时输出的电压。其单位为 V/(m·V)，一般差动变压器的灵敏度大于 50 mV/(mm·V)，这就是说，此差动变压器在 1 V 的激励电压下，铁芯移动 1 mm 时其输出电压将大于 50 mV。

从式(4.2-5)可以看出，当激励频率过低时，$\omega L_1 \ll r_1$，则

$$\dot{U}_o = -\frac{\mathrm{j}\omega(M_a - M_b)\dot{U}_1}{r_1} \qquad (4.2-10)$$

这时，差动变压器的灵敏度随频率 ω 的增加而增加，当 ω 增加到 $\omega L_1 \ll r_1$ 时，式(4.2-5)变成

$$\dot{U}_o = -\frac{\mathrm{j}(M_a - M_b)\dot{U}_1}{r_1} \qquad (4.2-11)$$

显然，这时灵敏度与频率无关，是一个常数。当 ω 继续增加到某一数值(此值和铁芯的材料有关)时，由于趋肤效应和铁损，灵敏度下降。通常，差动变压器的激励频率范围一般为 50 Hz~10 kHz 较为适当。

4.2.2　差动变压器的测量电路

差动变压器输出的是交流电压，若用交流电压表测量，只能反映铁芯位移的大小，不能反映移动的方向。另外，其测量值中将包含零点残余电压。为了能辨别移动方向和消除零点残余电压，实际测量时，常采用差动整流电路和相敏检波电路。

1. 差动整流电路

差动整流电路是把差动变压器的两个次级输出电压分别整流，然后将整流的电压或电流的差值作为输出，图 4.12 给出了几种典型的电路形式，其中图(a)、图(c)适用于交流阻抗负载，图(b)、图(d)适用于低阻抗负载，电阻 R_0 用于调整零点残余电压。

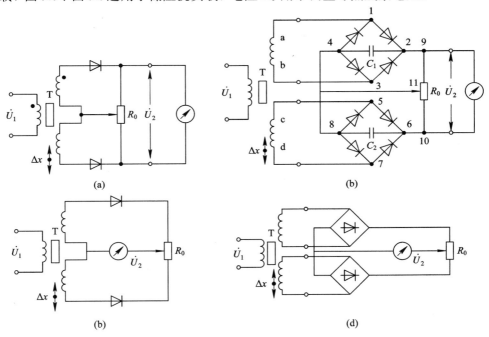

图 4.12　差动整流电路的几种典型电路形式

从图 4.12(c)电路结构可知，不论两个次级线圈的输出瞬时电压极性如何，流经电容 C_1 的电流方向总是从 2 到 4，流经电容 C_2 的电流方向总是从 6 到 8，故整流电路的输出电压为

$$\dot{U}_2 = \dot{U}_{24} - \dot{U}_{68} \qquad (4.2-12)$$

当铁芯在零位时，因为 $\dot{U}_{24} = \dot{U}_{68}$，所以 $\dot{U}_2 = 0$；当铁芯在零位以上时，因为 $\dot{U}_{24} > \dot{U}_{68}$，则 $\dot{U}_2 > 0$；而当铁芯在零位以下时，有 $\dot{U}_{24} < \dot{U}_{68}$，则 $\dot{U}_2 < 0$。$\dot{U}_2$ 的正负表示铁芯位移的方向。

差动整流电路具有结构简单，不需要考虑相位调整和零点残余电压的影响，分布电容影响小和便于远距离传输等优点，因此获得了广泛的应用。

2. 相敏检波电路

相敏检波电路如图 4.13 所示。图中 VD_1、VD_2、VD_3、VD_4 为 4 个性能相同的二极管，以同一方向串联成一个闭合回路，形成环形电桥，输入符号 u_2（差动变压器式传感器输出的调幅波电压）通过变压器 T_1 加到环形电桥的一个对角线上。参考信号 u_s 通过变压器 T_2 加到环形电桥的另一个对角线上。输出信号 u_o 从变压器 T_1 与 T_2 的中心抽头引出。图中平衡电阻 R 起限流作用，以避免二极管导通时变压器 T_2 的次级电流过大。R_L 为负载电阻。u_s 的幅值远大于输入信号 u_2 的幅值，以便有效控制 4 个二极管的导通状态，且和差动变压器式传感器激磁电压 u_1 由同一振荡器供电，保证二者同频同相（或反相）。

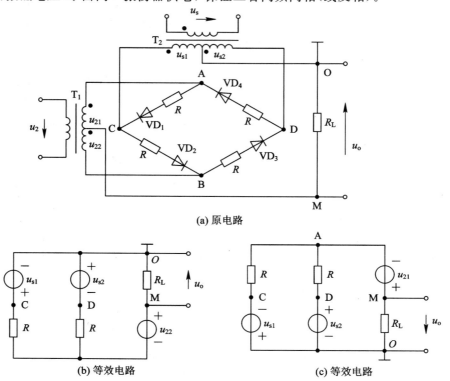

图 4.13　相敏检波电路

由图 4.14(a)、(c)、(d)可知，当位移 $\Delta x > 0$ 时，u_2 与 u_s 同频同相，当位移 $\Delta x < 0$ 时，u_2 与 u_s 同频反相。

当 $\Delta x > 0$ 时，u_2 与 u_s 同频同相，当 u_2 与 u_s 均为正半周时，见图 4.13(a)，环形电桥中二极管 VD_1、VD_4 截止，VD_2、VD_3 导通，则可得图 4.13(b)所示的等效电路。

根据变压器的工作原理，考虑到 O、M 分别为变压器 T_1、T_2 的中心抽头，则有

$$u_{s1} = u_{s2} = \frac{u_s}{2n_2} \tag{4.2-13}$$

$$u_{21} = u_{22} = \frac{u_s}{2n_1} \tag{4.2-14}$$

式中，n_1、n_2——分别为变压器 T_1、T_2 的变压比，采用电路分析的基本方法，可求得图 4.13(b)所示电路的输出电压 u_o 的表达式为

$$u_o = \frac{R_L u_{22}}{\frac{R}{2} + R_L} = \frac{R_L u_2}{n_1(R + 2R_L)} \tag{4.2-15}$$

同理，当 u_2 与 u_s 均为负半周时，二极管 VD_2、VD_3 截止，VD_1、VD_4 导通。其等效电路如图 4-13(c)所示。输出电压 u_o 表达式与式(4.2-15)相同。说明只要位移 $\Delta x > 0$，不论 u_2 与 u_s 是正半周还是负半周，负载电阻 R_L 两端得到的电压 u_o 始终为正。

当 $\Delta x < 0$ 时，u_2 与 u_s 同频反相。采用上述相同的分析方法不难得到，当 $\Delta x < 0$ 时，不论 u_2 与 u_s 是正半周还是负半周，负载电阻 R_L 两端得到的电压 u_o 的表达式总是为

$$u_o = -\frac{R_L u_2}{n_1(R+2R_L)} \tag{4.2-16}$$

所以图 4.14(d)所示相敏检波电路输出电压 u_o 的变化规律充分反映了被测位移量的变化规律，即 u_o 的数值反映位移 Δx 的大小，而 u_o 的极性则反映了位移 Δx 的方向。

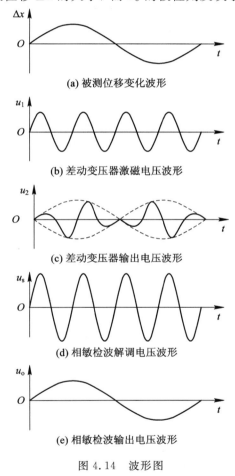

(a) 被测位移变化波形

(b) 差动变压器激磁电压波形

(c) 差动变压器输出电压波形

(d) 相敏检波解调电压波形

(e) 相敏检波输出电压波形

图 4.14　波形图

4.2.3　差动变压器式传感器的应用

差动变压器式传感器可以直接用于位移测量，也可以测量与位移有关的任何机械量，如振动、加速度、应变、比重、张力和厚度等。

图 4.15 为差动变压器式加速度传感器的原理结构。它由悬臂梁和差动变压器构成。测量时，将悬臂梁底座及差动变压器的线圈骨架固定，而将衔铁的 A 端与被测振动体相连，此时传感器作为加速度测量中的惯性元件，它的位移与被测加速度成正比，使加速度测量

转变为位移的测量。当初测体带铁芯以 $\Delta x(t)$ 振动时，差动变压器的输出电压也按相同规律变化。

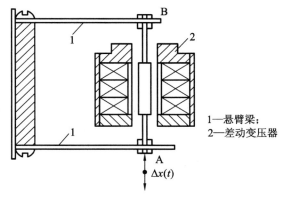

1—悬臂梁；
2—差动变压器

图 4.15　差动变压器式加速度传感器原理结构

4.3　电涡流式传感器

　　根据法拉第电磁感应定律，块状金属导体置于变化的磁场中或在磁场中作切割磁力线运动时，导体内将产生旋涡状的感应电流，此电流称电涡流，以上现象称为电涡流效应。

　　根据电涡流效应制成的传感器称为电涡流式传感器。在金属导体内产生的涡流存在趋肤效应，即涡流渗透的深度与传感器激磁电流的频率有关。根据电涡流在导体内的渗透情况，电涡流传感器可分为高频反射式和低频透射式两类，但从基本工作原理来说，二者是相似的。

　　由于该传感器具有结构简单、体积小、灵敏度高、测量线性范围大（频率响应宽）、抗干扰能力强、不受油污等介质的影响，并且可以进行无接触测量等优点，所以该类型传感器广泛用于工业生产和科学研究的各个领域，可用于测量位移、厚度、速度、表面温度、电解质浓度、应力、材料损伤等。

4.3.1　高频反射涡流式传感器

　　图 4.16 所示为一个高频反射涡流式传感器的工作原理。一块金属板置于一只线圈的附近，相互间距为 δ，当线圈中有一高频交变电流 i_1 通过时，便产生磁通。此交变磁通通过邻近的金属板，金属板上便产生感应电流 i_2。这种电流在金属体内是闭合的，称为"涡电流"或"涡流"。这种涡电流也将产生交变磁通 Φ_2。根据楞次定律，涡电流的交变磁通与线圈的磁场变化方向相反，Φ_2 总是抵抗 Φ_1 的变化。涡流磁场的作用（对导磁材料而言，还有气隙对磁路的影响）使原线圈

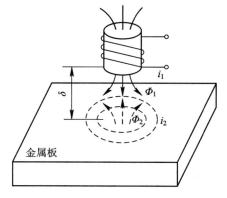

图 4.16　高频反射涡流式传感器工作原理

的等效阻抗 Z 发生变化，变化程度与距离 δ 有关。

分析表明，影响高频线圈阻抗 Z 的因素，除了线圈与金属间距离 δ 以外，还有金属板的电阻率 ρ、磁导率 μ 以及线圈激磁角频率 ω 等。因此原线圈的等效阻抗可写为

$$Z = F(\rho, \mu, r, \omega, \delta) \tag{4.3-1}$$

式中，r——线圈与被测导体的尺寸因子。

如果保持式(4.3-1)中其他参数不变，而只改变其中一个参数，传感器线圈阻抗 Z 就仅仅是这个参数的单值函数。通过与传感器配用的测量电路测出阻抗 Z 的变化量，即可实现对该参数的测量。

为避免复杂电磁场理论中的麦克斯韦方程组的演算，常用等效电路来分析。若把空心线圈看作变压器的初级线圈，金属导体中涡流回路看作变压器的次级线圈，M 为其间的联系，则电涡流式传感器的等效电路如图 4.17 所示。根据克希霍夫定律得到方程：

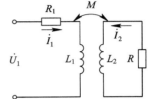

图 4.17　电涡流式传感器等效电路

$$\begin{cases} R_1 \dot{I}_1 + j\omega L_1 \dot{I}_1 - j\omega M \dot{I}_2 = \dot{U}_1 \\ -j\omega M \dot{I}_1 + R_2 \dot{I}_2 + j\omega L_2 \dot{I}_2 = 0 \end{cases} \tag{4.3-2}$$

式中，R_1、L_1——分别为空心线圈的等效电阻和电感；

　　　R_2、L_2——涡流回路的等效电阻和电感；

　　　M——线圈与金属导体间的互感；

　　　$\dot{U}_1$——激励电压。

由式(4.3-2)解得

$$\dot{I}_1 = \frac{\dot{U}_1}{R_1 + \dfrac{\omega^2 M^2}{R_2^2 + (\omega L_2)^2} R_2 + j\omega \left[L_1 - \dfrac{\omega^2 M^2}{R_2^2 + (\omega L_2)^2} L_2^2 \right]}$$

$$\dot{I}_2 = \frac{M\omega^2 L_2 \dot{I}_1 + j\omega M R_2 \dot{I}_1}{R_2^2 + (\omega L_2)^2}$$

由 $\dot{I}_1$ 的表达式可以看出线圈受到金属导体影响后的等效阻抗为

$$Z = R_1 + \frac{\omega^2 M^2}{R_2^2 + (\omega L_2^2)^2} R_2 + j\omega \left[L_1 - \frac{\omega^2 M^2}{R_2^2 + (\omega L_2)^2} L_2 \right] \tag{4.3-3}$$

线圈的等效电阻和等效电感分别为

$$R_{\text{eg}} = R_1 + \frac{\omega^2 M^2}{R_2^2 + (\omega L_2)^2} R_2$$

$$L_{\text{eg}} = L_1 - \frac{\omega^2 M^2}{R_2^2 + (\omega L_2)^2} L_2 \tag{4.3-4}$$

线圈的等效品质因数为

$$Q_{\text{eg}} = \frac{\omega L_{\text{eg}}}{R_{\text{eg}}} \tag{4.3-5}$$

在等效电感表达式中，第一项 L_1 与磁效应有关。若金属导体为非磁性材料，L_1 就是空心线圈的电感。当金属导体是磁性材料时，L_1 将增大，且随线圈与金属导体之间距离 δ 变

化而变化。第二项与涡流效应有关，涡流引起的反磁场将使电感减小；δ 越小，电感减小程度越大。

等效电阻总是比原有电阻 R_1 大，这是因为涡流损耗、磁滞损耗都将使阻抗的实数部分增加。显然，金属导体的导电性能和线圈与导体的距离将直接影响阻抗实数部分的大小。由式(4.3-3)、式(4.3-4)、式(4.3-5)可知，电涡流既能引起线圈阻抗变化，也能引起线圈电感和线圈品质因数 Q 值变化。所以电涡流式传感器可以通过测量 Z、L、Q 中任一参数的变化获得非电量 δ 的变化。

高频反射式涡流传感器的结构很简单，主要是一个安置在框架上的线圈，线圈可以绕成一个矩形截面的扁平线圈，粘贴于框架之上，也可以在框架上开一条槽，导线绕制在槽内而形成一个线圈，线圈的导线一般采用高强度漆包铜线，如要求高一些，可用银或银合金线；在较高的温度条件下，须用高温漆包线。线圈框架应采用损耗小、电性能好、热膨胀系数小的材料，常用的有高频陶瓷、聚酰亚胺、环氧玻璃纤维、氮化硼和聚四氟乙烯等。由于激励频率较高，对所用电缆与插头也要充分重视。

图 4.18 为国产 CZF—1 型电涡流式传感器的结构。它采用导线绕在框架上的形式，框架采用聚四氟乙烯。电涡流式传感器的线圈外径越大，线性范围也越大，但灵敏度也就越低。理论推导和实践都证明，细而长的线圈灵敏度高，线性范围小；扁平线圈则相反。

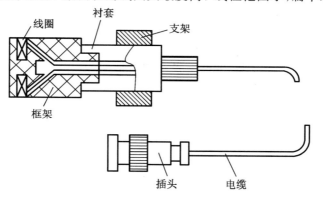

图 4.18 CZF—1 型电涡流式传感器的结构

4.3.2 低频透射涡流式传感器

图 4.19 为低频透射涡流式传感器原理。图中发射线圈 L_1 和接收线圈 L_2 是两个绕于胶木棒上的线圈，分别位于被测物体的上、下方。

当振荡器产生的音频(频率较低)电压 $\dot{U}_1$ 加到 L_1 的两端时，线圈中即流过一个同频率的交流电流，并在其周围产生一个交变磁场。如果两线圈间不存在被测物体 M，L_1 的磁场直接贯穿于 L_2，则 L_2 的两端会产生一交变电动势 $\dot{U}_2$。

在 L_1 和 L_2 间放置一金属片 M 后，L_1 产生的磁

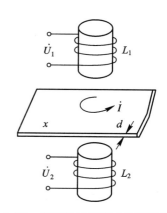

图 4.19 低频透射涡流式传感器原理

力线必然透过 M，并在其上产生涡流 $\dot{I}$。涡流 $\dot{I}$ 损耗了部分磁场能量，使到达 L_2 的磁力线减少，从而引起 $\dot{U}_2$ 的下降。M 的厚度 d 越大，$\dot{U}_2$ 越小，$\dot{U}_2$ 和 d 的关系如图 4.20 所示。

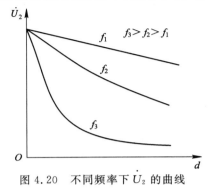

图 4.20　不同频率下 $\dot{U}_2$ 的曲线

　　一般频率 f 取 1000 Hz，当测量电导率较大的材料如紫铜时，f 取 500 Hz；当测量电导率较小的材料如黄铜、铅时，f 取 2 kHz。

4.3.3　测量电路

　　用于涡流式传感器的测量电路主要有调频式和调幅式两种。

1. 调频式测量电路

　　图 4.21 为调频式测量电路原理。传感器线圈接入 LC 振荡回路，当传感器与被测导体距离 x 改变时。在涡流影响下，传感器电感的变化将导致振荡频率的变化；该变化的频率是距离 x 的函数，该频率由数字频率计直接测量，或者通过 F－V 变换，用数字电压表测量对应的电压。振荡器电路如图 4.21(b) 所示。它由克拉泼电容三点式振荡器（C_2、C_3、L、C 和 BG_1）以及射极跟随器两部分组成。振荡器的频率 $f = \dfrac{1}{2\pi\sqrt{L(x)C}}$，为了避免输出电缆的分布电容的影响，通常将 L、C 装在传感器内部。此时电缆分布电容并联在大电容 C_2、C_3 上，因此对振荡频率 f 的影响就大大减小。

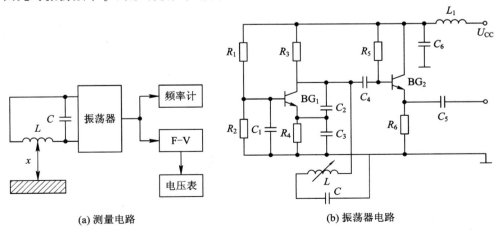

(a) 测量电路　　　　　　　　　(b) 振荡器电路

图 4.21　调频式测量电路原理

2. 调幅式测量电路

传感器线圈 L 和电容器 C 并联组成谐振回路，石英晶体组成石英晶体振荡电路，如图 4.22 所示。石英晶体振荡器起一个恒流源的作用，给谐振回路提供一个稳定频率（f_0）的激励电流 $\dot{I}_0$，LC 回路输出电压为

$$\dot{U}_0 = \dot{I}_0 \cdot Z \qquad\qquad (4.3-6)$$

式中，Z——LC 回路的阻抗。

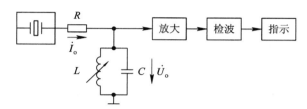

图 4.22　调幅式测量电路

当被测金属导体远离或被去掉时，LC 并联谐振回路谐振频率即石英振荡频率 f_0，回路呈现的阻抗最大，谐振回路上的输出电压也最大；当金属导体靠近传感器线圈时，线圈的等效电感 L 发生变化，导致回路失谐，从而使输出电压降低，L 的数值随距离 x 的变化而变化，这里 x 是指传感器线圈与被测导体的距离，如图 4.21(a)所示。因此，输出电压也随 x 而变化，输出电压经过放大、检波后，由指示仪表直接显示出 x 的大小。

4.3.4　应用举例

1. 转速测量

在一个旋转金属体上有 N 个齿的齿轮，旁边安装电涡流式传感器，如图 4.23 所示，当旋转体转动时，齿轮的齿与传感器的距离变小，电感量变小；距离变大，电感量变大。经电处理后，该传感器周期性地输出信号，该输出信号频率 f 可用频率计测出，然后换算成转速：

$$n = \frac{f}{N} \times 60$$

式中，n——被测转速（r/min）。

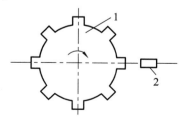

1—被测件；2—电涡流式传感器

图 4.23　电涡流式转速传感器工作原理

这种电涡流式转速传感器可实现非接触式测量，抗污染能力很强，可安装在旋转轴近旁长期对被测转速进行监视。其最高测量转速可达 600 000 r/min。

2. 涡流膜厚测量

利用涡流检测法，能够检测金属表面的氧化膜、漆膜和电镀膜等膜的厚度；但是，金属材料的性质不同，其膜厚的检测方法也有很大的不同。下面介绍金属表面氧化层厚度的测量方法，它是各种测厚方法中较为有效的一种。图 4.24 为氧化膜厚测量方法示意。假定某金属表面有氧化膜，则电感传感器与金属表面的距离为 x；金属表面电涡流对传感器线圈中磁场的反作用改变了传感器的电感量，设此时的电感量为 $L_0 - \Delta L$；当金属表面无氧化膜时，传感器与其表面距离为 x_0。对应的电感量为 L_0，那么，该金属表面的氧化膜厚度应为 $x_0 - x$，该厚度可通过电感量的变化而测得。

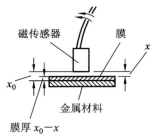

图 4.24　氧化膜厚测量方法示意

3. 涡流探伤

电涡流式传感器可以用来检查金属的表面裂纹、热处理裂纹以及用于焊接部位的探伤等。传感器与被测物体距离保持不变，如有裂纹，将引起金属的电阻率、磁导率的变化。在裂纹处也可以说有位移值的变化。这些综合参数（x、ρ、μ）的变化将引起传感器参数的变化，测量传感器参数的变化即可达到探伤的目的。

探伤时导体上与线圈之间是有着相对运动速度的，在测量线圈上就会产生调制频率信号。这个调制频率取决于相对运动速度和导体中物理性质的变化速度。如缺陷、裂缝，它们出现的信号总是比较短促的，所以缺陷或裂纹会产生较高的频率调幅波。剩余应力趋向于中等频率调幅波，热处理、合金成分变化趋向于较低的频率调幅波。在探伤时，重要的是比较缺陷信号和干扰信号。为了获得需要的信号而采用滤波器，使某一频率的信号通过，而将干扰频率信号进行衰减。但对比较浅的裂缝信号，还需要进一步抑制干扰信号，可采用幅值甄别电路。把这一电路调整到裂缝信号正好能通过的状态，凡是低于裂缝信号的都不能通过这一电路，这样干扰信号就被抑制掉了，如图 4.25 所示。

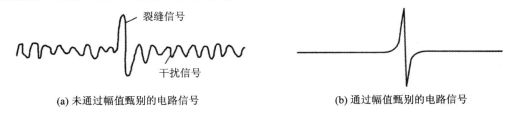

(a) 未通过幅值甄别的电路信号　　　　　　　　(b) 通过幅值甄别的电路信号

图 4.25　用电涡流式传感器探伤时的测试信号

5 第5章 压电式传感器

5.1 压电效应原理

某些电介质在沿一定方向受到外力的作用而变形时，其内部会产生极化现象，同时在它的两个相对表面上出现正负相反的电荷；当外力去掉后，它又会恢复到不带电的状态，这种现象称为正压电效应。当作用力的方向改变时，电荷的极性也随之改变。相反，当在电介质的极化方向上施加电场时，这些电介质也会发生变形；电场去掉后，电介质的变形随之消失，这种现象称为逆压电效应。具有压电效应的材料称为压电材料，压电材料能实现机—电能量的相互转换，如图5.1所示。依据电介质压电效应而研制的一类传感器称为压电式传感器。

图 5.1　压电效应的可逆性

自然界中有非常多的晶体是具有压电效应的，但其强弱程度不同。经过大量研究，发现石英晶体、钛酸钡、锆钛酸铅等材料具有良好的压电效应。

总体上说，压电材料可以分为两大类：压电晶体和压电陶瓷。

压电材料的主要特性参数有：

（1）压电常数。压电常数是衡量材料压电效应强弱的参数，它直接关系到压电输出灵敏度。

（2）弹性常数。压电材料的弹性常数、刚度决定着压电器件的固有频率和动态特性。

（3）介电常数。对于一定形状、尺寸的压电元件，其固有电容与介电常数有关，而固有电容又影响着压电传感器的频率下限。

（4）机械耦合系数。它是在压电效应中转换输出能量（如电能）与输入能量（如机械能）之比的平方根，是衡量压电材料机—电能量转换效率的一个重要参数。

（5）电阻。压电材料的绝缘电阻将降低电荷泄漏，从而改善压电传感器的低频特性。

（6）居里点温度。居里点温度即压电材料开始丧失压电特性时的温度。

5.1.1　石英晶体

石英晶体（SiO_2）是单晶体结构，天然的石英晶体如图5.2所示。石英晶体各个方向有各自的特性，其中 Z 轴称为光轴，经过六面体棱线并垂直于光轴的 X 轴称为电轴，与 X 和 Z 轴同时垂直的 Y 轴称为机械轴。通常把沿电轴方向的力作用下产生电荷的压电效应称为

"纵向压电效应"，而把沿机械轴方向的力作用下产生电荷的压电效应称为"横向压电效应"，而沿光轴方向的力作用时不产生压电效应。

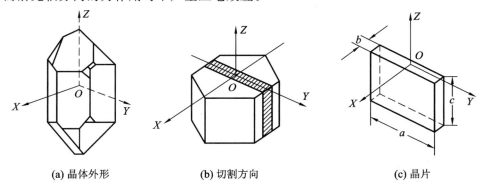

(a) 晶体外形   (b) 切割方向   (c) 晶片

图 5.2　石英晶体

从晶体上沿 XYZ 轴线切下一片平行六面体的薄片称为晶体切片，如图 5.2(c)所示。

当沿着 X 轴对压电晶片施加力时，将在垂直于 X 轴的表面上产生电荷，这种现象称为纵向压电效应。沿着 Y 轴施加力的作用时，电荷仍出现在与 X 轴垂直的表面上，这称为横向压电效应。

纵向压电效应产生的电荷为

$$Q_{XX} = d_{XX}F_X \qquad (5.1-1)$$

式中，Q_{XX}——垂直于 X 轴平面上的电荷；

d_{XX}——纵向压电系数，$d_{XX} = 2.3 \times 10^{-12}$ C/N；

F_X——沿轴 X 方向施加的压力；

下标的意义为产生电荷的面的轴向及施加作用力的轴向。

如果沿 Y 轴方向作用压力 F_Y 时，电荷仍出现在与 X 轴相垂直的平面上，横向压电效应产生的电荷为

$$Q_{XY} = d_{XY}\frac{a}{b}F_Y \qquad (5.1-2)$$

式中，Q_{XY}——垂直于 X 轴平面上的电荷；

d_{XY}——垂直于 X 轴平面上产生电荷时的压电系数（横向压电系数）；

F_Y——沿轴 Y 方向施加的压力。

根据石英晶体的对称条件 $d_{XY} = -d_{XX}$，有

$$Q_{XY} = -d_{XX}\frac{a}{b}F_Y \qquad (5.1-3)$$

石英晶体的介电常数和压电系数的温度稳定性非常好，其机械强度很高，绝缘性能也非常好，一般都作为标准传感器或高精度传感器中的压电元件，比压电陶瓷昂贵。

5.1.2　压电陶瓷

压电陶瓷是人工制造的多晶体压电材料，材料内部的晶粒有许多自发极化的电畴。在无外电场的作用下，电畴在晶体中的分布杂乱无章，其各自的极化效应被抵消，压电陶瓷

内的极化强度为零。故原始的压电陶瓷呈中性，如图 5.3(a)所示。当陶瓷上施加外电场时，电畴的极化方向发生转动，趋向于按外电场方向排列，从而使材料得到极化。外电场越强，就有越多的电畴转向外电场方向。当外电场强度大到使材料的极化达到饱和的程度，即所有电畴极化方向都整齐地与外电场方向一致时，外电场去掉后，电畴的极化方向基本不变化，即剩余极化强度很大，这时的材料才具有压电特性，如图 5.3(b)所示。

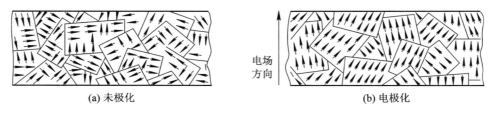

(a) 未极化　　　　　　　　　　　(b) 电极化

图 5.3　压电陶瓷的极化

极化处理后陶瓷材料内部存在有很强的剩余极化，当陶瓷材料受到外力作用时，电畴的界限发生移动，电畴发生偏转，从而引起剩余极化强度的变化，因而在垂直于极化方向的平面上将出现极化电荷的变化。这种因受力而产生的由机械效应转变为电效应，将机械能转变为电能的现象，就是压电陶瓷的正压电效应。电荷量的大小与外力成如下的正比关系：

$$q = dF \qquad\qquad\qquad (5.1-4)$$

式中，d——压电陶瓷的压电系数；

　　　F——作用力。

压电陶瓷的压电系数比石英晶体的大得多，所以采用压电陶瓷制作的压电式传感器的灵敏度较高。极化处理后的压电陶瓷材料的剩余极化强度和特性与温度有关，它的参数也随时间变化，从而使其压电特性减弱。

5.1.3　压电式传感器

利用压电材料的各种物理效应(应变敏感、热敏感、声敏感以及质量敏感等)构成的传感器都叫作压电式传感器。目前应用最多的是基于力—电转换型的压电传感器，包括压电式加速度传感器、压电力传感器、压电式压力传感器等。

由于外力作用而在压电材料上产生的电荷只有在无泄漏的情况下才能保存，即需要测量回路具有无限大的输入阻抗，这实际上是不可能的，因此压电式传感器不能用于静态测量。压电材料在交变力的作用下，电荷可以不断补充，以供给测量回路一定的电流，故适用于动态测量。

单片压电元件产生的电荷量甚微，为了提高压电传感器的输出灵敏度，在实际应用中常将两片(或两片以上)同型号的压电元件黏结在一起。由于压电材料的电荷是有极性的，因此接法也有两种。如图 5.4 所示，从作用力看，元件是串接的，因而每片受到的作用力相同，产生的变形和电荷数量大小都与单片时相同。图 5.4(a)是两个压电片的负端黏结在一起，中间插入的金属电极成为压电片的负极，正电极在两边的电极上。从电路上看，这是并联接法，类似两个电容的并联。所以，外力作用下正、负电极上的电荷量增加了 1 倍，电容量也增加了 1 倍，输出电压与单片时相同。图 5.4(b)是两个压电片不同极性端黏结在一起，从电路上看是串联的，两个压电片中间黏结处正、负电荷中和，上、下极板的电荷量与单片时相同，总电容量为单片的一半，输出电压增大了 1 倍。

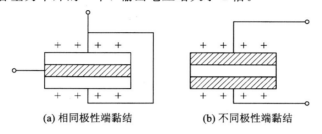

(a) 相同极性端黏结　　　　　　**(b) 不同极性端黏结**

图 5.4　压电元件连接方式

在上述两种接法中，并联接法输出电荷大，本身电容大，时间常数大，适宜用在测量慢变信号并且以电荷作为输出量的场合。而串联接法输出电压大，本身电容小，适宜用在以电压作输出信号并且测量电路输入阻抗很高的场合。

压电式传感器中的压电元件，按其受力和变形方式不同，大致有厚度变形、长度变形、体积变形和厚度剪切变形等几种形式，如图 5.5 所示。目前最常使用的压电式传感器是厚度变形的压缩式和剪切变形的剪切式两种。

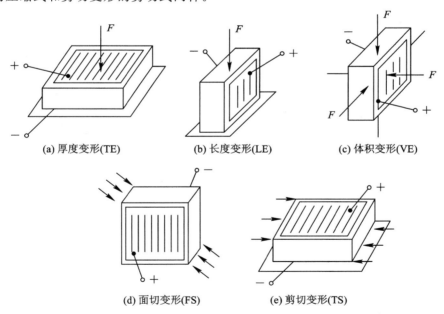

(a) 厚度变形(TE)　　**(b) 长度变形(LE)**　　**(c) 体积变形(VE)**

(d) 面切变形(FS)　　**(e) 剪切变形(TS)**

图 5.5　压电元件变形方式

压电式传感器在测量低压力时线性度不好，这主要是由于传感器受力系统中力传递系数为非线性所致，即低压力下力的传递损失较大。为此，在力传递系统中加入预加力，称为预载。这除了会消除低压力使用中的非线性外，还可以消除传感器内外接触表面的间隙，提高刚度。特别是，只有在加预载后，才能用压电传感器测量拉力和拉、压交变力及剪力与扭矩。

5.2 压电式传感器的测量

5.2.1 压电式传感器的等效电路

由压电元件的工作原理可知，压电式传感器可以看作一个电荷发生器。同时，它也是一个电容器，晶体上聚集正负电荷的两表面相当于电容的两个极板，极板间物质等效于一种介质，则其电容量为

$$C_a = \frac{\varepsilon_r \varepsilon_0 S}{d} \tag{5.2-1}$$

式中，S——压电片的面积；

$\quad\quad d$——压电片的厚度；

$\quad\quad \varepsilon_r$——压电材料的相对介电常数。

因此，压电式传感器可以等效为一个与电容相串联的电压源。如图 5.2-6(a)所示，电容器上的电压 u_a、电荷量 q 和电容量 C_a 三者之间的关系为

$$u_a = \frac{q}{C_a} \tag{5.2-2}$$

压电式传感器也可以等效为一个电荷源，如图 5.6(b)所示。压电式传感器在实际使用时总要与测量仪器或测量电路相连接，因此还需考虑连接电缆的等效电容 C_c、放大器的输入电阻 R_i、输入电容 C_i 以及压电式传感器的泄漏电阻 R_a。这样，压电式传感器在测量系统中的实际等效电路如图 5.7 所示。

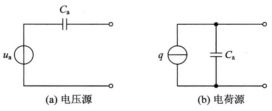

图 5.6 压电元件的等效电路

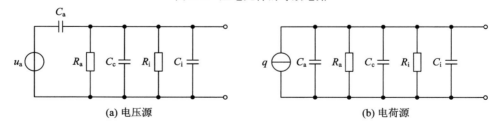

图 5.7 压电式传感器的实际等效电路

5.2.2 压电式传感器的测量电路

压电式传感器本身的内阻抗很高，而输出能量较小，因此它的测量电路通常需要接入

一个高输入阻抗的前置放大器。其作用一是把它的高输出阻抗变换为低输出阻抗；二是放大传感器输出的微弱信号。压电式传感器的输出可以是电压信号，也可以是电荷信号，因此前置放大器也有两种形式，即电压放大器和电荷放大器。

1. 电压放大器（阻抗变换器）

图 5.8(a)、(b)是电压放大器的原理及等效电路。

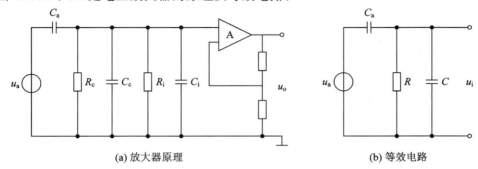

(a) 放大器原理　　　　　　　　(b) 等效电路

图 5.8　电压放大器的原理及等效电路

在图 5.8(b)中，电阻 $R=R_a R_i/(R_a+R_i)$，电容 $C=C_c+C_i$，而 $u_a=q/C_a$，若压电元件受正弦力 $F=F_m\sin\omega t$ 的作用，则其电压为

$$u_a=\frac{dF_m}{C_a}\sin\omega t=U_m\sin\omega t \qquad (5.2-3)$$

式中，U_m——压电元件输出电压幅值，$U_m=dF_m/C_a$；

　　　d——压电系数。

由此可得放大器输入端电压 U_i，其复数形式为

$$U_i=dF\frac{\mathrm{j}\omega R}{1+\mathrm{j}\omega R(C_a+C)} \qquad (5.2-4)$$

则 U_i 的幅值 U_{im} 为

$$U_{im}(\omega)=\frac{\mathrm{d}F_m\omega R}{\sqrt{1+\omega^2 R^2(C_a+C_c+C_i)^2}} \qquad (5.2-5)$$

输入电压和作用力之间的相位差为

$$\varphi(\omega)=\frac{\pi}{2}-\arctan[\omega(C_a+C_c+C_i)R] \qquad (5.2-6)$$

在理想情况下，传感器的电阻 R_a 与前置放大器的输入电阻 R_i 都为无限大，即 $\omega(C_a+C_c+C_i)R\gg1$，那么由式(5.2-5)可知，理想情况下输入电压幅值 U_{im} 为

$$U_{im}=\frac{\mathrm{d}F_m}{C_a+C_c+C_i} \qquad (5.2-7)$$

式(5.2-7)表明前置放大器输入电压 U_{im} 与频率无关，一般 $\omega/\omega_0>3$ 时，就可以认为 U_{im} 与 ω 无关，ω_0 表示测量电路时间常数之倒数，即

$$\omega_0=\frac{1}{(C_a+C_c+C_i)R} \qquad (5.2-8)$$

这表明压电式传感器有很好的高频响应，但是，当作用于压电元件的力为静态力（$\omega=0$）时，前置放大器的输出电压等于零，因为电荷会通过放大器输入电阻和传感器本身漏电阻漏掉，所以压电式传感器不能用于静态力的测量。

当 $\omega(C_a + C_c + C_i)R \gg 1$ 时，放大器输入电压 U_{im} 如式（5.2-7）所示，式中 C_c 为连接电缆电容，当电缆长度改变时，C_c 也将改变，因而 U_{im} 也随之变化。因此，压电式传感器与前置放大器之间的连接电缆不能随意更换，否则将引入测量误差。

2. 电荷放大器

电荷放大器常作为压电式传感器的输入电路，由一个反馈电容 C_f 和高增益运算放大器构成。由于运算放大器输入阻抗极高，放大器输入端几乎没有分流，故可略去 R_a 和 R_i 并联电阻。电荷放大器等效电路如图 5.9 所示，A 为运算放大器增益。其输出电压 u_o 为

$$u_o \approx u_{cf} = -\frac{q}{C_f} \tag{5.2-9}$$

式中，u_o——放大器输出电压；

　　　u_{cf}——反馈电容两端电压。

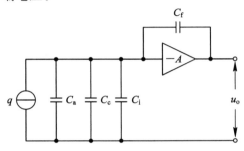

图 5.9　电荷放大器等效电路

由运算放大器的基本特性，可求出电荷放大器的输出电压：

$$u_o = \frac{Aq}{C_a + C_c + C_i + (1+A)C_f} \tag{5.2-10}$$

通常 $A = 10^4 \sim 10^8$。因此，当满足 $(1+A)C_f \, C_a + C_c + C_i$ 时，式（5.2-10）可表示为

$$u_o = -\frac{q}{C_f} \tag{5.2-11}$$

由式（5.2-11）可见，电荷放大器的输出电压 u_o 只取决于输入电荷与反馈电容 C_f，与电缆电容 C_c 无关，且与 q 成正比，这是电荷放大器的最大特点。为了得到必要的测量精度，要求反馈电容 C_f 的温度和时间稳定性都要好。在实际电路中，考虑到不同的量程等因素，C_f 的容量做成可选择的，范围一般为 $100 \sim 10^4 \, \text{pF}$。

5.3　压电式传感器的应用

5.3.1　压电式测力传感器

图 5.10 是压电式单向测力传感器的结构，主要由石英晶片、绝缘套、电极、上盖及基座等组成。传感器上盖为传力元件，当外力作用时，它将产生弹性变形，将力传递到石英晶片上。石英晶片采用 XY 切型，利用其纵向压电效应实现力—电转换。为了提高传感器的输出灵敏度，可以将两片或多片晶片黏结在一起。力传感器装配时必须加较大的预紧力，

以保证良好的线性度。

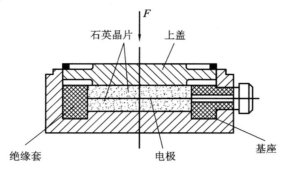

图 5.10　压电式单向测力传感器结构

5.3.2　压电式加速度传感器

图 5.11 是一种压电式加速度传感器的结构。它主要由压电元件、质量块、预压弹簧、基座及外壳等组成。整个部件装在外壳内，并由螺栓加以固定。当加速度传感器和被测物一起受到冲击振动时，压电元件受质量块惯性力的作用，根据牛顿第二定律，此惯性力是加速度的函数，即

$$F = ma \tag{5.2-12}$$

式中，F——质量块产生的惯性力；

$\quad\ m$——质量块的质量；

$\quad\ a$——加速度。

此时惯性力 F 作用于压电元件上，因而产生电荷 q，当传感器选定后，m 为常数，则传感器输出电荷为

$$q = dF = dma \tag{5.2-13}$$

其中，d 为压电常数，q 与加速度 a 成正比。因此，测得加速度传感器输出的电荷，便可知加速度的大小。

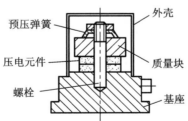

图 5.11　压电式加速度传感器结构

5.3.3　压电式金属加工切削力测量

图 5.12 是利用压电陶瓷传感器测量刀具切削力的示意图。由于压电陶瓷元件的自振频率高，因此特别适合测量变化剧烈的载荷。图中，压电传感器位于车刀前部的下方，当进行切削加工时，切削力通过刀具传给压电传感器，压电传感器将切削力转换为电信号输出，

记录下电信号的变化，便可测得切削力的变化。

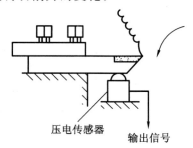

图 5.12 压电式刀具切削力测量示意图

5.3.4 压电式玻璃破碎报警器

BS-D2 压电式传感器是专门用于检测玻璃是否破碎的一种传感器，它利用压电元件对振动敏感的特性来感知玻璃受撞击和破碎时产生的振动波。传感器把振动波转换成电压输出，输出电压经放大、滤波、比较等处理后提供给报警系统。BS-D2 压电式传感器的外形及内部电路如图 5.13 所示。传感器的最小输出电压为 100 mV，最大输出电压为 100 V，内阻抗为 15～20 kΩ。

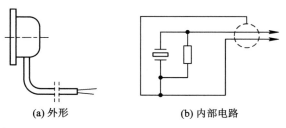

(a) 外形   (b) 内部电路

图 5.13 BS-D2 压电式传感器

压电式玻璃破碎报警器的电路框图如图 5.14 所示。使用时可将传感器用胶粘贴在玻璃上，然后通过电缆和报警电路相连。为了提高报警器的灵敏度，信号经放大后，需经带通滤波器进行滤波，要求它对选定的频谱通带的衰减要小，而频带外衰减要尽量大。由于玻璃振动的波长在音频和超声波的范围内，这就使滤波器成为电路中的关键。只有当传感器输出信号高于设定的阈值时，才会输出报警信号，驱动报警执行机构工作。玻璃破碎报警器可广泛用于文物保管、贵重商品保管及其他商品柜台保管等场合。

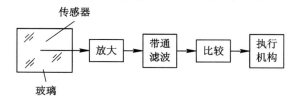

图 5.14 压电式玻璃破碎报警器电路框图

第6章 磁电式传感器

磁电式传感器是通过磁电作用将被测量(如振动、位移、转速等)转换成电信号的一种传感器。磁电式传感器种类不同,其原理也不完全相同,因此各有各的特点和应用范围。常用的磁电式传感器有磁电感应式传感器、霍尔式传感器等。

6.1 磁电感应式传感器

磁电感应式传感器也称为电动式传感器或感应式传感器。磁电感应式传感器是利用导体和磁场发生相对运动而在导体两端产生电动势。它是一种机—电能量变换型传感器,它不需要辅助电源就能把被测对象的机械量转换成易于测量的电信号,是一种有源传感器。由于它输出功率大且性能稳定,具有一定的工作带宽(10~1000 Hz),所以得到了普遍应用。

6.1.1 磁电感应式传感器的工作原理和结构形式

根据电磁感应定律,当 W 匝线圈在恒定磁场内运动时,设穿过线圈的磁通为 Φ,则线圈内的感应电动势 E 与磁通变化率 $\mathrm{d}\Phi/\mathrm{d}t$ 有如下关系:

$$E = -W\frac{\mathrm{d}\Phi}{\mathrm{d}t} \qquad (6.1-1)$$

根据这一原理,可以设计出两种磁电式传感器结构,即变磁通式和恒磁通式。

图 6.1 是变磁通式磁电感应传感器,用来测量旋转物体的角速度。

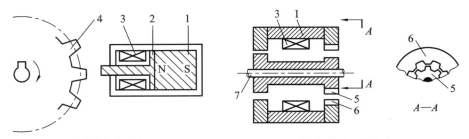

(a) 开磁路变磁通式   (b) 闭磁路变磁通式

1—永久磁铁;2—软磁铁;3—感应线圈;4—铁齿轮;5—内齿轮;6—外齿轮;7—转轴

图 6.1 变磁通式磁电感应传感器结构

图 6.1(a)所示为开磁路变磁通式传感器,即线圈、磁铁静止不动,测量齿轮安装在被测旋转体上,随被测物体一起转动。每转动一个齿,齿的凹凸引起磁路磁阻变化一次,磁通也就变化一次,线圈中产生感应电动势,其变化频率等于被测转速与测量齿轮上齿数的乘

积。这种传感器结构简单，但输出信号较小，且因高速轴上加装齿轮较危险，因此不宜用于测量高转速的场合。图 6.1(b)所示为闭磁路变磁通式传感器，它由装在转轴上的内齿轮和外齿轮、永久磁铁和感应线圈组成，内、外齿轮齿数相同。当转轴连接到被测转轴上时，外齿轮不动，内齿轮随被测轴而转动，内、外齿轮的相对转动使气隙磁阻产生周期性变化，从而引起磁路中磁通变化，使线圈内产生周期性变化的感应电动势。显然，感应电动势的频率与被测转速成正比。

图 6.2 所示为恒磁通式磁电传感器的典型结构，它由永久磁铁、线圈、弹簧、金属骨架等组成。磁路系统产生恒定的直流磁场，磁路中的工作气隙固定不变，因而气隙中磁通也是恒定不变的。其运动部件可以是线圈（动圈式），也可以是磁铁（动铁式），动圈式（见图 6.2(a)）和动铁式（见图 6.2(b)）的工作原理是完全相同的。当壳体随被测振动体一起振动时，由于弹簧较软，运动部件质量相对较大，当振动频率足够高（远大于传感器固有频率）时，运动部件惯性很大，来不及随振动体一起振动，近乎静止不动，振动能量几乎全被弹簧吸收，永久磁铁与线圈之间的相对运动速度接近于振动体振动速度，磁铁与线圈的相对运动切割磁力线，从而产生感应电动势：

$$E = -WB_0 lv \qquad\qquad (6.1-2)$$

式中，B_0——工作气隙磁感应强度；

l——每匝线圈平均长度；

W——线圈在工作气隙磁场中的匝数；

v——相对运动速度。

当传感器结构选定后，其中 B_0、l、W 都是常数，线圈的感应电动势仅与相对运动速度 v 有关。

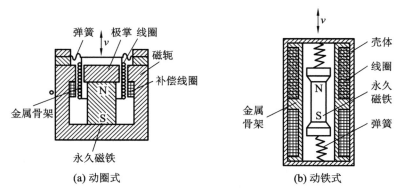

图 6.2 恒磁通式磁电传感器典型结构

6.1.2 磁电感应式传感器的特性

当测量电路接入磁电感应式传感器电路时（如图6.3所示）磁电感应式传感器的输出电流 I_0 为

$$I_0 = \frac{E}{R+R_f} = \frac{B_0 lWv}{R+R_f} \qquad (6.1-3)$$

式中，R_f——测量电路的输入电阻；

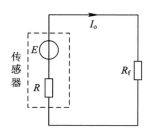

图 6.3 磁电式传感器测量电路

R——线圈的等效电阻。

传感器的电流灵敏度为

$$S_I = \frac{I_o}{v} = \frac{B_0 l W R_f}{R + R_f} \qquad (6.1-4)$$

传感器的输出电压和电压灵敏度分别为

$$U_o = I_o R_f = \frac{B_0 l W v R_f}{R + R_f} \qquad (6.1-5)$$

$$S_U = \frac{U_o}{v} = \frac{B_0 l W R_f}{R + R_f} \qquad (6.1-6)$$

当传感器的工作温度发生变化，或者受到外界磁场干扰、受到机械振动或冲击时，其灵敏度将发生变化，从而产生测量误差，其相对误差为

$$\gamma = \frac{dS_I}{S_I} = \frac{dB_0}{B_0} + \frac{dl}{l} - \frac{dR}{R} \qquad (6.1-7)$$

磁电感应式传感器在使用时存在误差，主要为非线性误差和温度误差。

1. 非线性误差

磁电感应式传感器产生非线性误差的主要原因是：传感器线圈内有电流 I 流过时，将产生一定的交变磁通 Φ_1，此交变磁通叠加在永久磁铁所产生的工作磁通上，使恒定的气隙磁通发生变化，如图 6.4 所示。当传感器线圈相对于永久磁铁磁场的运动速度增大时，将产生较大的感应电动势 E 和较大的电流 I，由此而产生的附加磁场方向与原工作磁场方向相反，减弱了工作磁场的作用，从而使得传感器的灵敏度随着被测速度的增大而降低。

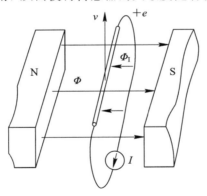

图 6.4　传感器电流的磁场效应

当线圈的运动速度与图 6.4 所示方向相反时，感应电动势 E、线圈感应电流反向，所产生的附加磁场方向与工作磁场同向，从而增大了传感器的灵敏度。其结果是线圈运动速度方向不同时，传感器的灵敏度具有不同的数值，使传感器输出基波能量降低，谐波能量增加，即这种非线性特性同时伴随着传感器输出的谐波失真。显然，传感器灵敏度越高，线圈中电流越大，这种非线性越严重。

为了补偿上述附加磁场干扰，可在传感器中加入补偿线圈，如图 6.2(a)所示。补偿线圈通以经放大 K 倍的电流，适当选择补偿线圈参数，可使其产生的交变磁通与传感器线圈本身所产生的交变磁通互相抵消，从而达到补偿的目的。

2. 温度误差

当温度变化时，式(6.1-7)中右边三项都不为零，对铜线而言，每摄氏度变化量为 $dl/l \approx 0.167 \times 10^{-4}$，$dR/R \approx 0.43 \times 10^{-2}$，$dB/B$ 每摄氏度的变化量取决于永久磁铁的磁性材料。对铝镍钴永磁合金，$dB/B \approx -0.02 \times 10^{-2}$，这样由式(6.1-7)可得近似值：

$$\gamma_t \approx (-4.5\%)/10℃$$

这一数值是很可观的，所以需要进行温度补偿。补偿通常采用热磁分流器。热磁分流器由具有很大负温度系数的特殊磁性材料做成，它在正常工作温度下已将空气隙磁通分路掉一小部分。当温度升高时，热磁分流器的磁导率显著下降，经它分流掉的磁通占总磁通的比例较正常工作温度下显著降低，从而保持空气隙的工作磁通不随温度变化，维持传感器灵敏度为常数。

6.1.3 磁电感应式传感器的测量电路

磁电感应式传感器直接输出感应电动势，且传感器通常具有较高的灵敏度，所以一般不需要高增益放大器。但磁电感应式传感器是速度传感器，若要获取被测位移或加速度信号，则需要配用积分或微分电路。实际电路中通常将微分或积分电路置于两级放大器的中间，以利于级间的阻抗匹配。图 6.5 所示为一般测量电路框图。

图 6.5 磁电感应式传感器测量电路框图

6.1.4 磁电感应式扭矩传感器

磁电感应式扭矩传感器属于变磁式，其结构如图 6.6 所示。转子(包括线圈)固定在传感器轴上，定子(永久磁铁)固定在传感器外壳上。转子、定子上都有一一对应的齿和槽。

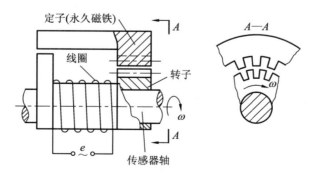

图 6.6 磁电感应式扭矩传感器结构

测量扭矩时，需用两个传感器将它们的转轴(包括线圈和转子)分别固定在被测轴的两端，它们的外壳固定不动。安装时，一个传感器的定子齿与其转子齿相对，另一个传感器的定子槽与其转子齿相对。当被测轴无外加扭矩时，扭矩角为零。若转轴以一定角速度旋转，则两个传感器输出相位差为 0°或 180°的两个近似正弦波感应电动势。当被测轴感应扭矩时，轴的两端产生扭矩角 θ，因此两个传感器输出的两个感应电动势将因扭矩而有附加相位差 φ_0。扭矩角 θ 与感应电动势相位差 φ_0 的关系为

$$\varphi_0 = Z\theta$$

式中，Z——传感器定子(或转子)的齿数。

经测量电路将相位差转换为时间差，就可测出扭矩。

6.2　霍尔式传感器

在磁场力作用下，在金属或通电半导体中将产生霍尔效应，其输出电压与磁场强度成正比，基于霍尔效应的传感器就称为霍尔式传感器。

1879 年，美国物理学家霍尔首先在金属材料中发现了霍尔效应，但由于金属材料的霍尔效应太弱而没有得到应用。随着半导体技术的发展，开始用半导体材料制成霍尔元件，其霍尔效应显著，因此得到了应用和发展；霍尔式传感器具有结构简单、体积小、无触点、可靠性高、使用寿命长、频率响应宽(从直流到微波)、易于集成电路化和微型化等特点，广泛应用于测量技术、自动控制和信息处理等领域。

6.2.1　霍尔效应及霍尔元件

1. 霍尔效应

置于磁场中的静止载流导体，当它的电流方向与磁场方向不一致时，载流导体上垂直于电流和磁场的方向上将产生电动势，这种现象称为霍尔效应。该电动势称为霍尔电动势(或霍尔电势)。如图 6.7 所示，在垂直于外磁场 B 的方向上放置一导电板，导电板通以电流 I，方向如图所示。导电板中的电流是金属中自由电子在电场作用下的定向运动。此时，每个电子受洛伦兹力 f_m 的作用。f_m 的大小为

$$f_m = eBv \qquad (6.2-1)$$

式中，e——电子电荷；

　　　v——电子运动平均速度；

　　　B——磁场的磁感应强度。

f_m 的方向垂直于电流的方向和磁场的方向，在图 6.7 中是向上的，此时电子除了沿电流反方向作定向运动外，还在 f_m 的作用下向上漂移，结果使金属导电板上底面积累电子，而下底面积累正电荷，从而形成了附加内电场 E_H，称为霍尔电场。该电场强度为

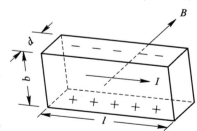

图 6.7　霍尔效应原理

$$E_H = \frac{U_H}{b} \qquad (6.2-2)$$

式中，U_H——电位差。

霍尔电场的出现，使定向运动的电子除了受洛伦兹力作用外，还受到霍尔电场的作用

力，其大小为 eE_H，此力阻止电荷继续积累。随着上、下底面积累电荷的增加，霍尔电场增加，电子受到的电场力也增加，当电子所受洛伦兹力与霍尔电场作用力大小相等、方向相反时，即

$$eE_H = evB \qquad (6.2-3)$$

则

$$E_H = vB \qquad (6.2-4)$$

此时，电荷不再向两底面积累，达到平衡状态。

若金属导电板单位体积内电子数为 n，电子定向运动平均速度为 v，则激励电流 $I = nevbd$，则

$$v = \frac{I}{bdne} \qquad (6.2-5)$$

将式(6.2-5)代入式(6.2-4)，得

$$E_H = \frac{IB}{bdne} \qquad (6.2-6)$$

将式(6.2-6)代入式(6.2-2)，得

$$U_H = \frac{IB}{ned} \qquad (6.2-7)$$

式中，令 $R_H = \frac{1}{ne}$，称之为霍尔常数，其大小取决于导体载流子密度，则

$$U_H = R_H \frac{IB}{d} = K_H IB \qquad (6.2-8)$$

式中，$K_H = R_H/d$，称为霍尔片的灵敏度。

由式(6.2-8)可见，霍尔电动势正比于激励电流及磁感应强度，其灵敏度与霍尔常数 R_H 成正比，而与霍尔片厚度 d 成反比。为了提高灵敏度，霍尔元件常制成薄片形状。

出于对霍尔片材料的要求，因此希望有较大的霍尔常数 R_H。霍尔元件激励极间电阻 $R = \frac{\rho l}{bd}$，同时 $R = \frac{U}{I} = \frac{\varepsilon l}{I} = \frac{vl}{\mu nevbd}$，其中 U 为加在霍尔元件两端的激励电压，ε 为霍尔元件激励极间内电场，v 为电子移动的平均速度，则

$$\frac{\rho l}{bd} = \frac{l}{\mu nebd} \qquad (6.2-9)$$

解得

$$R_H = \mu\rho \qquad (6.2-10)$$

从式(6.2-10)可知霍尔常数等于霍尔片材料的电阻率 ρ 与电子迁移率 μ 的乘积。若要求有较强的霍尔效应，则 R_H 值要大，因此要求霍尔片材料有较大的电阻率和载流子迁移率。一般金属材料载流子迁移率很高，但电阻率很小；而绝缘材料电阻率极高，但载流子迁移率极低。故只有半导体材料才适于制造霍尔片。目前常用的霍尔元件材料有锗、硅、锑化铟、砷化铟等。其中，N 型锗容易加工制造，其霍尔系数、温度性能和线性度都较好。N 型硅的线性度最好，其霍尔系数、温度性能同 N 型锗相近。锑化铟对温度最敏感，尤其在低温范围内温度系数大，但在室温时其霍尔系数较大。砷化铟的霍尔系数较小，温度系数也较小，输出特性线性度好。表 6.1 为常用国产霍尔元件的技术参数。

表 6.1　常用国产霍尔元件的技术参数

参数名称	符号	单位	HZ-1 型	HZ-2 型	HZ-3 型	HZ-4 型	HT-1 型	HT-2 型	HS-1 型
			材料(N 型)						
			Ge(111)	Ge(111)	Ge(111)	Ge(100)	InSb	InSb	InAs
电阻率	ρ	Ω·cm	0.8~1.2	0.8~1.2	0.8~1.2	0.4~0.5	0.003~0.01	0.003~0.05	0.01
几何尺寸	$l \times b \times d$	mm³	8×4×0.2	4×2×0.2	8×4×0.2	8×4×0.2	6×3×0.2	8×4×0.2	8×4×0.2
输入电阻	R_i	Ω	110±20%	110±20%	110±20%	45±20%	0.8±20%	0.8±20%	1.2±20%
输出电阻	R_o	Ω	100±20%	100±20%	100±20%	40±20%	0.5±20%	0.5±20%	1±20%
灵敏度	K_H	mV/(mA·T)	>12	>12	>12	>4	1.8±20%	1.8±2%	1±20%
不等位电阻	r_o	Ω	<0.07	<0.05	<0.07	<0.02	<0.005	<0.005	<0.003
寄生直流电压	U_o	μV	<150	<200	<150	<100			
额定控制电流	I_c	mA	20	15	25	50	250	300	200
霍尔电势温度系数	α	1/℃	0.04%	0.04%	0.04%	0.03%	-1.5%	-1.5%	
内阻温度系数	β	1/℃	0.5%	0.5%	0.5%	0.3%	-0.5%	-0.5%	
热阻	R_θ	℃/mW	0.4	0.25	0.2	0.1			
工作温度	T	℃	-40~45	-40~45	-40~45	-40~75	0~40	0~40	-40~60

2. 霍尔元件的基本结构

霍尔元件的结构很简单，如图6.8(b)所示，它由霍尔片、引线和壳体组成。霍尔片是一块矩形半导体单晶薄片，引出4个引线：1、1′两根引线加激励电压或电流，称为激励电极（控制电极）；2、2′引线为霍尔输出引线，称为霍尔电极。霍尔元件壳体由非导磁金属、陶瓷或环氧树脂封装而成。在电路中，霍尔元件一般可用几种不同的符号表示，如图6.9所示。

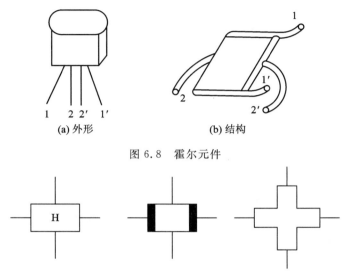

(a) 外形   (b) 结构

图6.8　霍尔元件

图6.9　霍尔元件的图形符号

3. 霍尔元件的基本特性

（1）额定激励电流和最大允许激励电流。霍尔元件自身温升为10℃时所流过的激励电流称为额定激励电流。以元件允许的最大温升为限制所对应的激励电流称为最大允许激励电流。因霍尔电势随激励电流增加而线性增加，所以，使用中希望选用尽可能大的激励电流，因而需要知道元件的最大允许激励电流。改善霍尔元件的散热条件，可以使激励电流增加。

（2）输入电阻和输出电阻。激励电极间的电阻称为输入电阻。霍尔电极输出电势对电路外部来说相当于一个电压源，其电源内阻即为输出电阻。以上电阻值是在磁感应强度为零，且环境温度在(20±5)℃时所确定的。

（3）不等位电势和不等位电阻。当霍尔元件的激励电流为I时，若元件所处位置磁感应强度为零，则它的霍尔电势应该为零，但实际不为零。这时测得的空载霍尔电势称为不等位电势，如图6.10所示。

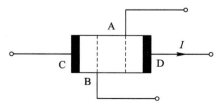

图6.10　不等位电势示意图

产生不等位电势的原因有：霍尔电极安装位置不对称或不在同一等电位面上；半导体材料不均匀造成了电阻率不均匀或几何尺寸不均匀；激励电极接触不良造成激励电流不均匀分布等。

不等位电势也可用不等位电阻表示：

$$r_{\circ} = \frac{u_{\circ}}{I} \tag{6.2-11}$$

式中，$u_{\circ}$——不等位电势；

　　　$r_{\circ}$——不等位电阻；

　　　I——激励电流。

由式(6.2-11)可以看出，不等位电势就是激励电流流经不等位电阻 $r_{\circ}$ 所产生的电压。

(4) 寄生直流电势。在外加磁场为零、霍尔元件用交流激励时，霍尔电极输出除了交流不等位电势外，还有一直流电势，称寄生直流电势。其产生的原因有：激励电极与霍尔电极接触不良，形成非欧姆接触，造成整流效果；两个霍尔电极大小不对称，则两个电极点的热容不同、散热状态不同而形成极间温差电势。

寄生直流电势一般在 1 mV 以下，它是影响霍尔片温漂的原因之一。

(5) 霍尔电势温度系数。在一定磁感应强度和激励电流下，温度每变化 1℃，霍尔电势变化的百分率称为霍尔电势温度系数。它同时也是霍尔系数的温度系数。

6.2.2　霍尔元件的基本电路

图 6.11 为霍尔元件的基本电路。控制电流由电源 E 供给，R 为调节电阻，调节控制电流的大小。霍尔输出端接负载电阻 R_f，R_f 可以是一般电阻，也可以是放大器的输入电阻或指示器内阻，在磁场与控制电流的作用下，负载上有电压输出。在实际使用时，电流 I 或磁场 B 或者两者同时作为信号输入，而输出信号则正比于 I 或 B，或者正比于它们的乘积。

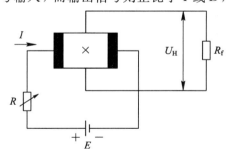

图 6.11　霍尔元件的基本电路

由于建立霍尔效应的时间很短($10^{-12} \sim 10^{-14}$ s)，因此控制电流用交流时，频率可以很高(几千兆赫)。

在实际应用中，霍尔器件的基本工作电路可以有恒电压工作模式和恒电流工作模式。这两种模式各有特点，应当根据使用场合进行选择。

1. 恒电压工作电路

恒电压工作电路如图 6.12 所示，是一种非常简单的施加控制电流的方法。恒电压工作电路适用于对精度要求不是很高的场合，如录像机的电动机位置检测等。

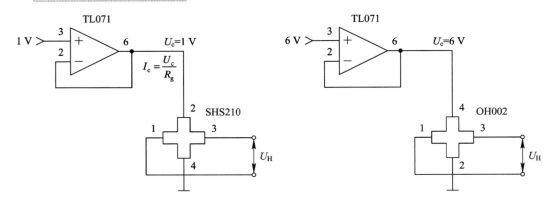

图 6.12 霍尔式传感器的恒电压工作电路

当使用 SHS210 霍尔器件时，在驱动电压 U_c 下的激励电流为 I_c，如图 6.12 所示。在 U_c 为 1 V 时，测量 0.1 T 的磁场强度，会有 21～55 mV 的输出电压。这时的最大不平衡电压为 ±7%，即 1.47～3.85 mV。这种不平衡电压即使在无磁场时也会出现，而且保持原有的幅度，因此会给弱磁场的测量带来不便。虽然通过不平衡调整可以将这种不平衡电压调整为 0，但是与放大器同样的道理，其漂移成分无法消除。

恒电压工作时性能变差的主要原因是存在霍尔式传感器输入电阻的温度系数及磁阻效应（在磁场作用下电阻值变大的现象）的影响。

输入电阻的温度系数因霍尔器件的材料而异，例如 GaAs 霍尔式传感器的最大温度系数为 +0.3%/℃，而 InSb 霍尔式传感器的最大温度系数为 −0.2%/℃。

2. 恒电流工作电路

霍尔式传感器的恒电流工作电路适于高精度测量的场合，可以充分发挥霍尔式传感器的性能，在恒电流工作时其输出特性不受输入电阻温度系数及磁阻效应的影响。当然，与恒电压工作电路相比，某些电路会变得复杂，但这个问题并不严重。霍尔式传感器的恒电流工作电路如图 6.13 所示。

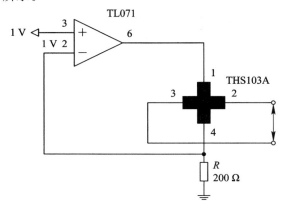

图 6.13 霍尔式传感器的恒电流工作电路

在采用恒电流工作电路时，不平衡电压的稳定性与恒电压工作电路时的相比会变差，这是恒电流工作电路的一个缺点。特别是在 InSb 霍尔式传感器中，因为输入电阻的温度系数大，不平衡电压的影响也会显著增大。

图 6.13 中，在 5 mA 恒定电流的驱动下，磁场强度为 0.1 T 时 THS103A 的输出电压为 50~120 mA。这时的不平衡电压为 ±10%，即 5~12 mV。

3. 差动放大电路

霍尔式传感器的输出电压通常只有数毫伏至数百毫伏，因而需要有放大电路。霍尔式传感器是一种 4 端器件，为了消除非磁场因素引入的同向电压的影响，必须构成差动放大器，如图 6.14 所示。

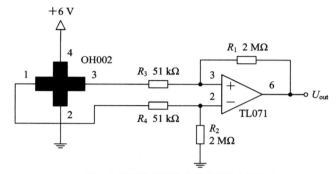

(a) 用 1 个运算放大器构成的差动放大器电路

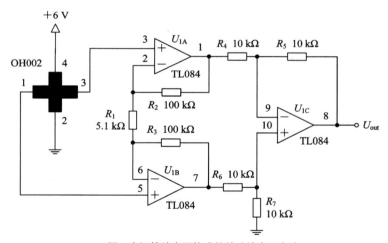

(b) 用 3 个运算放大器构成的差动放大器电路

图 6.14　霍尔式传感器的放大器电路

图 6.14(a) 中为用 1 个运算放大器进行差动放大，增益等于 R_1/R_3（本图中约为 40 倍）。图 6.14(b) 为用 3 个运算放大器进行差动放大，增益等于 $1+2R_2/R_1$（本图中约为 40 倍）。使用 1 个运算放大器进行差动放大时，如果不将放大器的输入电阻增加到大于霍尔式传感器电阻的程度，误差就会变大，而在用 3 个运算放大器进行差动放大时就不存在这方面的问题。

6.2.3　霍尔元件的误差分析及补偿电路

在实际使用中，存在着各种影响霍尔元件性能的因素，如元件安装不合理、环境温度变化等，都会影响霍尔元件的转换精度，带来误差。一般来说，有两类误差在使用中是必须考虑并应采用补偿电路加以补偿的。一类称为不等位电势误差，当霍尔元件在额定控制电流（元件在空气中温升 10℃时所对应的电流）作用下，不加外磁场时，霍尔元件输出端之间的空载电势称为不等位电势 u_0。u_0产生的原因是制造工艺不可能保证将两个霍尔电极对称地焊在霍尔片的两侧，致使两电极点不能完全位于同一等位面上。另一类称为温度误差，这是元件的灵敏度也就是温度的函数造成的。

1. 霍尔元件不等位电势补偿

不等位电势与霍尔电势具有相同的数量级，有时甚至超过霍尔电势，而实用中要消除不等位电势是极其困难的，因而必须采用补偿的方法。由于不等位电势与不等位电阻是一致的，所以可以采用分析电阻的方法来找到不等位电势的补偿方法。如图 6.15 所示，其中 A、B 为激励电极，C、D 为霍尔电极，极分布电阻分别用 R_1、R_2、R_3、R_4 表示。理想情况下，$R_1 = R_2 = R_3 = R_4$，即可取得零位电势为零（或零位电阻为零）。实际上，不等位电阻的存在，说明此 4 个电阻值不相等，可将其视为电桥的 4 个桥臂，则电桥不平衡。为使其达到平衡，可采用外接补偿线路进行补偿。常用的几种补偿线路如图 6.15 所示。在阻值较大的桥臂上并联电阻（如图 6.15(a)所示），或在两个桥臂上同时并联电阻（如图 6.15(b)所示）。

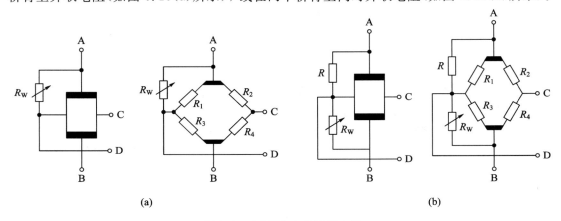

(a) (b)

图 6.15 不等位电势补偿电路

2. 霍尔元件温度补偿

霍尔元件是采用半导体材料制成的，因此它们的许多参数都具有较大的温度系数。当温度变化时，霍尔元件的载流子浓度、迁移率、电阻率及霍尔系数将发生变化，从而使霍尔元件产生温度误差。

为了减少霍尔元件的温度误差，除选用温度系数小的元件或采用恒温措施外，由 $U_H = K_H IR$ 可看出：采用恒流源供电是个有效的措施，可以使霍尔电势稳定。但也只能减少由于输入电阻随温度的变化而引起的激励电流 I 变化所带来的影响。

霍尔元件的灵敏度系数 K_H 也是温度的函数，它随温度的变化引起霍尔电势的变化。霍尔元件的灵敏度系数与温度的关系可写成

$$K_H = K_{H0}(1 + \alpha \Delta T) \tag{6.2-12}$$

式中，K_{H0}——温度 T_0 时的 K_H 值；

$\Delta T = T - T_0$——温度变化量；

α——霍尔电势温度系数。

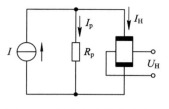

大多数霍尔元件的温度系数 α 是正值，它们的霍尔电势随温度升高而增加 $\alpha\Delta T$ 倍。但如果同时让激励电流 I_H 相应地减小，并能保持 $K_H I_H$ 乘积不变，也就抵消了灵敏度系数 K_H 增加的影响。图 6.16 就是按此思路设计的一个既简单、补偿效果又较好的补偿电路。电路中用一个分流电阻 R_p 与霍尔元件的激励

图 6.16　恒流温度补偿电路

电极相并联，当霍尔元件的输入电阻自动因温度升高而增加时，旁路分流电阻 R_p 自动地增大分流，减小了霍尔元件的激励电流 I_H，从而达到了补偿的目的。

在图 6.16 所示温度补偿电路中，设初始温度为 T_0，霍尔元件输入电阻为 R_{i0}，灵敏度系数为 K_{H0}，分流电阻为 R_{p0}，根据分流概念，得

$$I_{H0}=\frac{R_{p0}I_s}{R_{p0}+R_{i0}} \tag{6.2-13}$$

当温度升至 T 时，电路中各参数变为

$$R_i=R_{i0}(1+\delta\Delta T) \tag{6.2-14}$$

$$R_p=R_{p0}(1+\beta\Delta T) \tag{6.2-15}$$

式中，δ——霍尔元件输入电阻温度系数；

　　　β——分流电阻温度系数。

因此

$$I_H=\frac{R_pI_s}{R_p+R_i}=\frac{R_{p0}(1+\beta\Delta T)I_s}{R_{p0}(1+\beta\Delta T)+R_{i0}(1+\delta\Delta T)} \tag{6.2-16}$$

虽然温度升高了 ΔT，为使霍尔电势不变，补偿电路必须满足温升前、后的霍尔电势不变，即 $U_{H0}=U_H$，则

$$K_{H0}I_{H0}B=K_HI_HB \tag{6.2-17}$$

有

$$K_{H0}I_{H0}=K_HI_H \tag{6.2-18}$$

将式(6.2-12)、式(6.2-13)、式(6.2-16)代入式(6.2-18)，经整理并略去 α、β、$(\Delta T)^2$ 高次项后得

$$R_{p0}=\frac{(\delta-\beta-\alpha)R_{i0}}{\alpha} \tag{6.2-19}$$

当霍尔元件选定后，它的输入电阻 R_{i0} 和温度系数 δ 及霍尔电势温度系数 α 是确定值。再根据选取的分流电阻材料的温度系数 β 值。由式(6.2-19)即可确定适合的补偿分流电阻 R_{p0}。

由于 β 值一般很小，可忽略不计，另外 $\alpha\ll\delta$，故式(6.2-19)可简化为

$$R_{p0}\approx\frac{\delta}{\alpha}R_{i0} \tag{6.2-20}$$

6.2.4　霍尔式传感器的应用

霍尔式传感器的应用十分广泛，不仅用于磁感应强度、有功功率及电能参数的测量，也在位移等物理量的测量中得到了广泛应用。

1. 霍尔式位移传感器

图 6.17 给出了几种霍尔式位移传感器的工作原理，图 6.17(a)是磁场强度相同的两块永久磁铁，同极性相对放置，霍尔元件处在两块磁铁的中间，由于磁铁中间的磁感应强度 $B=0$，因此，霍尔元件输出的霍尔电势 $U_H=0$，此时位移 $\Delta X=0$。若霍尔元件在两磁铁中产生相对位移，霍尔元件感受到的磁感应强度也随之变化，这时 U_H 不为零，其量值大小反映出霍尔元件与磁铁之间相对位置的变化量。这种结构的传感器，其动态范围可达到 5 mm，分辨率为 0.001 mm。

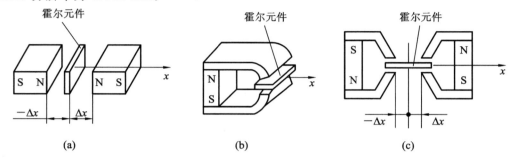

图 6.17 霍尔式位移传感器的工作原理

图 6.17(b)是一种结构简单的霍尔式位移传感器，是由一块永久磁铁组成磁路的传感器，在霍尔元件处于初始位置，$\Delta X=0$ 时，霍尔电势 U_H 不等于零。

图 6.17(c)是一个由两个结构相同的磁路组成的霍尔式位移传感器，为了获得较好的线性分布，在磁极端面装有极靴，霍尔元件调整好初始位置后，霍尔电势 U_H 等于零。这种传感器的灵敏度很高，但它所能检测的位移量较小，适用于微位移量及振动的测量。

2. 霍尔式转速传感器

图 6.18 是几种不同结构的霍尔式转速传感器。转盘输入轴与被测转轴相连，当被测转轴转动时，转盘随之转动，固定在转盘附近的霍尔传感器便可在每一个小磁铁通过时产生一个相应的脉冲，检测出单位时间的脉冲数，便可知被测转速；根据磁性转盘上小磁铁数目多少，可确定传感器测量转速的分辨率。

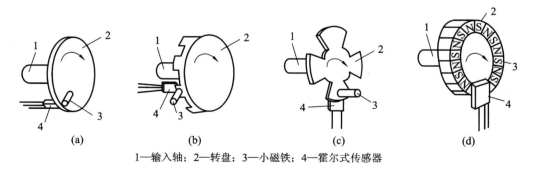

1—输入轴；2—转盘；3—小磁铁；4—霍尔式传感器

图 6.18 几种霍尔式转速传感器的结构

3. 霍尔计数装置

霍尔传感器 UGN3501T 具有较高的灵敏度，能感受到很小的磁场变化。利用这一特性可以制成一种钢球计数装置，该装置实际上是通过检测物体的有无来实现计数的。

霍尔式传感器检测有无物体时，要和永久磁铁一起使用。在分析磁系统时，可分为两种情况，一种是检测无磁性物体时借助接近装在被测物体上的磁铁来产生磁场，另一种是检测强磁性物体时将磁铁固定并检测到因强磁性物体接近而产生的磁场变化。霍尔式传感器检测到磁场或磁场的变化时，便输出霍尔电压，从而实现检测有无物体的目的。

图 6.19 是一个应用霍尔式传感器对钢球进行计数的装置及电路。因为钢球为强磁性物体，所以在装置中将永久磁铁固定，当有钢球滚过时，磁场就发生一次变化，传感器输出的霍尔电压也变化一次。这相当于输出一个脉冲，该脉冲信号经过运算放大器 μA741 放大后，送入三极管 2N5812 的基极，三极管便导通一次。如在该三极管的集电极接上一个计数器，即可对滚过传感器的钢球进行计数。

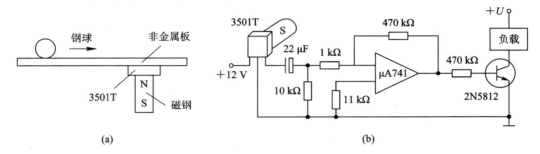

图 6.19　钢球计数装置及电路图

第7章 热电式传感器

热电式传感器是一种用于测量温度的传感器，它基于热电效应原理进行工作。这种传感器利用两种不同材料之间的温度差异引发的热电势差来测量温度。将热量（温度）变化转换为电学量变化的装置称为热电式（温度）传感器。本章主要介绍热电式传感器中的热电偶和热电阻。

7.1 热 电 偶

热电偶（Thermocouple）是一种常用于测量温度的热电式传感器，基于热电效应原理进行工作。热电偶由两种不同的金属导线组成，这两种导线被连接在一起形成一个闭合电路。当热电偶的两个连接点之间存在温度差异时，就会产生热电势差（热电势），从而生成一个电压信号。这个电压信号的大小与温度差异成正比。

7.1.1 热电偶工作的基本原理

两种不同材料的导体（或半导体）构成一个封闭回路，如图7.1所示。当热端与冷端的温度分别为 T 和 T_0 时，就会在该回路中产生电动势，这现象称为热电效应，而所产生的电动势称为热电势。这两种不同材料的导体或半导体的组合称为热电偶，其中导体A和B分别充当热电极。其中，热端是用于测量温度的端点，通常被置于待测介质中。冷端则是参考端，通过导线连接到显示仪表。图7.2展示了一个简单的热电偶温度传感器测温系统示意图，它由热电偶、连接导线和显示仪表组成，构成了一个完整的温度测量回路。

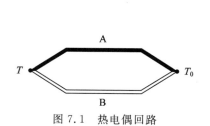

图7.1 热电偶回路   图7.2 热电偶测温系统简图

1—热电偶；
2—连接导线；
3—显示仪表。

在图7.1所示的回路中，所产生的热电势由两部分组成：接触电势和温差电势。

1. 接触电势

接触电势是由于两种不同导体的自由电子密度不同，而在接触处形成的电动势。两种导体接触时，自由电子由密度大的导体向密度小的导体扩散，在接触处失去电子的一侧带正电，得到电子的一侧带负电，扩散达到动平衡时，在接触面的两侧就形成稳定的接触电势。接触电势的数值取决于两种不同导体的性质和接触点的温度。两接点的接触电势 $e_{AB}(T)$ 和 $e_{AB}(T_0)$ 可表示为

$$\begin{cases} e_{AB}(T) = \dfrac{KT}{e} \ln \dfrac{N_{AT}}{N_{BT}} \\[3mm] e_{AB}(T_0) = \dfrac{KT_0}{e} \ln \dfrac{N_{AT_0}}{N_{BT_0}} \end{cases} \tag{7.1-1}$$

式中：K——波尔兹曼常数；

e——单位电荷电量；

N_{AT}、N_{BT} 和 N_{AT_0}、N_{BT0}——温度分别为 T 和 T_0 时，A、B 两种导体的电子密度。

2. 温差电势

温差电势是同一导体的两端因温度不同而产生的一种电动势。同一导体的两端温度不同时，高温端的电子能量要比低温端的电子能量大，因而从高温端跑到低温端的电子数比从低温端跑到高温端的要多，结果高温端因失去电子而带正电，低温端因获得多余的电子而带负电，因此，在导体两端便形成了温差电势。两导体的温差电势 $e_A(T, T_0)$ 和 $e_B(T, T_0)$ 由下面的公式给出：

$$\begin{cases} e_A(T, T_0) = \dfrac{K}{e} \displaystyle\int_{T_0}^{T} \dfrac{1}{N_{At}} \dfrac{d(N_{At}t)}{dt} dt \\[3mm] e_B(T, T_0) = \dfrac{K}{e} \displaystyle\int_{T_0}^{T} \dfrac{1}{N_{Bt}} \dfrac{d(N_{Bt}t)}{dt} dt \end{cases} \tag{7.1-2}$$

式中，N_{At}、N_{Bt}——分别为 A 导体和 B 导体的电子密度，是温度的函数。

在图 7.1 所示的热电偶回路中，产生的总热电势为

$$E_{AB}(T, T_0) = e_{AB}(T) + e_B(T, T_0) - e_{AB}(T_0) - e_A(T, T_0) \tag{7.1-3}$$

在总热电势中，温差电势比接触电势小很多，可忽略不计，则热电偶的热电势可表示为

$$E_{AB}(T, T_0) = e_{AB}(T) - e_{AB}(T_0) \tag{7.1-4}$$

对于已选定的热电偶，当参考端温度 T_0 恒定时，$e_{AB}(T_0) = c$ 为常数，则总的热电势就只与温度 T 成单值函数关系，即

$$E_{AB}(T, T_0) = e_{AB}(T) - c = f(T) \tag{7.1-5}$$

这一关系式在实际测量中是很有用的，即只要测出 $E_{AB}(T, T_0)$ 的大小，就能得到被测温度 T，这就是利用热电偶测温的原理。

7.1.2　热电偶基本定律

1. 均质导体定律

均质导体定律中的热电偶是两种均质导体组成的，强调了热电偶的两个关键特性：热电势的大小与材料及接触点温度有关，意味着热电偶的电势差（电压）的大小取决于热电偶的两种不同材料的性质以及这两种材料的接触点处的温度；与热电偶的尺寸和形状无关，无论热电偶的尺寸和形状如何，只要两种材料的性质和接触点的温度保持不变，热电偶产生的热电势都应该相同。这种设计可以降低由于温度梯度或材料不均匀性引起的误差，从

而提高热电偶的测温精度。

2. 连接导体定律与中间温度定律

在热电偶回路中，热电偶 A、B 分别与导线 A'、B' 连接，接触点温度分别为 T、T_n、T_0，则回路热电势等于热电偶的热电势 $E_{AB}(T, T_n)$ 与连接导线 A'、B' 在温度 T_n、T_0 时热电势 $E_{A'B'}(T_n, T_0)$ 的代数和（连接导体定律），即

$$E_{ABB'A'}(T, T_n, T_0) = E_{AB}(T, T_n) + E_{A'B'}(T_n, T_0) \tag{7.1-6}$$

当 A' 与 A、B 与 B' 材料分别相同时，有

$$E_{AB}(T, T_n, T_0) = E_{AB}(T, T_n) + E_{AB}(T_n, T_0) \tag{7.1-7}$$

热电偶回路两接触点（温度为 T、T_0）间的热电势，等于热电偶在温度为 T、T_n 时的热电势与在温度为 T_n、T_0 时的热电势的代数和（中间温度定律）（T_n 称中间温度）。

3. 中间导体定律

利用热电偶进行测温，必须在回路中引入连接导线和仪表，接入导线和仪表后会不会影响回路中的热电势呢？中间导体定律说明，在热电偶测温回路内，接入第三种导体时，只要第三种导体的两端温度相同，则对回路的总热电势没有影响。

图 7.3 为接入第三种导体后热电偶回路的两种形式。在图 7.3(a) 所示的回路中，由于温差电势可忽略不计，则回路中的总热电势等于各接触点的接触电势之和，即

$$E_{ABC}(t, t_0) = e_{AB}(t) + e_{BC}(t_0) + e_{CA}(t_0) \tag{7.1-8}$$

当 $t = t_0$ 时，有

$$e_{BC}(t_0) + e_{CA}(t_0) = -e_{AB}(t_0) \tag{7.1-9}$$

将式(7.1-9)代入式(7.1-8)中，得

$$E_{ABC}(t, t_0) = e_{AB}(t) - e_{AB}(t_0) = E_{AB}(t, t_0) \tag{7.1-10}$$

式(7.1-10)表明，接入第三种导体后，并不影响热电偶回路的总热电势。图 7.3(b) 所示的回路可以得到相同的结论。同理，在热电偶回路中加入第四、第五种导体后，只要加的每一种导体两端温度相等，同样不影响回路中的总热电势。这样就可以用导线从热电偶冷端引出，并接到温度显示仪表或控制仪表，组成相应的温度测量或控制回路。

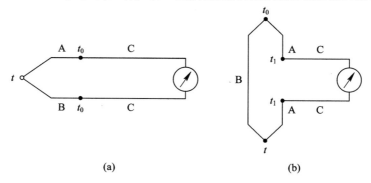

(a)   (b)

图 7.3　具有三种导体的热电偶回路

4. 中间温度定律

中间温度定律也称为查尔斯中间温度定律（Charles's Intermediate Temperature Law），是热电偶测温领域的一个关键原理。这个定律指出，在一个由两种不同材料构成的热电偶中，存在一个中间温度点，使得在该点的温度下，两个材料产生的热电势相等。这个中间温

度点的温度通常称为"中间温度"。在热电偶测温回路中，t_c 为热电极上某一点的温度，热电偶 AB 在接触点温度为 t、t_0 时的热电势 $E_{AB}(t, t_0)$ 等于热电偶 AB 在接触点温度 t、t_c 和 t_c、t_0 时的热电势 $E_{AB}(t, t_c)$ 和 $E_{AB}(t_c, t_0)$ 的代数和（见图 7.4），即

$$E_{AB}(t, t_0) = E_{AB}(t, t_c) + E_{AB}(t_c, t_0) \tag{7.1-11}$$

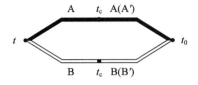

图 7.4　中间温度定律

该定律是参考端温度计算修正法的理论依据，在实际热电偶测温回路中，利用热电偶这一性质，可对参考端温度不为 0℃ 的热电势进行修正。另外，根据这个定律，还可以连接与热电偶热电特性相近的导体 A′ 和 B′（见图 7.4），将热电偶冷端延伸到温度恒定的地方，这就为热电偶回路中应用补偿导线提供了理论依据。

5. 参考电极定律

参考电极定律（见图 7.5）即当两种导体 A、B 分别与第三种导体 C 组合成热电偶的热电势确定时，以导体 C 作为标准电极（一般 C 为铂），则由这两种导体 A、B 组成的热电偶的热电势为

$$E_{AB}(T, T_0) = E_{AC}(T, T_0) - E_{BC}(T, T_0) \tag{7.1-12}$$

该定律的意义是可大大简化热电偶选配工作，只要已知有关电极与标准电极配对的热电势，即可求出任何两种热电极配对的热电势，而不需要测定。

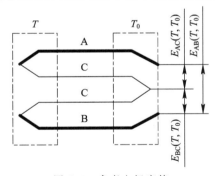

图 7.5　参考电极定律

7.1.3　热电偶类型

从理论上讲，任何两种不同材料的导体都可以组成热电偶，但为了准确可靠地测量温度，对组成热电偶的材料必须进行严格的选择。工程上用于热电偶的材料应满足以下条件：热电势变化尽量大，热电势与温度关系尽量接近线性关系，物理、化学性能稳定，易加工，复现性好，便于成批生产，有良好的互换性。实际上并非所有材料都能满足上述要求。目前，国际上公认的比较好的热电偶材料只有几种。国际电工委员会（IEC）向世界各国推荐 8 种标准化的热电偶作为工业热电偶，在不同场合下使用。所谓标准化热电偶，就是它已列入工业标准化文件中，具有统一的分度表。我国已采用 IEC 标准生产热电偶，并按标准分度表生产与之相配的显示仪表。下面介绍 8 种热电偶的主要性能和特点。

1. 镍铬-镍硅 K 型热电偶

镍铬-镍硅 K 型热电偶是目前用量很大的廉金属热电偶，其用量为其他热电偶的总和。其正极（KP）的名义化学成分为 Ni:Cr＝90:10，负极（KN）的名义化学成分为 Ni:Si＝97:3。使用温度为－200～1300℃。K 型热电偶具有线性度好、热电势较大、灵敏度高、稳定性和均匀性较好、抗氧化性能强、价格便宜等优点，能用于氧化性惰性气氛中。

K 型热电偶不能直接在高温下用于硫、还原性或还原-氧化交替的气氛和真空中。

2. 镍铬硅-镍硅镁 N 型热电偶

镍铬硅-镍硅镁 N 型热电偶的正极（NP）的名义化学成分为 Ni:Cr:Si＝84.4:14.2:1.4，负极（NN）的名义化学成分为 Ni:Si:Mg＝95.5:4.4:0.1，使用温度为－200～1300℃；综合性能优于 K 型热电偶。

N 型热电偶不能直接在高温下用于硫、还原性或还原-氧化交替的气氛中，也不能直接用于真空中。

3. 铁-铜镍 J 型热电偶

铁-铜镍 J 型热电偶又称铁-康铜热电偶，其正极（JP）的名义化学成分为纯铁，负极（JN）为铜镍合金；测量温区为－200～1200℃，但通常使用的温度范围为 0～750℃。

J 型热电偶可用于真空、氧化、还原和惰性气氛中，但正极铁在高温下氧化较快，故使用温度受到限制。

4. 铜-铜镍 T 型热电偶

铜-铜镍 T 型热电偶又称铜-康铜热电偶，其正极（TP）是纯铜，负极（TN）为铜镍合金；测量温区为－200～350℃；特点是在－200～0℃温区内使用，稳定性最佳；在高温下抗氧化性能差，故使用温度上限受到限制。

5. 铂铑 13-铂 R 型热电偶

铂铑 13-铂 R 型热电偶是一种贵金属热电偶，其正极（RP）的名义化学成分为铂铑合金，含铑量为 13％，含铂量为 87％，负极（RN）为纯铂；长期使用温度为 1300℃，短期使用温度为 1600℃。

6. 铂铑 10-铂 S 型热电偶

铂铑 10-铂 S 型热电偶是一种贵金属热电偶，其正极（SP）的名义化学成分为铂铑合金，其中含铑量为 10％，含铂量为 90％，负极（SN）为纯铂；长期使用温度为 1300℃，短期使用温度为 1600℃。

7. 铂铑 30-铂铑 6 B 型热电偶

铂铑 30-铂铑 6 B 型热电偶是一种贵金属热电偶，其正极（BP）的名义化学成分为铂铑合金，其中含铑量为 30％，含铂量为 70％，负极（BN）为铂铑合金，含铑量为 6％；长期使用温度为 1600℃，短期使用温度为 1800℃；适用于氧化性和惰性气氛中，也可短期用于真空中。

表 7.1、表 7.2 分别列出了 S 型和 K 型热电偶的分度表。从表中可见，不同热电偶在相同温度下具有不同的电势，所以不同热电偶有不同的分度表可查。

另外，一些特殊用途的热电偶，可以满足特殊测温的需要，例如，用于测量 3800℃ 超高温的钨镍系列热电偶，用于测量 2～273 K 超低温的镍铬-金铁热电偶等。

表 7.1　S 型(铂铑 10 - 铂)热电偶分度表

分度号：S　　　　　　　　　　　　　　　　　　　（参考端温度为 0℃）

测量端温度/℃	0	10	20	30	40	50	60	70	80	90
	热电势/mV									
0	0.000	0.055	0.113	0.173	0.235	0.299	0.365	0.432	0.502	0.573
100	0.645	0.719	0.795	0.872	0.950	1.029	1.109	1.190	1.273	1.356
200	1.440	1.525	1.611	1.698	1.785	1.873	1.962	2.051	2.141	2.232
300	2.323	2.414	2.506	2.599	2.692	2.786	2.880	2.974	3.069	3.164
400	3.260	3.356	3.452	3.549	3.645	3.743	3.840	3.938	4.036	4.135
500	4.234	4.333	4.432	4.532	4.632	4.732	4.832	4.933	5.034	5.136
600	5.237	5.339	5.442	5.544	5.648	5.751	5.855	5.960	6.064	6.169
700	6.274	6.380	6.486	6.592	6.699	6.805	6.913	7.020	7.128	7.236
800	7.345	7.454	7.563	7.672	7.782	7.892	8.003	8.114	8.225	8.336
900	8.448	8.560	8.673	8.786	8.899	9.012	9.126	9.240	9.355	9.470
1000	9.585	9.700	9.816	9.932	10.048	10.165	10.282	10.400	10.517	10.635
1100	10.754	10.872	10.991	11.110	11.229	11.348	11.467	11.587	11.707	11.827
1200	11.947	12.067	12.188	12.308	12.429	12.550	12.671	12.792	12.913	13.034
1300	13.155	13.276	13.397	13.519	13.640	13.761	13.883	14.004	14.125	14.247
1400	14.368	14.489	14.610	14.731	14.852	14.973	15.094	15.215	15.336	15.456
1500	15.576	15.697	15.817	15.937	16.057	16.176	16.296	16.415	16.534	16.653
1600	16.771	16.890	17.008	17.125	17.245	17.360	17.477	17.594	17.711	17.826

表 7.2　K 型(镍铬-镍硅)热电偶分度表

分度号：K　　　　　　　　　　　　　　　　　　　（参考端温度为 0℃）

测量端温度/℃	0	10	20	30	40	50	60	70	80	90
	热电势/mV									
-0	-0.000	-0.392	-0.777	-1.156	1.527	-1.889	-2.243	-2.586	-2.920	-3.242
+0	0.000	0.397	0.798	1.203	1.611	2.022	2.436	2.850	3.266	3.681
100	4.095	4.508	4.919	5.327	5.733	6.137	6.539	6.939	7.338	7.737
200	8.137	8.537	8.938	9.341	9.745	10.151	10.560	10.969	11.381	11.793
300	12.207	12.623	13.039	13.456	13.874	14.292	14.712	15.132	15.552	15.974
400	16.395	16.818	17.241	17.664	18.088	18.513	18.938	19.363	19.788	20.214
500	20.640	21.066	21.493	21.919	22.346	22.772	23.198	23.624	24.050	24.476
600	24.902	25.327	25.751	26.176	26.599	27.022	27.445	27.867	28.288	28.709
700	29.128	29.547	29.965	30.383	30.799	31.214	31.629	32.042	32.455	32.866
800	33.277	33.686	34.095	34.502	34.909	35.314	35.718	36.121	36.524	36.925
900	37.325	37.724	38.122	38.519	38.915	39.310	39.703	40.096	40.488	40.897
1000	41.269	41.657	42.045	42.432	42.817	43.202	43.585	43.968	44.349	44.729
1100	45.108	45.486	45.863	46.238	46.612	46.985	47.356	47.726	48.095	48.462
1200	48.828	49.192	49.555	49.916	50.276	50.633	50.990	51.344	51.697	52.049
1300	52.398									

7.1.4 热电偶的结构形式

为了适应不同生产对象的测温要求和条件，热电偶的结构形式有普通型热电偶、铠装热电偶和薄膜热电偶等。

1. 普通型热电偶

普通型热电偶在工业上使用得最多，它一般由热电极、绝缘套管、保护管和接线盒组成，其结构如图 7.6 所示。普通型热电偶按其安装时的连接形式，可分为固定螺纹连接、固定法兰连接、活动法兰连接、无固定装置等多种。

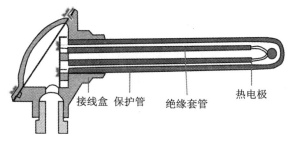

图 7.6 普通型热电偶结构

2. 铠装热电偶

铠装热电偶又称套管热电偶，是由热电偶丝、绝缘材料和金属套管三者经拉伸加工而成的坚实组合体，如图 7.7 所示。图中 A 为热电偶，B 为线缆。铠装热电偶的突出优点是挠性好，可以做得细长，使用中可随需要而任意弯曲，可以安装在难以安装常规热电偶的、结构复杂的装置上，如密封的热处理罩内或工件箱内。铠装热电偶结构坚实，抗冲击和抗震性能好，在高压及震动场合也能安全使用。铠装热电偶广泛用于各工业部门中。

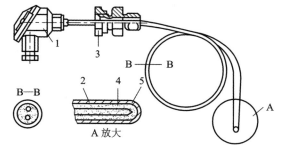

1—接线盒；2—金属套管；3—固定装置；4—绝缘材料；5—热电极。

(a) 结构

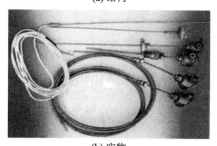

(b) 实物

图 7.7 铠装热电偶

3. 薄膜热电偶

薄膜热电偶是由两种薄膜热电极材料用真空蒸镀、化学涂层等办法蒸镀到绝缘基板上而制成的一种特殊热电偶，如图 7.8 所示。薄膜热电偶的热接点可以做得很小（可薄到 $0.01\sim0.1\ \mu\mathrm{m}$），具有热容量小、反应速度快等特点，热响应时间达到微秒级，适用于微小面积上的表面温度以及快速变化的动态温度测量。

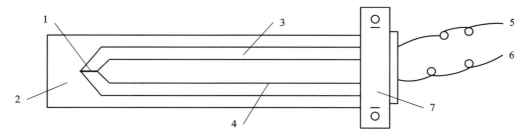

1—测量端；2—绝缘基板；3、4—热电极；5、6—引出线；7—接头夹具。

图 7.8　薄膜热电偶

4. 多点热电偶

在许多场合，有时需要同时测量几个或几十个点的温度，若使用一般的热电偶，则需要安装几只或几十只，此时若使用多点热电偶，则既方便又经济。常见的多点热电偶有棒状和树枝状两种，如图 7.9 所示。

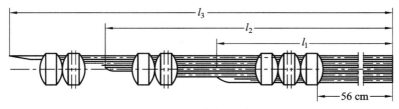

(a) 棒状三点式热电偶

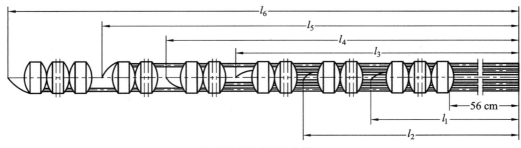

(b) 树枝状六点式热电偶

图 7.9　多点热电偶

7.2 热电偶冷端温度及其补偿

当热电偶材料选定以后，热电势只与热端和冷端温度有关，因此只有当冷端温度恒定时，热电偶的热电势和热端温度才有单值的函数关系。此外，热电偶的分度表和显示仪表是以冷端温度 0℃作为基准进行分度的，而在实际使用过程中，冷端温度通常不为 0℃，且往往是波动的，所以必须对冷端温度进行处理，消除冷端温度的影响。

通常，冷端温度的处理方法有以下几种。

1. 热电偶补偿导线

由于热电偶的长度有限，在实际测温时，热电偶的冷端一般离热源较近，冷端温度波动较大，需要把冷端延伸到温度变化较小的地方；另外，热电偶输出的电势信号也需要传输到远离现场数十米远的控制室里的显示仪表或控制仪表上。热电偶通常制作得较短，一般为 350～2000 mm，因此需要用导线将热电偶的冷端延伸出来。工程中采用一种补偿导线，它通常由两种不同性质的导线制成，也有正极和负极，而且在 0℃～100℃温度范围内，要求补偿导线和所配热电偶具有相同的热电特性。

补偿导线也称为延伸导线，它实际上只是将热电偶的冷端温度延伸到温度变化较小或基本稳定的地方，并没有温度补偿作用，还不能解决冷端温度不为 0℃的问题，所以还得采用其他冷端补偿的方法加以解决。常用的补偿导线见表 7.3。

表 7.3　常用补偿导线

补偿导线型号	配用的热电偶分度号	补偿导线		补偿导线颜色	
		正极	负极	正极	负极
SC	S(铂铑 10 -铂)	SPC(铜)	SNC(铜镍)	红	绿
KC	K(镍铬-镍硅)	KPC(铜)	KNC(铜镍)	红	蓝
KX	K(镍铬-镍硅)	KPX(镍铬)	KNX(镍硅)	红	黑
EX	E(镍铬-铜镍)	EPX(镍铬)	ENX(铜镍)	红	棕
JX	J(铁-铜镍)	JPX(铁)	JNX(铜镍)	红	紫
TX	T(铜—铜镍)	TPX(铜)	TNX(铜镍)	红	白

2. 冷端温度修正法

冷端温度修正法是对热电偶实际测得的热电势 $E_{AB}(t, t_0)$ 根据冷端温度进行修正，修正值为 $E_{AB}(t_0, 0)$，这里的 t 为热电偶的热端温度，t_0 为冷端温度。分度表所对应的热电势 $E_{AB}(t, 0)$ 与热电偶的热电势 $E_{AB}(t, t_0)$ 之间的关系可根据中间温度定律得到：

$$E_{AB}(t, 0) = E_{AB}(t, t_0) + E_{AB}(t_0, 0) \tag{7.2-1}$$

由热电偶分度表可得到热电偶热端对应的温度值。

3. 冷端 0℃恒温法

在实验室及精密测量中，通常把冷端放入 0℃恒温器或装满冰水混合物的容器中，以便冷端温度保持 0℃，即冷端 0℃恒温法，这种方法又称冰浴法，见图 7.10。这是一种理想的补偿方法，但工业中使用极为不便。

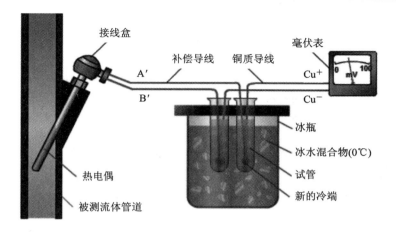

图 7.10　冷端 0℃ 恒温法

4. 冷端温度自动补偿法

冷端温度自动补偿法又称补偿电桥法，如图 7.11 所示，其中补偿电桥的 4 个桥臂中有一个臂是铜电阻作为感温元件，其余 3 臂由阻值恒定的锰铜制成，串接在热电偶回路中。一般选择 R_4 作为感温元件使电桥保持平衡，电桥输出 $U_{ab} = 0$。当冷端温度升高时，R_4 阻值随之增大，电桥失去平衡，U_{ab} 相应增大，此时热电偶电势 E_x 由于冷端温度升高而减小，若 U_{ab} 的增量等于热电偶电势 E_x 的减小量，回路总的电势 U_{ab} 的值就不会随热电偶冷端温度变化而变化。

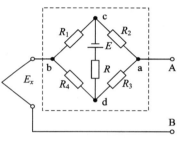

图 7.11　冷端温度自动补偿法

7.3　热电偶测温线路

热电偶测温时，它可以直接与显示仪表（如电子电位差计、数字表等）配套使用，也可以与温度变送器配套使用，转换成标准电流信号。图 7.12 为典型的热电偶测温线路。如用一台显示仪表显示多点温度，则可按图 7.13 连接，这样可节约显示仪表和补偿导线。

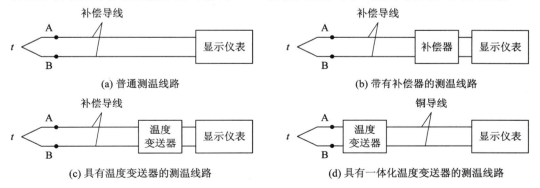

图 7.12　典型的热电偶测温线路

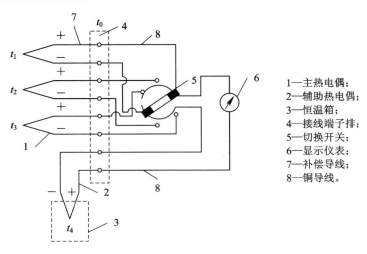

图 7.13 多点测温线路

1—主热电偶；
2—辅助热电偶；
3—恒温箱；
4—接线端子排；
5—切换开关；
6—显示仪表；
7—补偿导线；
8—铜导线。

特殊情况下，热电偶可以串联或并联使用，但只能是同一分度号的热电偶，且冷端应在同一温度下。如热电偶正向串联，可获得较大的热电势输出和提高灵敏度；在测量两点温差时，可采用两支热电偶反向串联；利用热电偶并联可以测量平均温度。热电偶串、并联线路如图 7.14 所示。

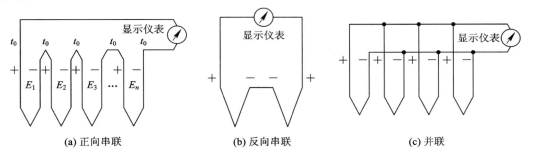

(a) 正向串联   (b) 反向串联   (c) 并联

图 7.14 热电偶串、并联线路

7.4 热电阻传感器

利用电阻随温度变化的特性制成的传感器称为热电阻传感器，主要用于对温度和与温度有关的参量进行检测。热电阻通常分为金属热电阻和半导体热电阻，有时，前者称为热电阻，后者称为热敏电阻。

7.4.1 金属热电阻

金属热电阻是利用金属导体的电阻与温度成一定函数关系的特性而制成的感温元件。当被测温度变化时，导体的电阻随温度而变化，通过测量电阻值的变化而得出温度变化的情况，这就是热电阻测温的基本工作原理。热电阻材料主要是铂、铜、镍、钢、锰等，其中用得最多的是铂和铜；要求电阻温度系数大、线性好、性能稳定、使用温度范围宽、加工容易等。

1. 铂电阻

铂电阻的电阻体是用直径为 0.02～0.07 mm 的铂丝，按一定规律绕在云母、石英或陶瓷支架上而制成的。铂丝绕组的端头与银线相焊接，并套以瓷管加以绝缘保护。铂电阻是目前公认的制造热电阻的最佳材料，其性能稳定、重复性好、测量精度高，电阻值与温度之间有近似的线性关系；缺点是电阻温度系数小（铂的电阻温度系数在 0～100℃ 范围内的平均值为 3.9×10^{-3} Ω/℃）、价格较高（铂是贵重金属）。铂电阻主要用于制作标准电阻温度计，其测量范围一般为 -200～650℃。

当温度 t 为 0～650℃ 范围时，

$$R_t = R_0 [1 + At + Bt^2] \tag{7.4-1}$$

当温度 t 为 -200～0℃ 范围时，

$$R_t = R_0 [1 + At + Bt^2 + Ct^3 (t - 100)] \tag{7.4-2}$$

式中，A——常数（$A = 3.96847 \times 10^{-3}$ Ω/℃）；

　　　B——常数（$B = -5.847 \times 10^{-7}$ Ω/℃）；

　　　C——常数（$C = -4.22 \times 10^{-12}$ Ω/℃）；

　　　R_t——温度为 t℃ 时的电阻值；

　　　R_0——温度为 0℃ 时的电阻值，工业用标准铂电阻的 R_0 值有 100 Ω、46 Ω、50 Ω 等几种。

2. 铜电阻

铜电阻的电阻体是一个铜丝绕组，绕组由 0.1 mm 直径的漆包绝缘铜丝分层双向绕在圆形骨架上。为了防止松散，整个元件要经过酚醛树脂浸渍，然后在温度为 120℃ 的烘箱内保持 24 h，再自然冷却至常温才能使用。绕组的线端与镀银丝应该焊接牢固以作为引出线，并套以绝缘套管。铜电阻的特点是价格便宜、纯度高、重复性好、电阻温度系数大，其测温范围为 -50～+150℃；当温度再高时，裸铜就氧化了。在上述测温范围内，铜的电阻值与温度呈线性关系，可表示为

$$R_t = R_0 (1 + \alpha t) \tag{7.4-3}$$

式中，R_t——温度为 t℃ 时的电阻值；

　　　R_0——温度为 0℃ 时的电阻值；

　　　α——铜电阻温度系数，$\alpha = (4.25 \sim 4.28) \times 10^{-3}$ Ω/℃。

对于铜热电阻，国家标准的 R_0 有 100 Ω、50 Ω、532 Ω 等几种。常用的铜热电阻为 WZG 型，分度号为 G，$R_0 = 53$ Ω。采用铜热电阻的主要缺点是电阻率小，所以制成一定电阻值时与铂材料相比，铜电阻丝较细，致使机械强度不高；如果增加长度，则体积较大，而且铜电阻容易氧化，测温范围小。因此，铜电阻常用于介质温度不高、腐蚀性不强、测温元件体积不受限制的场合。

3. 其他热电阻

镍和铁的电阻温度系数大、电阻率高，可用于制成体积大、灵敏度高的热电阻；但由于容易氧化，化学稳定性差，不易提纯，重复性和线性度差，目前应用还不多。

近年来在低温和超低温测量方面，开始采用一些较为新颖的热电阻，例如锗铁电阻、

铟电阻、锰电阻、碳电阻等。铑铁电阻是以含 0.5％铑原子的铑铁合金丝制成的，常用于测量 0.3～20 K 范围内的温度，具有较高的灵敏度和稳定性、较好的重复性等优点。铟电阻是一种高精度低温热电阻，铟的熔点约为 429 K，在 4.2～15 K 温度范围内其灵敏度比铂高 10 倍，故可用于铂电阻不能使用的测温范围。锰电阻在 2～63 K 温度范围内的电阻随温度变化大，灵敏度高；缺点是材料脆，难拉成丝。碳电阻适用于液氨温域的温度测量，价格低廉，对磁场不敏感，但热稳定性较差。

总之，只测得热电阻值，根据计算，或查分度表便可求得相对应的温度值 T。各种材料的 α 值如表 7.4 所示。

表 7.4 各种材料的 α 值

材料	$\alpha(0\sim100℃)$	材料	$\alpha(0\sim100℃)$
铜	0.004	铝	0.004
铁	0.005	水银	0.0009
铝	0.004	钨	0.0045
镍	0.006	锌	0.0035
金	0.0035	镍铬合金	0.0002
白金	0.003	锰	0.0001

7.4.2 热敏电阻

1. 热敏电阻类型

热敏电阻是一种电阻值随温度变化的元件，NTC、PTC 和 CTR 是热敏电阻的三种主要类型，三种热敏电阻的温度电阻特性曲线分别如图 7.15 所示，其中 ρ 表示电阻率。

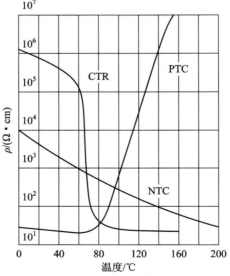

图 7.15 各种热敏电阻的温度电阻特性曲线

NTC(Negative Temperature Coefficient)热敏电阻具有负温度系数，即其电阻值随温度升高而降低。NTC 热敏电阻以锰、钴、镍和铜等金属氧化物为主要材料，通过陶瓷工艺制造而成，这种热敏电阻具有高灵敏度、宽工作温度范围、体积小和使用方便等特点，广泛应用于温度测量、温度补偿和抑制浪涌电流等场合。

PTC(Positive Temperature Coefficient)热敏电阻具有正温度系数，即其电阻值随温度升高而增加。其主要代表材料有钛酸钡系列，是有机化合物，经模压、高温烧结而制作成各种形状与规格的发热元件。当温度超过居里点时，PTC 热敏电阻的电阻会急剧增加，从而起到限制电流的作用，这一性能使 PTC 起到开关的作用。

CTR(Critical Temperature Resistor)热敏电阻，也称为临界温度热敏电阻，具有负电阻突变特性。在某一特定温度下，其电阻值随温度的增加而急剧减小，具有很大的负温度系数。CTR 热敏电阻的构成材料是钒、钡、锶、磷等元素氧化物的混合烧结体，呈现出半玻璃状的半导体特性。

NTC、PTC 和 CTR 热敏电阻在温度特性、材料构成和应用领域上有所不同，可以根据具体需求选择合适的类型。在实际应用中，热敏电阻常被用于温度控制、电路保护以及温度测量等方面，为各种电子设备和系统提供精准的温度检测和调控功能。

热敏电阻除按温度系数区分外，还有以下几种分类方法：按结构形式分为体型、薄膜型、厚膜型三种；按工作形式分为直热式、旁热式、延迟电路三种；按工作温区分为常温区（－60～＋200℃）、高温区（＞200℃）、低温区热敏电阻三种。热敏电阻可根据使用要求封装加工成各种形状的探头，如圆片形、柱形以及珠形等，如图 7.16 所示。

(a) 圆片形热敏电阻　　(b) 柱形热敏电阻　　(c) 珠形热敏电阻

图 7.16　各种热敏电阻的结构形状

2. 热敏电阻的特点

（1）热敏电阻上的电流随电压的变化不服从欧姆定律。

（2）电阻温度系数绝对值大、灵敏度高、测试线路简单，甚至不用放大器也可以输出几伏电压。

（3）体积小、重量轻、热惯性小。

（4）本身电阻值大，适用于远距离测量。

（5）制作简单、寿命长。

（6）热敏电阻是非线性电阻，但若用微机进行非线性补偿，则可得到满意效果。

7.4.3　热电阻测量电路

电阻温度计由热电阻与测量电路组成，是一种接触式测温计，与被测介质相接触最后达到热平衡时的温度值即为被测对象的温度。最常用的测温电路是电桥电路，如图 7.17 中

R_1、R_2、R_3 和 R_t（R_q、R_m）组成电桥的 4 个桥臂，其中的 R_t 是热电阻；R_q 和 R_m 是锰铜电阻，分别是调零和调满刻度的调整电位器。测量时，先将切换开关 S 扳到"1"位置，调节 R_0，使仪表指示在刻度的下限，然后将 S 扳到"3"位置，调节 R_0，使仪表指示到满刻度。做完这种调整后再将 S 扳到"2"位置，即可进行正常测量。

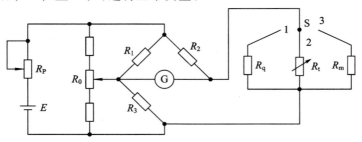

图 7.17　热电阻测量电路

在进行测量时，热电阻 R_t 总是被安装在测温点上，与被测对象相接触，然后用连接导线连接到电桥的接线端子上，直到表头指针平稳，其指示值即为所测温度值。若热电阻安装的地方与指示仪表相距甚远，则其连线的导线电阻 r 也要受到温度的影响而发生改变；这样测得的温度就存在误差。为了减小这个误差，可采用三线或四线连接法（如图 7.18 所示）；将两根引线分别接入两个相邻的桥臂中，从而温度影响被抵消。如图 7.18(a) 中所示，热电阻 R_t 用 3 根导线引至测温电桥，将导线 2 和 3 分别接至电桥的两个桥臂上，当导线的电阻变化时，可以互相抵消一部分，以减少对仪表示数的影响。图 7.18(b) 是采用四线制的接法，调零电阻 R_q 分为两部分，分别接在两个桥臂上，其接触电阻与检流计串联，接触电阻的不稳定还会影响电桥的平衡和正常工作状态，其测量电路常配有双电桥或电位差计。

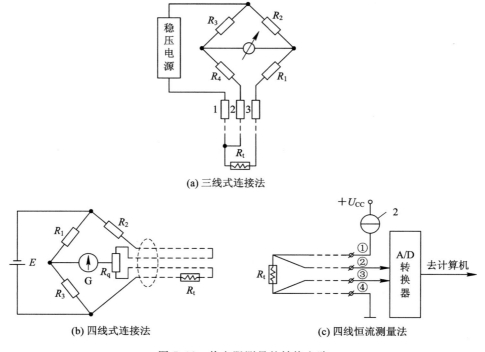

(a) 三线式连接法

(b) 四线式连接法　　　　　　(c) 四线恒流测量法

图 7.18　热电阻测量的转换电路

恒流源测量电路由于单臂电桥存在非线性误差，特别是当温度变化范围较大时，电阻相对变化率与输出电压的非线性误差将十分严重。例如，Pt100 从 0℃变为 400℃时，其电阻值将从 100 Ω 跃升到 247.09 Ω，使用电桥测量将造成很大的误差。因此可选择以下介绍的恒流源测量电路。热电阻 R_t 与精密恒流源 2 相串联，如图 7.18(c) 中所示。恒流流经 R_t 产生压降 U_0，可将 U_0 引至高输入阻抗的 A/D 转换器，由计算机根据热电阻的分度表计算出被测温度值。

7.4.4　热敏电阻测量电路与应用

温度实时在线监测系统主要包含 4 部分功能电路：电阻分压电路、滤波电路、压频变换电路、逻辑处理电路。

电阻分压电路通过采用电压源、固定电阻与 NTC 热敏电阻串联，将其转换为电平信号；滤波电路采用 RC 低通滤波器；压频变换电路主要采用 LM331 压频变换芯片来实现将电平信号转换为频率信号，传至逻辑处理电路；逻辑处理电路采用 ARM 处理器，对接收到的频率信号进行逻辑处理，转换为温度信号，上传至上位机，实现温度的实时显示。

图 7.19 是以 LM331 芯片为主的压频变换电路，输入电压 U_{in}，经过 RC 滤波后进入 LM331 芯片的输入引脚 7，从引脚 3 实现频率信号输出。参照 LM331 的数据手册，得出输出频率 f_{out} 与输入电压 U_{in} 之间的关系表达式：

$$f_{out} = \frac{U_{in}}{2.09} \cdot \frac{R_s}{R_L} \cdot \frac{1}{R_t \cdot C_t} \tag{7.4-4}$$

式中，U_{in}——压频变换的输入电压值，单位为 V；

R_s、R_L、R_t——LM331 外围电路的谐振电阻，单位为 Ω；

C_t——LM331 外围电路的谐振电容，单位为 pF。

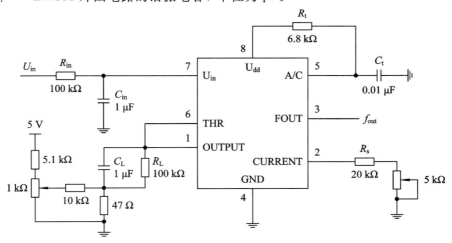

图 7.19　热敏电阻在线测量应用

第8章 光电式传感器

光电式传感器是先将被测量的变化转换为光量的变化，再将光量的变化转换为电量的变化的传感元件。它可用于直接检测光信号，也可用于检测能间接转换成光量变化的其他非电量，如几何尺寸、表面粗糙度、位移、振动、速度、加速度等。光电式传感器能实现参数的非接触测量，精度高、响应速度快、可靠性高，广泛应用于军事、通信和工业自动化控制等领域。

按照工作原理的不同，光电式传感器可分为光电效应传感器、光热效应传感器、固体图像传感器等。

8.1 光电效应传感器

光电效应传感器的物理基础是光电效应。光照射到物体上引起物体电学特性改变的现象（如发射电子、电导率发生变化、产生电动势等）称为光电效应。光电效应分为外光电效应和内光电效应两大类。根据这些效应制成的相应的光电效应传感器，简称光电器件或光敏器件。光电器件的性能主要由伏安特性、光照特性、光谱特性、频率特性、温度特性等来描述。

8.1.1 外光电效应型光电器件

1. 外光电效应

在光照下，物体内的电子逸出物体表面而向外发射的现象称为外光电效应。能产生光电效应的材料叫作光电发射材料，这类材料多为金属和金属氧化物；向外发射的电子叫作光电子。外光电效应型光电器件有光电管、光电倍增管等。

光量子学说认为，光是一种以光速 c 运动的光子流；光子是具有能量的粒子，每个光子的能量为

$$E = hf \tag{8.1-1}$$

式中，h——普朗克常数（$h = 6.626 \times 10^{-34}$ J·s）；

$\qquad f$——光的频率（Hz）。

爱因斯坦光电效应方程描述了外光电效应的工作原理和产生条件：当光照射在某些物体上时，物体中的电子吸收了入射光子的能量 hf 后，一部分能量用于克服物体的逸出功 A_0，另一部分转换为动能 $\frac{1}{2}mv_0^2$。根据能量守恒与转换定律有

$$hf = \frac{1}{2}mv_0^2 + A_0 \tag{8.1-2}$$

式中，v_0——电子逸出的初速度；

　　m——电子的质量。

　　式(8.1-2)即为爱因斯坦光电效应方程,该式的物理意义是:当物体内的电子所吸收的光子能量 hf 大于物体的功函数 A_0 时,电子就能以初速度 v_0 从物体表面逸出。外光电效应发生的条件为

$$f \geqslant \frac{A_0}{h} = f_0 \tag{8.1-3}$$

式中,f_0——物体产生外光电效应的光频阈值,称为红限频率。

　　若某式两端相等,则电子以零速度逸出,即静止在物体表面上。

　　不同的材料具有不同的红限频率,若入射光频率小于材料的红限频率,无论光强有多大,照射时间有多长,都不能引起外光电效应;当入射光频率大于材料的红限频率时,光照后,将立刻有光电子发射,其时间响应不超过 10^{-9} s,无须积累能量的时间,即使光强微弱,照射后也几乎立即会有光电子发射出来,且光强越强,入射的光子数越多,逸出的光电子数也越多,光电流就越大。

2. 光电管

1) 工作原理

　　光电管有真空光电管和充气光电管两类。两者结构相似,由一个阴极(K)和一个阳极(A)构成,并且密封在一个玻璃管内;两者的区别在于管内是否充入气体。光电管的阴极装在玻璃管内壁上,其上涂有光电发射材料;阳极置于玻璃管的中央,通常用金属丝弯曲成矩形或圆形。在阳极和阴极之间施加一定的电压,当大于材料红限频率的光通过光窗照在阴极上时,光电子就从阴极发射出去,从而被中央阳极收集,形成电流 I,如图 8.1 所示。

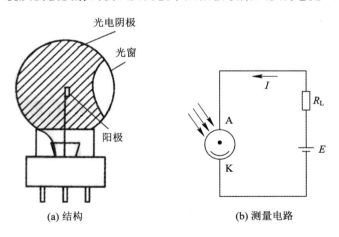

(a) 结构　　　　　　　　(b) 测量电路

图 8.1　光电管的结构和测量电路

　　充气光电管内充有少量的惰性气体(如氩或氖),当充气光电管的阴极被光照后,发射的光电子在飞向阳极途中,与惰性气体的原子发生碰撞,使气体电离,电离过程中产生的自由电子与光电子一起被阳极收集,因此增大了光电流,提高了光电管的灵敏度。但充气光电管的光电流与入射光强度不成比例关系,所以有稳定性较差、惰性大、温度影响大、容易衰老等一系列缺点。自动检测仪表中要求温度影响小和灵敏度稳定,且目前放大技术和真空光电管的灵敏度也在不断提高,因此一般都采用真空光电管。

2）伏安特性

在入射光频率和光通量一定时，光电管阴极和阳极间所加电压与产生的光电流之间的关系，称为光电管的伏安特性。真空光电管的伏安特性曲线如图 8.2 所示，当入射光通量一定时，光电流先随着外加电压的升高而增大，当电压增加到一定值后，电流基本维持恒定，即达到饱和电流值，表明阴极发射的光电子全部被阳极所收集；当外加电压一定时，饱和电流随着入射光通量的增大而增大，在无光照情况下，也仍有光电流输出。

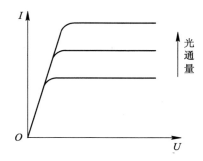

图 8.2　真空光电管的伏安特性曲线

3）光照特性

当光电管阴极和阳极间所加电压一定时，光通量与光电流之间的关系，称为光电管的光照特性。如图 8.3 所示，曲线 1 表示氧铯阴极光电管的光照特性，呈线性关系；曲线 2 表示锑铯阴极光电管的光照特性，呈非线性关系。光照特性曲线的斜率（光电流与入射光光通量之比）称为光电管的灵敏度。

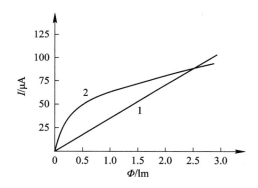

图 8.3　光电管的光照特性曲线

4）光谱特性

不同光电阴极材料的光电管，具有不同的红限频率，可用于不同的光谱范围；同一光电管对于不同波长的光的灵敏度也不同，这称为光电管的光谱特性。因此，对各种不同波长范围的光信号，应选用不同材料光电阴极的光电管。

3. 光电倍增管

1）工作原理

当入射光很微弱时，普通光电管产生的光电流很小，只有零点几个微安，很不容易探测到，这时可使用光电倍增管（Photo-Multiple Tube，PMT）对电流进行放大。

图 8.4 是光电倍增管的结构和原理图。光电倍增管由光电阴极、次阴极（倍增极）及阳极三部分组成。倍增极多的可达 30 极，通常为 12～14 极。阳极是最后用来收集电子的，它输出的是电压脉冲。在使用光电倍增管时在各个次阴极上均要加上电压。阴极电位最低，从阴极开始，各个倍增极的电位依次升高，阳极电位最高。倍增极用次级发射材料制成，这种材料在具有一定能量的电子轰击下，能够产生更多的"次级电子"。由于相邻两个倍增极之间有电位差，因此，存在加速电场，对电子加速。从阴极发射的光电子，在电场的加速下，打到第一倍增极上，引起二次电子发射；每个电子能从这个倍增极上打出 3～6 倍个次级电子，被打出的次级电子再经过电场的加速后，打在第二倍增极上，电子数又增加 3～6 倍；如此不断倍增，阳极最后收集到的电子数将达到阴极发射电子数的 10^5～10^8 倍，即光电倍增管的放大倍数可达几十万到几千万倍。因此光电倍增管的灵敏度就比普通光电管高几十万到几千万倍，即使在很微弱的光照下，也能产生很大的光电流。

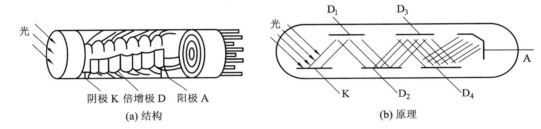

图 8.4　光电倍增管

2）主要参数

（1）倍增系数 M。倍增系数 M 等于各倍增极的二次电子发射系数 δ 的乘积。如果各倍增极的 δ 都一样，则阳极电流为

$$I=iM=i\delta^n \tag{8.1-4}$$

式中，i——初始光电流；

　　　　n——倍增极数（一般为 9～11 个）。

光电倍增管的电流放大倍数为

$$\beta=\frac{I}{i}=\delta^n=M \tag{8.1-5}$$

M 与所加电压有关，一般为 10^5～10^8。一般阳极和阴极间的电压为 1000～2500 V，两个相邻倍增极的电位差为 50～100 V。

（2）光电阴极灵敏度和光电倍增管总灵敏度。一个入射光子打在阴极上，阴极能够发射的平均电子数叫作光电阴极的灵敏度，最后在阳极上所能收集到的平均电子数叫作光电倍增管的总灵敏度。光电倍增管的最大灵敏度可达 10 A/lm（安培/流明），极间电压越高，灵敏度越高；但极间电压也不能太高，因为太高反而会使阳极电流不稳。此外，由于光电倍增管的灵敏度很高，所以不能受强光照射，否则易于损坏。

（3）暗电流。一般在使用时，光电倍增管必须放在暗室里避光使用，使其只对入射光起作用。但是，由于环境温度、热辐射和其他因素的影响，即使没有光信号输入，加上电压后阳极仍有少量电流输出，这种电流称为暗电流。正常情况下暗电流很小，一般为 10^{-16}～

10^{-10} A，主要是热电子发射引起的，它随温度增加而增加。暗电流通常可以用补偿电路加以消除。

（4）光电倍增管的光谱特性。光电倍增管的光谱特性与相同材料的光电管的光谱特性相似，主要取决于所用的光电阴极材料。

8.1.2　内光电效应型光电器件

1. 内光电效应

内光电效应是指光照射到物体上，使物体的电阻率发生变化或产生光生电动势的现象。内光电效应多发生于半导体材料上。根据工作原理，内光电效应可分为光电导效应和光生伏特效应两类。光电导效应是指物体受到光照时引起电阻率发生变化的现象，基于光电导效应的光电器件有光敏电阻；光生伏特效应是指光照引起 PN 结两端产生电动势的现象，基于光生伏特效应的光电器件有光电池、光电二极管、光电三极管和光电位置敏感器件（PSD）。

2. 光敏电阻

1）工作原理

光敏电阻又称光导管，是基于光电导效应的光电器件。当光照射到半导体材料上时，如图 8.5 所示，如果光子的能量大于禁带宽度 E_g（eV），则

$$hf = \frac{hc}{\lambda} = \frac{1.24}{\lambda} > E_g \tag{8.1-6}$$

式中，ν——入射光频率；

$\quad\quad\lambda$——入射光波长（μm）；

$\quad\quad c$——真空中的光速（$c = 3 \times 10^{-14}$ μm/s）。

电子将由价带越过禁带跃迁到导带，同时在价带中留下空穴，导带中的电子和价带中的空穴浓度增加，从而使电导率增大。因此光照可使半导体电阻发生变化，即可称为光敏电阻。制作光敏电阻的材料常用硫化镉（CdS）、硫化铅（PbS）、硒化镉（CdSe）、硒化铅（PbSe）、锑化铟（InSb）、碲镉汞（HgCdTe）等。

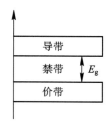

图 8.5　半导体的能带

光敏电阻的结构、外形、符号和测量电路如图 8.6 所示。先在绝缘基底上沉积一层半导体薄膜，然后在薄膜上蒸镀金或铟等金属，形成梳状电极，以获得较大的感光面和较小的电极间距。如果把光敏电阻连接到外电路中，在外加电压的作用下，用光照射就能改变电路中电流的大小，如图 8.6(d)所示。光敏电阻受到光照时，光电导效应使其电导率增大，电阻值下降，回路中的电流增大；光越强，电流就越大；当光照停止时，电阻恢复原值。

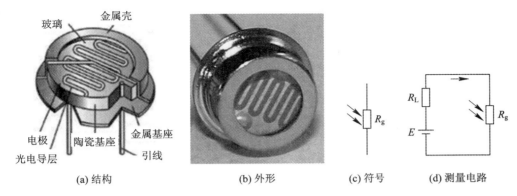

图 8.6 　光敏电阻的结构、外形、符号及测量电路

光敏电阻具有灵敏度高、光谱响应范围宽、体积小、寿命长、价格便宜等优点，因此应用较为广泛。光敏电阻的选用取决于它的基本特性，如光照特性、光谱特性、伏安特性、频率特性、温度特性等。

2）光敏电阻的特性

（1）暗电阻、亮电阻与光电流。光敏电阻在未受到光照时的阻值称为暗电阻，此时流过的电流称为暗电流；受到光照时的电阻称为亮电阻，此时的电流称为亮电流；亮电流与暗电流之差，称为光电流。

光敏电阻的暗电阻越大，亮电阻越小，其灵敏度就越高。光敏电阻的暗电阻的阻值一般在兆欧数量级，亮电阻的在几千欧以下。暗电阻与亮电阻之比一般为 $10^2 \sim 10^6$，可见光敏电阻的灵敏度较高。

（2）伏安特性。一定光照度下，光敏电阻两端所加的电压与光电流之间的关系称为伏安特性。硫化镉光敏电阻的伏安特性曲线如图 8.7 所示。由曲线可见，在给定光照度下，所加的电压越高，光电流越大；在给定电压下，光照度越大，光电流越大；光敏电阻在使用时有额定的最大功耗限制，工作时如果超过这一值，器件将很快损坏。

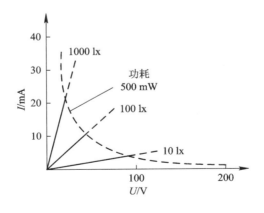

图 8.7 　光敏电阻的伏安特性曲线

（3）光照特性。光敏电阻的光照特性用于描述光电流和光照度之间的关系，绝大多数光敏电阻的光照特性曲线是非线性的，因此光敏电阻一般用作开关式的光电转换器，而不宜用作线性测量元件。硫化镉光敏电阻的光照特性曲线如图 8.8 所示。

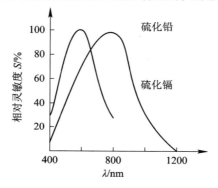

图 8.8　光敏电阻的光照特性曲线

（4）光谱特性。光敏电阻的相对灵敏度与入射波长之间的关系称为光谱特性。硫化镉和硒化镉光敏电阻的光谱特性曲线如图 8.9 所示。由图可见，不同材料光敏电阻的光谱响应范围和峰值响应波长不同，因此在选用光敏电阻时应当把器件和光源的种类结合起来考虑。

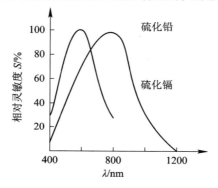

图 8.9　光敏电阻的光谱特性曲线

（5）响应时间与频率特性。光敏电阻受光照或遮光后，回路电流并不立即增大或减小，即光敏电阻产生的光电流有一定的惰性，这个惰性通常用时间常数来描述。时间常数指光敏电阻自停止光照起到电流下降为原来的 63% 所需要的时间。因此，时间常数越小，响应越迅速。不同材料的光敏电阻时间常数不同，因此它们的频率特性也不相同，但大多数光敏电阻的时间常数都较大，因此不能用于要求快速响应的场合，这是它的缺点之一。图 8.10 为硫化镉和硫化铅光敏电阻的频率特性曲线，硫化铅的使用频率范围要比硫化镉大得多。

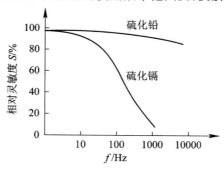

图 8.10　光敏电阻的频率特性曲线

（6）温度特性。光敏电阻的温度特性与材料密切相关，不同材料的光敏电阻温度特性不同，光敏电阻的灵敏度、暗电阻、光谱响应都要受温度影响。图 8.11 为不同温度下硫化铅光敏电阻的温度特性曲线。

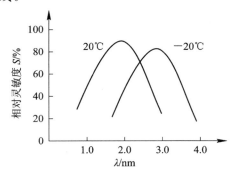

图 8.11 光敏电阻的温度特性曲线

3. 光电池

1）工作原理

光电池是利用光生伏特效应将光能转换成电能的光电器件。它实质上就是一个电压源。光电池可以把太阳能直接转变为电能，因此也称为太阳能电池。

光电池的种类很多，有硅光电池、硒光电池、砷化镓光电池等，其中硅光电池因其具有光电转换效率高、光谱响应范围宽、频率特性好、寿命长等优点，最受人们青睐。图 8.12 是硅光电池的结构和工作原理，在 N 型硅片上，用扩散的方法掺入 P 型杂质形成 PN 结。当光照射 PN 结时，如果光子能量大于禁带宽度 E_g，则在结区附近激发出电子-空穴对，并在结内电场的作用下，空穴移向 P 区，电子移向 N 区，使 P 区带正电、N 区带负电，因而 P 区和 N 区之间出现电位差。若将 PN 结两端用导线连起来，如图 8.12(b)所示，回路中就有电流流过；若将外电路断开，就能测出光生电动势。光电池的符号和基本电路如图 8.13 所示。

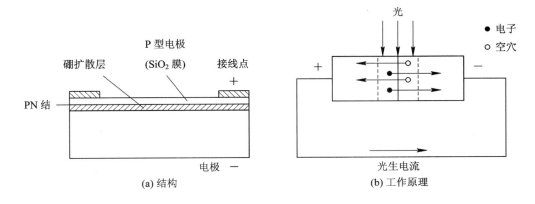

图 8.12 硅光电池的结构和工作原理

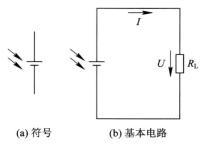

(a) 符号　　　　(b) 基本电路

图 8.13　光电池的符号和基本电路

2）光电池特性

（1）光照特性。光电池在不同光照下，光生电流和光生电压是不同的，它们之间的关系称为光电池的光照特性。如图 8.14 所示为硅光电池的光照特性曲线，短路电流（外接负载电阻相对于光电池内阻很小时的光电流）在很大范围内与光照度呈线性关系，而开路电压（负载电阻无穷大时）与光照度的关系是非线性的，当照度为 2000 lx 时趋于饱和，这表明当光电池作为测量元件时，应把它作为电流源来使用，使其接近短路工作状态，但不能作为电压源来使用。

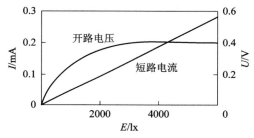

图 8.14　硅光电池的光照特性曲线

（2）光谱特性。光电池对不同波长的光的灵敏度是不相同的。硅光电池和硒光电池的光谱特性曲线如图 8.15 所示。硅光电池的光谱响应范围更宽，为 $0.4 \sim 1.2\ \mu m$，峰值响应波长在 $0.8\ \mu m$ 附近；而硒光电池的光谱响应范围为 $0.38 \sim 0.75\ \mu m$，峰值响应波长在 $0.5\ \mu m$ 附近，表明其在可见光范围内有较高的灵敏度，适宜测量可见光。

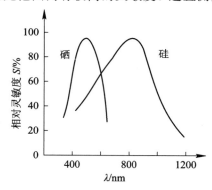

图 8.15　硅光电池和硒光电池的光谱特性曲线

（3）频率特性。光电池的 PN 结面积大，极间电容大，因此其频率特性较差。硅光电池和硒光电池的频率特性曲线如图 8.16 所示，比较而言，硅光电池有较好的频率特性和较高的频率响应，因此一般在高速计算器中采用。

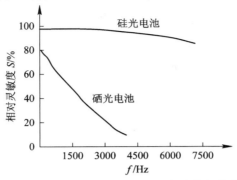

图 8.16　硅光电池和硒光电池的频率特性曲线

（4）温度特性。光电池的温度特性是指开路电压和短路电流与温度之间的关系。温度特性会影响测量仪器的测量或控制精度。硅光电池的温度特性曲线如图 8.17 所示，开路电压随温度上升下降较快，而短路电流随温度上升缓慢增加。在使用光电池作为测量器件时，必须考虑温度恒定或温度补偿措施。

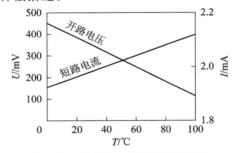

图 8.17　硅光电池的温度特性曲线

4．光电二极管

1）光电二极管的工作原理和基本特性

光电二极管也称为光敏二极管，是利用 PN 结的光生伏特效应而制作的半导体器件，其结构、符号和基本电路如图 8.18 所示。与一般半导体二极管类似，光电二极管装在透明玻璃外壳中，PN 结位于管的顶部，便于接受光照，在电路中处于反偏状态。无光照时，光电二极管工作在截止状态，电路中只有很小的反向饱和漏电流（暗电流）；有光照射时，如果光子能量大于禁带宽度 E_g，则在结区附近激发出电子-空穴对，并在结电场的作用下，空穴移向 P 区，电子移向 N 区，这个过程对外电路来说就是电流形成的过程，因此反向电流增加，相当于光电二极管导通。如果入射光的照度发生变化，则光生电子和空穴的浓度也会发生变化，反向电流也会随之变化，这样就实现了光电转换。

(a) 结构　　　　　(b) 符号　　　　　(c) 基本电路

图 8.18　光电二极管的结构、符号和基本电路

图 8.19 为几种不同材料的光电二极管的光谱响应特性曲线，由图可见，硅光电二极管的光谱响应范围为 $400\sim1100$ nm，峰值响应波长约为 900 nm。

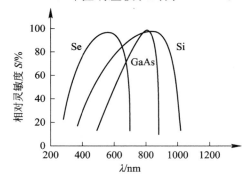

图 8.19　几种不同材料的光电二极管的光谱响应特性曲线

图 8.20 和图 8.21 分别为硅光电二极管的光照特性曲线和伏安特性曲线。由图 8.20 可见，光电二极管的光照特性的线性较好，因此特别适用于检测方面；图 8.21 表明，光照时，反向电流随光照度增大而增大；光电二极管的频率特性较好，响应时间可以达到 $10^{-7}\sim10^{-8}$ s，因此可用于测量快速变化的光信号。

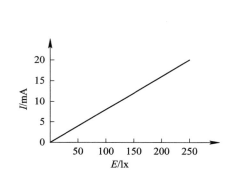

图 8.20　硅光电二极管的光照特性曲线

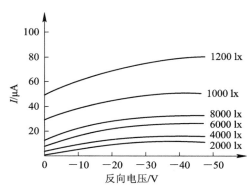

图 8.21　硅光电二极管的伏安特性曲线

2）PIN 光电二极管

一般 PN 结光电二极管的耗尽层只有几微米，因此入射光大部分被中性区吸收，从而影响器件的光电转换效率和响应速度。为了改善器件的性能，在 PN 结中间加入一层很厚的本征半导体（I 层），构成 PIN 光电二极管，如图 8.22 所示。光照在 P 层上时，由于 P 层很薄，大部分光进入 I 层产生大量载流子，提高了光电转换效率。I 层的电阻率很高，因此反偏电压主要集中于 I 层，I 层的引入明显地增大了 P 区耗尽层的厚度，这有利于缩短载流子的扩散过程，也使得结电容 C 明显变小，从而提高了器件的响应速度。耗尽层的加宽还有利于对长波区光的吸收，有利于光电转换效率的提高。

PIN 光电二极管仍然具有普通光电二极管的线性特性，但其频带更宽，可达 10 GHz；此外，由于其 I 层很厚，可承受更高的反偏电压，所以其线性输出范围也更宽。而增加反偏电压会使耗尽层厚度增大，从而使结电容更小，频带宽度变宽。但是由于 I 层电阻率很大，所以其输出电流较小，一般仅为零点几微安至几微安。PIN 光电二极管被广泛应用于光通信和光信号检测技术。

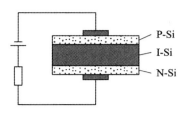

图 8.22　PIN 光电二极管的结构

3）雪崩光电二极管

PIN 光电二极管提高了响应频率，但其输出电流很小，为提高器件的灵敏度，就产生了雪崩光电二极管（APD）。APD 是基于高反偏电压下载流子的雪崩效应来工作的一种光电二极管，普通光电二极管的反偏电压在几十伏以下，APD 的反偏电压一般为数百伏。APD 的典型结构如图 8.23 所示，采用 $P^+ P\pi N^+$ 结构，P^+ 与 N^+ 分别为重掺杂的 P 型材料和 N 型材料，π 为近似本征型的材料。

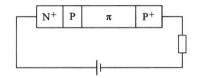

图 8.23　雪崩光电二极管的典型结构

当施加较低的反偏电压时，其表现与 PIN 光电二极管相似，光电流较小，当反偏电压逐渐增大时，耗尽层宽度也逐渐增加；当外加高反向电压（如 $100\sim200$ V）时，耗尽层会穿过 P 区进入 π 区，甚至拉通到整个 π 区；耗尽层内的电场强度通常大于 105 V/cm 数量级。进入耗尽层的光生载流子在高电场作用下加速运动，获得很高的动能；在运动过程中会与晶格上的原子发生碰撞而使原子电离，产生新的电子-空穴对，新的载流子在高电场作用下高速运动，又可以通过"碰撞电离"再次激发新的电子-空穴对；这样，"碰撞电离"过程反复进行，光电流急剧增大。这种现象就称为雪崩效应。

雪崩光电二极管的电流增益可以用倍增系数 M 表示：

$$M = \frac{i}{i_0} \qquad\qquad (8.1-7)$$

式中，i_0——倍增前的电流；

$\quad i$——输出电流。

雪崩光电二极管的倍增效应使器件灵敏度大大提高，在相同光的照射条件下产生的光电流是 PIN 光电二极管的几十倍甚至几百倍。倍增系数 M 与所加的反偏电压有关，随着反偏电压的增加，光电流一开始基本保持不变；当反偏电压增加到一定数值时，光电流急剧增加，直至反偏电压增大到击穿电压，器件被击穿。

雪崩光电二极管的灵敏度高，响应速度快，带宽可达 100 GHz，被广泛应用于激光测距和光通信中。其主要缺点是雪崩效应的随机性导致噪声较大，工作电压接近反偏击穿电压时，可能无法工作。

5. 光电三极管

1）工作原理

提高光电二极管灵敏度的另一条途径是利用普通三极管的电流放大作用，这就是光电三极管。光电三极管的结构与普通三极管相似，也分为 NPN 型和 PNP 型两种，它的引出电极一般只有 e 和 c，没有基极。

图 8.24 为 NPN 型光电三极管的基本工作电路，基极与集电极之间的 PN 结处于反偏状态，而发射结处于正向偏置。当光照到基极时产生的电子-空穴对使集电结的反偏电流大大增加，形成集电结的光电流（相当于基极电流），该电流注入发射结后得到放大（类似于普通三极管基极电流的放大过程），成为光电三极管的光电流。

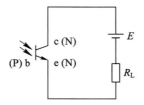

图 8.24　NPN 型光电三极管的基本工作电路

2）基本特性

光电二极管与光电三极管的光谱特性相同。图 8.25 为不同照度下光电三极管的伏安特性曲线。由图可见，光电三极管的光电流可达几毫安，而光电二极管的光电流一般只有几微安到几百微安。图 8.26 为外加电压一定时光电三极管的光照特性曲线。由图可见，当光照度较小时，光电流和光照度之间近似呈线性关系，适用于检测元件。当光照度较大时，光电流会出现饱和，可用作开关元件。

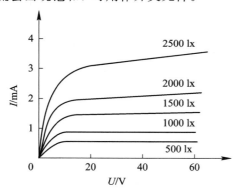

图 8.25　不同照度下光电三极管的
伏安特性曲线

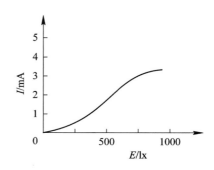

图 8.26　外加电压一定时光电三极管的
光照特性曲线

光电三极管的频率特性曲线如图 8.27 所示，表示光电流与光强变化频率的关系。光电三极管频率特性与光电二极管一样，受负载电阻的影响，负载电阻越大，高频响应越差。光电三极管由于其基区面积较大，频率特性没有光电二极管的好，响应时间为 5～10 μs，而光电二极管的响应时间在 100 ns 以下。因此高频应用时，应选用光电二极管；低频应用时，可选用光电三极管。

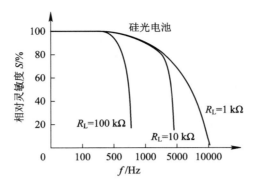

图 8.27　光电三极管的频率特性曲线

8.1.3　光电传感器的应用

1. 闪烁计数器

闪烁计数器是一种射线探测器，如图 8.28 所示，由闪烁体、光导、光电倍增管和放大电路等组成，辐射源辐射的高能粒子与闪烁体相互作用发射出光子，光导尽可能多地将光子收集到光电倍增管的光阴极上，激发出光电子，经倍增放大后输出电脉冲，根据输出脉冲的数目和幅度就能测出射线的强度和能量。闪烁计数器广泛用于高能物理、核医学、地质勘探等领域。

图 8.28　闪烁计数器的工作原理

2. 自动调光电路

如图 8.29 所示为自动调光电路，它能根据环境光线的强弱自动调节灯光亮度，当环境光线变弱时，光敏电阻 R_3 的阻值增大，电容 C_1 的充电电压升高，使晶闸管的导通角增大，灯光变亮；当外界光线变强时，光敏电阻 R_3 的阻值减小，电容 C_1 的充电电压降低，晶闸管的导通角减小，灯光变暗。

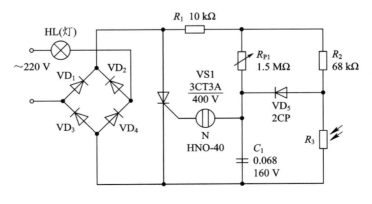

图 8.29　自动调光电路

3. 路灯光电自动开关

如图 8.30 所示为路灯自动控制器电路，交流接触器 CJD-10 的三个常开触头并联，接触器触头的通断由控制回路控制。天黑时，硅光电池 2CR 与电阻 R_1、R_2 组成分压器，使 VT_1 基极电位为负，VT_1 导通，经 VT_2、VT_3、VT_4 构成多级直流放大器，VT_4 导通，继电器 K 动作，常开触头闭合，路灯亮；天亮时，光电池受光照后，产生 $0.2 \sim 0.5$ V 电动势，使 VT_1 截止，多级放大器不工作，VT_4 截止，继电器 K 释放，常开触头断开，路灯灭。

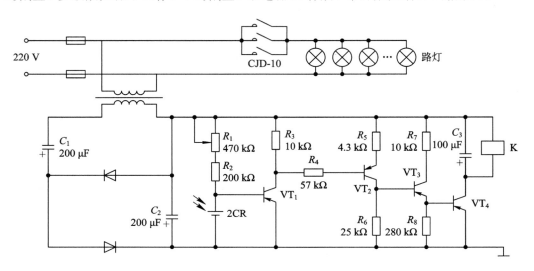

图 8.30 路灯自动控制器电路

4. 光电耦合器

将光电器件与发光元件组合并封装在同一壳体内，可构成光电耦合器 OC（Optical Coupler）。光电器件通常为光电二极管或光电三极管，发光元件通常为发光二极管，二者的波长应匹配。工作时，电信号加在输入端，发光元件发光，光电器件接收此光辐射，输出光电流。这样，通过电—光—电两次转换实现输入/输出耦合。光电耦合器的输入/输出完全电隔离，具有单向传输性，也称为光电隔离器；其体积小、寿命长、抗干扰能力强，被广泛用于隔离电路、开关电路等。

光电耦合器常用的组合形式如图 8.31 所示。图 8.31(a) 所示的形式结构简单、成本低，通常用于 50 kHz 以下工作频率的装置；图 8.31(b) 所示的形式中采用高速开关管，适用于较高频率的装置；图 8.31(c) 所示的形式采用达林顿管，适用于直接驱动和较低频率的装置；图 8.31(d) 所示的形式为采用功能器件构成的高速、高传输效率的光电耦合器。

电流传输比 CTR（Current Transfer Rate）是光电耦合器的重要参数，通常可用直流电流传输比来表示，定义为直流输出电流 I_C 与直流输入电流 I_F 的比值：

$$CTR = \frac{I_C}{I_F}$$

$$(8.1-8)$$

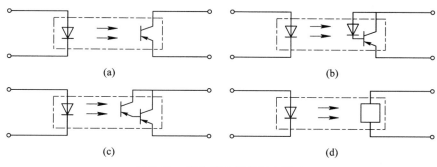

图 8.31　光电耦合器的组合形式

8.2　光热效应传感器

光热效应传感器的物理基础是光热效应。与光电效应不同，光热效应是指物体吸收光辐射能量后并不直接引起内部电子状态的改变，而是先转变为晶格的热运动能量，使物体温度上升，继而使物体的电学性质发生变化。基于光热效应，可制成相应的光热效应传感器。与光电效应传感器相比，光热效应传感器的响应速度一般比较慢，但光谱响应范围宽，可扩展至整个红外区域，广泛用于红外辐射测量。光热效应传感器有热敏电阻、热电偶和热释电探测器等，其中，热敏电阻和热电偶已在第 7 章介绍过，下面仅介绍热释电探测器。

8.2.1　热释电探测器

热释电探测器是利用热释电效应工作的光热探测器。热释电效应通过热释电材料（热电晶体）实现，如硫酸三甘肽（TGS）、铌酸锶钡（SBN）等。热电晶体是一种电介质，是一种结晶对称性很差的压电晶体，即使在外电场和应力均为零的情况下，本身也会产生自发极化现象，其自发极化强度 P_s 是温度的函数，如图 8.32 所示。温度升高时，P_s 减小；当温度高于居里温度 T_c 时，极化消失。

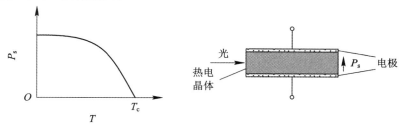

图 8.32　热释电效应

热电晶体产生自发极化后，其表面会出现面束缚电荷，面电荷密度在数值上与 P_s 相等。常态下，面束缚电荷被体内和体外表面附近的自由电荷中和，晶体呈中性；当光照引起材料温度升高时，自发极化强度会减小，面束缚电荷和自由电荷均减少。如果交变的光辐射照射到材料上，则晶体的温度、P_s 和面束缚电荷密度均以相同频率发生相应变化；如果面束缚电荷变化较快，自由电荷变化慢，则在来不及中和之前，热电晶体表面就呈现出相应于温度变化的面电荷变化，这就是热释电效应。如果将热电晶体放入电容器极板间，并

将一个电流表与电容两端连接，就会有电流流过电流表，称为短路热释电流；如果极板面积为 A，则电流为

$$i = A \frac{\mathrm{d}P_\mathrm{s}}{\mathrm{d}T} \cdot \frac{\mathrm{d}T}{\mathrm{d}t} = A\beta \frac{\mathrm{d}T}{\mathrm{d}t} \qquad (8.2-1)$$

式中，β——热释电系数 $\left(\beta = \dfrac{\mathrm{d}P_\mathrm{s}}{\mathrm{d}T}\right)$。

热释电信号正比于器件温升随时间的变化率，与入射辐射达到热平衡的时间无关；如果光辐射恒定，T 不变，则电流为零。因此热释电探测器是一种交流或瞬时响应器件，响应速度比其他光热效应探测器快得多。

8.2.2　热释电探测器的应用

热释电探测器具有可在室温下工作、光谱响应宽、探测率高、响应速度快等优点，可应用于光谱仪、红外测温仪、红外热像仪、红外遥感等方面。

图 8.33 为热释电红外报警器的工作原理框图，由菲涅尔透镜、热释电传感器（1 端接电源，2 端为信号输出）、放大器、比较器、驱动电路、继电器和报警电路组成。热释电探测器的前面通常要安装菲涅尔透镜。菲涅尔透镜除了具有聚焦的作用外，还能将探测区域分为若干个明区（可见区）和暗区（盲区），使进入探测范围的移动人体能以温度变化的形式在热释电探测器上产生变化的热释电信号。当把菲涅尔透镜安装在热释电传感器正前方的适当位置时，运动的人体一旦出现在透镜的前方，传感器表面的温度就不断发生变化，从而输出电信号。

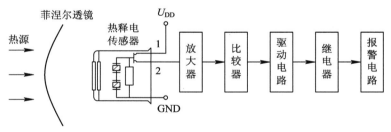

图 8.33　热释电红外报警器工作原理框图

人体的温度一般在 $37\,℃$ 左右，会发出 $10\ \mu\mathrm{m}$ 左右波长的红外线。在热释电探测器的监测范围内，当有人体移动时，人体辐射出的红外线通过菲涅尔透镜后就在传感器上形成不断交替变化的可见区和盲区，热释电传感器一旦感应到人体温度与背景温度的差异信号，就产生输出，从而继电器动作，发出报警。

8.3　固体图像传感器

固体图像传感器是由光敏单元阵列和电荷转移器件构成的集成半导体光电器件，主要有三种类型：电荷耦合器件 CCD（Charge Coupled Device）、MOS 型图像传感器和电荷注入器件 CID（Charge Injection Device）。其中，最常用的是电荷耦合器件 CCD。

8.3.1　CCD 的工作原理

CCD 噪声小、功耗低，自 1970 年问世以来，被广泛应用于广播电视、可视电话、摄像机等，并在自动检测和控制领域显示出广阔的应用前景。不同于其他大多数光电式传感器是以电流或者电压为信号，CCD 以电荷作为信号，其基本功能是信号电荷的产生、存储、传输和输出。CCD 是按照一定规律排列的 MOS(Metal Oxide Semiconductor，金属-氧化物-半导体)电容器阵列组成的移位寄存器，有人将其称为"排列起来的 MOS 电容阵列"，因此 CCD 的单元结构是 MOS 电容器，一个 MOS 电容器就是一个光敏单元，可以感应一个像素点，如一个图像有 1024×768 个像素点，就需要同样多个光敏单元，因此传递一幅图像需要一个由许多 MOS 光敏单元大规模集成的器件。

1. MOS 光敏单元

如图 8.34(a)所示为 P 型 MOS 光敏单元的结构示意图，先在 P 型 Si 衬底上生长一层 SiO_2，再在其上沉积一层金属作为栅极而构成。将 MOS 阵列加上输入、输出端，就构成了 CCD。

若在栅极加正偏压(N 型 Si 则加负偏压)，空穴受排斥离开表面而留下受主杂质离子，使 P 型硅衬底表面形成带负电荷的耗尽层，且耗尽层深度随偏压升高而增大。由于电子大量集聚在电极下的半导体处，并具有较低的势能，可以形象地说，半导体表面形成对电子的"势阱"，具有存储电荷的功能，如图 8.34(b)所示。每一个加正偏压的电极下就是一个势阱，也可称为电荷包。势阱的深度取决于电压值的大小，势阱的宽度取决于电极的宽度。

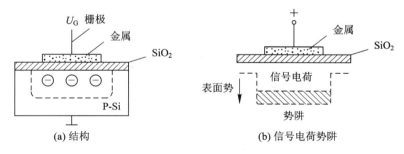

图 8.34　P 型 MOS 光敏单元

2. 电荷存储

当有光照射到 MOS 光敏单元上时(以 P 型硅为例)，衬底中处于价带的电子将吸收光子的能量产生电子跃迁，形成光生电子-空穴对；光生电子在外加电场的作用下，将存储在电极形成的势阱中，而同时产生的空穴则被电场排斥出耗尽区。势阱收集的电子数与光强成正比，即可反映图像的明暗程度。不同的光敏单元在空间上、电气上彼此独立，就能将一幅明暗起伏的图像转换成与光照强度相对应的光生电荷阵列。

没有光照射时，势阱会聚集热效应电子，形成暗电流，但热电子聚集是非常缓慢的。

3. 电荷转移

由于所有 MOS 光敏单元共用一个电荷输出端，因此需要进行电荷转移。光敏单元使用同一半导体衬底，氧化层均匀、连续，各单元间排列足够紧密，相邻金属电极间隔极小，使相邻 MOS 电容的势阱相互沟通，以方便电荷转移。控制相邻 MOS 电容栅极电压高低来调节势阱深浅，可使信号电荷由势阱浅处流向势阱深处，从而实现信号电荷的转移。

如图 8.35 所示，若两相邻光敏单元所加栅压分别为 U_{G1} 和 U_{G2}，且 $U_{G1} < U_{G2}$，因 U_{G2} 高，表面形成的负离子多，则表面势 $\phi_2 > \phi_1$，电子的静电位能 $-e\phi_2 < -e\phi_1 < 0$，则 U_{G2} 吸引电子能力强，形成的势阱深，因此 1 中电子有向 2 中转移的趋势。如果将多个这样的光敏单元串联起来，并使栅压 $U_{G1} < U_{G2} < \cdots < U_{Gn}$，就能形成一条电子的输运路径，实现电子的转移。

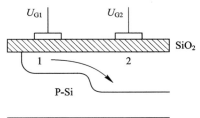

图 8.35 电荷转移示意图

为实现信号电荷的定向转移，可在 MOS 电容阵列上施加满足一定相位要求的驱动时钟脉冲电压，电极的结构按所加电压的相数分为二相、三相和四相。二相脉冲的两路脉冲的相位相差 $180°$，三相脉冲和四相脉冲的相位差分别为 $120°$ 和 $90°$。下面以图 8.36 所示的三相 CCD 为例说明电荷定向转移的过程，ϕ_1、ϕ_2、ϕ_3 为三个驱动脉冲（时钟脉冲），顺序为 $\phi_1 \rightarrow \phi_2 \rightarrow \phi_3 \rightarrow \phi_1$，且三个脉冲形状完全相同，彼此之间有相位差（差 1/3 周期），ϕ_1 驱动 1、4 电极，ϕ_2 驱动 2、5 电极，ϕ_3 驱动 3、6 电极。

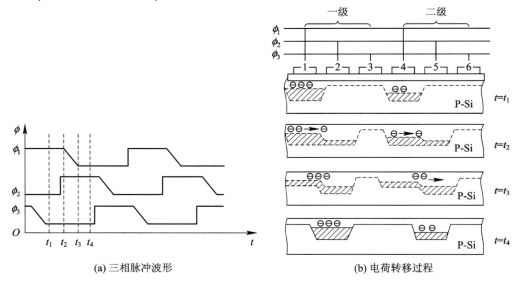

(a) 三相脉冲波形   (b) 电荷转移过程

图 8.36 三相脉冲及电荷转移原理

当 $t = t_1$ 时，ϕ_1 处于高电平，ϕ_2、ϕ_3 处于低电平，电极 1、4 下出现势阱，如果有光照形成外来信号电荷注入，则电荷存入；当 $t = t_2$ 时，ϕ_1、ϕ_2 同时为高电平，ϕ_3 为低电平，则电极 2、5 下也形成势阱，由于相邻电极靠得很近，电极 1、2、4、5 下的势阱连通，1、4 下势阱中的电荷向势阱 2、5 中转移；当 $t = t_3$ 时，ϕ_1 上的栅压减小，电极 1、4 下的势阱变"浅"，电荷更多地向电极 2、5 下转移；当 $t = t_4$ 时，ϕ_1、ϕ_3 均为低电平，只有 ϕ_2 处于高电平，电荷全部转移到 2、5 下的势阱中。如此在 CCD 时钟脉冲控制下，信号电荷就从一个势阱定向转移到下一个势阱，直至输出。

4. 电荷注入

CCD 信号电荷的产生有光注入和电注入两种方式。CCD 用作图像传感器时，接收光信号，即为光注入。光注入方式又可分为正面光注入和背面光注入。背面光注入如图 8.37(a) 所示，如果使用透明电极，也可采用正面光注入。当光照射 CCD 衬底硅片时，如果光子的能量大于半导体的禁带宽度，则光子被吸收后产生电子–空穴对；当 CCD 的电极加有栅压时，光生电子被收集到电极下的势阱中，空穴则迁往衬底。势阱中收集的电荷多少与光照强度成正比。

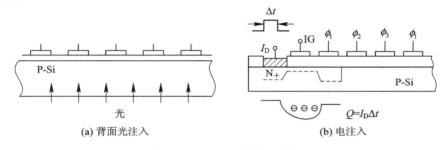

(a) 背面光注入　　　　　　　　(b) 电注入

图 8.37　CCD 电荷注入方式

当 CCD 用于信号处理或存储器件时，为电注入，即 CCD 通过输入结构对信号电压或电流采样，并转换为信号电荷，注入势阱；常用的输入结构采用一个二极管、一个或几个控制输入栅来实现。如图 8.37(b) 所示，二极管位于输入栅衬底下，当输入栅 IG 加上宽度为 Δt 的正脉冲 I_D 时，输入二极管 PN 结的少数载流子通过输入栅下的沟道注入到 ϕ_1 电极下方的势阱，注入电荷量为 $Q = I_D \Delta t$。

5. 电荷输出

CCD 输出结构有多种形式，一种利用二极管的简单结构如图 8.38 所示。在 CCD 阵列的末端衬底上扩散形成一个输出二极管，当输出二极管加上反偏电压时，转移到末端的电荷在时钟脉冲作用下移向输出二极管，并通过输出栅 OG 转移到输出二极管的耗尽层内，形成反向电流 I_o，输出电流的大小与信号电荷量成正比，通过负载 R_L 可转换为信号电压 U_o 输出。

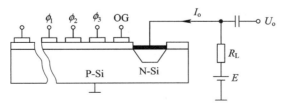

图 8.38　CCD 输出结构

8.3.2 线阵 CCD 图像传感器和面阵 CCD 图像传感器

CCD 图像传感器广泛应用于图像信号的检测，按结构可分为线阵 CCD 和面阵 CCD 两类。线阵 CCD 图像传感器可用于复印、传真、产品外部尺寸非接触检测、产品表面质量评定和光学文字识别等方面；面阵 CCD 图像传感器主要应用于摄像领域，可将二维图像转变为视频信号输出。

1. 线阵 CCD 图像传感器

线阵 CCD 图像传感器由线阵光敏区、转移栅、模拟移位寄存器、偏置电荷电路、输出栅和信号读出电路等构成。它可以直接将接收到的一维光信号转换成电信号输出，获得一维图像信号。若想用线阵 CCD 获得二维图像信号，就必须采用扫描的方法来实现。

线阵 CCD 图像传感器可分为单沟道线阵 CCD 和双沟道线阵 CCD，结构如图 8.39 所示，由光敏区和传输区两部分构成。在图 8.39(a) 的单沟道线阵 CCD 图像传感器中，光敏区由一列 N 个 MOS 光敏单元组成；传输区由转移栅和一列 N 位移位寄存器组成，光敏单元势阱中的信号电荷可以通过转移栅向移位寄存器中转移。

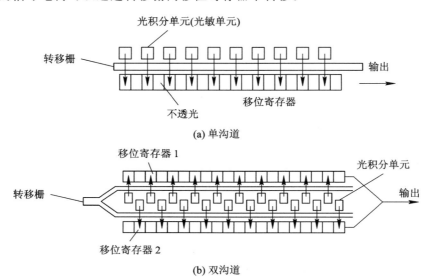

(a) 单沟道

(b) 双沟道

图 8.39　线阵 CCD 图像传感器的结构

N 位 CCD 移位寄存器与 N 个光敏单元一一对应。转移栅关闭时，光敏单元势阱收集光信号电荷，经过一定的积分时间，形成与空间分布的光强信号对应的信号电荷图像。积分周期结束时，转移栅打开，各光敏单元收集的信号电荷并行地转移到 CCD 移位寄存器的相应单元中。转移栅关闭后，光敏单元开始对下一行图像信号进行积分；而已转移到移位寄存器内的上一行信号电荷，通过移位寄存器串行输出。

双沟道线阵 CCD 图像传感器具有两列移位寄存器，如图 8.39(b) 所示，对于同样的光敏单元来说，双沟道线阵 CCD 图像传感器的转移次数和转移时间比单沟道线阵 CCD 的少一半，总转移效率大幅提高。

2. 面阵 CCD 图像传感器

面阵 CCD 图像传感器的光敏单元排列成二维阵列，能检测二维平面图像；按传输与读出方式，可分为行传输、帧传输和行间传输三种。

行传输(LT)结构如图 8.40(a)所示，由行选址电路、感光区和输出寄存器组成。当感光区光积分结束后，由行选址电路逐行将信号电荷通过输出寄存器转移到输出端。行传输的缺点是需要选址电路，结构较复杂，且在电荷转移过程中光积分还在进行，会产生"拖影"，故较少采用。

帧传输(FT)结构如图 8.40(b)所示，由感光区、暂存区和输出寄存器组成。设置暂存区是为了消除"拖影"，以提高图像清晰度和与电视图像扫描制式相匹配。在感光区完成光积分后，先将信号电荷迅速转移到暂存区，然后从暂存区逐行将信号电荷通过输出寄存器转移到输出端。这种结构电极简单，但增加了暂存区，器件面积增大。

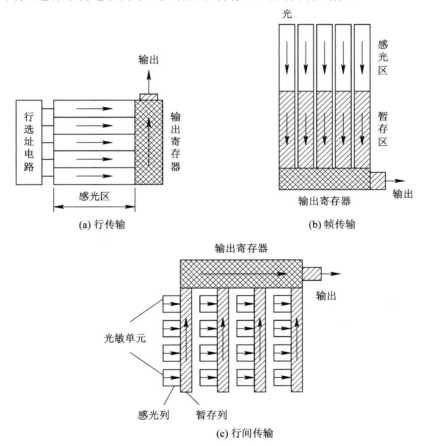

图 8.40　面阵 CCD 图像传感器的结构

行间传输结构如图 8.40(c)所示，是用得最多的一种结构，感光区和暂存区行与行相间排列。在感光区完成光积分后，同时将每列信号电荷转移入相邻的暂存区中，然后再进行下一帧图像的光积分，并将暂存区中的信号电荷逐行通过输出寄存器转移到输出端。其优点是不存在拖影问题，但单元结构相对复杂且不适宜光从背面照射。

8.3.3 CCD 的特性参数

CCD 的性能参数包括转移效率、分辨率、灵敏度、光谱响应、暗电流、动态范围、噪声等，CCD 器件性能的优劣可由这些性能参数来衡量，不同的应用场合对特性参数的要求也各不相同。

1. 转移效率

当 CCD 中电荷包从一个势阱转移到另一个势阱时，若 Q_0 为原始电荷量，Q_1 为转移一次后的电荷量，则转移效率(η)定义为

$$\eta = \frac{Q_1}{Q_0} \tag{8.3-1}$$

转移损耗(ε)定义为

$$\varepsilon = 1 - \eta \tag{8.3-2}$$

信号电荷经 N 次转移后，总转移效率为

$$\frac{Q_N}{Q_0} = \eta^N = (1-\varepsilon)^N \tag{8.3-3}$$

式中，Q_N——N 次转移后的电荷量。

由于 CCD 中的每个电荷都要进行成百上千次转移，所以要求转移效率必须达到 $99.99\% \sim 99.999\%$，以保证总转移效率在 90% 以上。因此 η 值一定时，就限制了转移次数或器件的最长位数。

2. 分辨率

分辨率是指器件对物像中明暗细节的分辨能力，是图像传感器最重要的特性参数。在感光面积一定的情况下，分辨率主要取决于光敏单元的密度，国际上常用调制传递函数 MTF(Modulation Transfer Function)来评价。实际中，分辨率常用一定尺寸内的像素数表示，例如 7500 像素（线阵 CCD 图像传感器）、4096 像素×4096 像素（面阵 CCD 图像传感器）。

3. 灵敏度(响应度)与光谱响应

图像传感器的灵敏度是指单位照度下，单位时间、单位面积发射的电量。CCD 对于不同波长的光的灵敏度是不相同的。光谱响应特性表示 CCD 对于各种单色光的相对灵敏度。CCD 的光谱响应基本上是由光敏单元的材料性质决定的(包括材料的均匀性)，也与光敏单元结构、电极材料和器件转移效率不均匀等因素相关。目前，大多数 CCD 的光谱响应范围为 $400 \sim 1100$ nm。

4. 暗电流与动态范围

CCD 在既无光注入又无电注入的情况下的输出信号称为暗电流。产生暗电流的原因在于材料的热激发，主要有耗尽层中的热激发、耗尽层边缘的少数载流子的热扩散以及界面处的热激发。暗电流与积分时间成正比，为减小暗电流，应尽量缩短信号电荷的积分时间和转移时间。此外，暗电流还与温度有关，温度越高，暗电流就越大。暗电流的存在会降低图像的分辨率，使器件的动态范围减小。

CCD 图像传感器的动态范围定义为饱和输出信号与暗信号的比值，一般在 $10^3 \sim 10^4$ 数量级，即 $60 \sim 80$ dB。

5．噪声

CCD 的噪声主要来源于散粒噪声、暗电流噪声和转移噪声。

1）散粒噪声

光注入光敏区产生信号电荷的过程可以看作独立、均匀、连续发生的随机过程，单位时间光产生的信号电荷数并非绝对不变，而在一个平均值上做微小波动，这一微小的起伏就形成了散粒噪声。散粒噪声与频率无关，是一种白噪声，它不会限制器件的动态范围，但是决定了 CCD 的噪声极限值，特别是当器件在低照度、低反差下应用时，如果采用了一切可能的措施降低其他各种噪声，散粒噪声的影响就更为显著。

2）暗电流噪声

暗电流噪声可以分为两部分，一部分由耗尽层热激发产生，可用泊松分布描述；另一部分是由于复合产生中心非均匀分布，特别是在某些单元位置上缺陷密集，形成暗电流尖峰。由于器件工作时各个信号电荷包的积分地点不同，读出路径也不同，这些尖峰对各个电荷包贡献的电荷量不等，因而形成很大的背景起伏。

3）转移噪声

转移噪声产生的主要原因有：转移损失引起的噪声、界面态俘获引起的噪声和体态俘获引起的噪声。

8.3.4　CCD 图像传感器的应用

1．高精度尺寸测量

线阵 CCD 图像传感器可实现物体尺寸的高精度非接触测量。线阵 CCD 图像传感器尺寸测量系统如图 8.41 所示，光源发出的光经透镜准直后变成平行光，投射到待测物体上，经透镜成像在线阵 CCD 图像传感器上，图像尺寸与物体尺寸成正比，采样接口获取响应测试数据，经计算机处理后显示出测量结果。

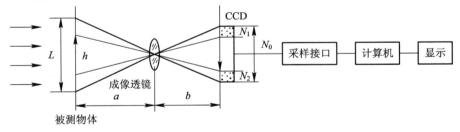

图 8.41　线阵 CCD 图像传感器尺寸测量系统

若被测物体高度为 h，成像透镜与物体间距为 a，与线阵 CCD 图像传感器间距为 b，传感器总像素数为 N_0，整个视野高度为 L，由于物体的遮挡，CCD 上只有 N_1 和 N_2 两部分接受光照。所以有

$$\frac{h}{L} = \frac{N_0 - (N_1 + N_2)}{N_0} \tag{8.3-4}$$

则被测物体高度为

$$h = \frac{N_0 - (N_1 + N_2)}{N_0} L = \frac{np}{M} \tag{8.3-5}$$

式中，n——覆盖的光敏单元数，$n=N_0-(N_1+N_2)$；

p——光敏单元的间距；

M——倍率，$M=\dfrac{N_0 p}{L}$。

2. 文字和图像识别

线阵 CCD 图像传感器的自扫描特性，可以实现文字和图像识别，组成一个功能很强的扫描/识别系统，如图 8.42 所示。将信封放置在传送带上，CCD 像元排列方向与信封运动方向垂直；光学镜头将邮编数字聚焦在 CCD 上，当信封移动时，CCD 逐行扫描，依次读出数字，经细化处理后与计算机中存储的数字特征进行比较，从而识别出数字。类似系统可用于货币识别与分类、商品条码识别等。

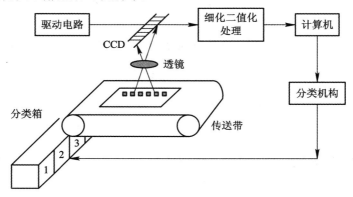

图 8.42　文字/图像识别系统

第9章 光纤传感器

光导纤维,简称光纤,是利用全反射原理约束并引导光波在其内部沿轴线方向传播的传输介质。由光纤或非光纤的敏感元件、光发送器、光接收器和信号处理系统组成的系统称为光纤传感器。光纤传感技术是以光波为载体,光纤为介质,感知和传输外界被测信号的传感技术。光纤传感器与传统的各类传感器相比具有一系列独特的优点,如体积小、重量轻、结构简单、可弯曲、频带宽、动态范围大、灵敏度高、抗电磁干扰、耐高温、耐腐蚀、防爆等,被广泛应用于国防军事、建筑土木、石油化工、能源环保、生物医学等各种领域。

9.1 光纤传感器基本知识

自20世纪70年代低损耗石英光纤问世以来,光纤技术获得了巨大的发展,不仅成功地应用于通信系统,而且人们还发现光纤在传感技术方面具有独特的性能和用途,它不仅是信号传输的介质,而且本身可以作为敏感元件。

9.1.1 光纤结构及传光原理

光纤是一种多层介质结构的同心圆柱体,包括纤芯、包层、涂敷层及护套,如图9.1所示。核心部分是纤芯和包层,对光的传输特性起决定性作用。其中,纤芯直径一般为 $5\sim75~\mu m$,材料主体是 SiO_2,并掺入微量的 GeO_2、P_2O_5 以提高材料的光学折射率。包层可以是一层、二层或多层结构,总直径一般为 $100\sim200~\mu m$,材料一般也是 SiO_2,掺入微量的 B_2O_3、SiF_4 以降低包层的折射率。包层的折射率略低于纤芯。涂覆层采用硅酮或丙烯酸盐,增强柔韧性。护套一般为尼龙或其他有机材料,以提高机械强度。

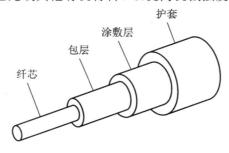

图 9.1 光纤的结构

光纤的分类方法很多。根据纤芯折射率径向分布的不同,光纤可分为阶跃光纤和渐变折射率光纤,如图9.2所示,图中 $n(r)$ 为光纤折射率径向分布函数(r 为光纤径向间距),阶跃光纤中的纤芯折射率 n_1 和包层折射率 n_2 均为常数,渐变折射率光纤中纤轴处折射率

$n(0)$最大。按照纤芯中传输模式的数量，光纤又可分为单模光纤和多模光纤。

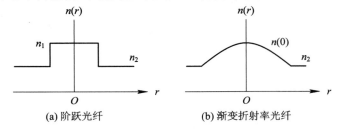

图 9.2　光纤折射率径向分布

如图 9.3 所示，当光线以与光纤轴线成 θ_i 的角度入射到阶跃光纤端面上时，在光纤—空气界面发生折射，折射光线与光纤轴线的夹角 θ_r 由斯涅尔定律决定：

$$n_0 \sin\theta_i = n_1 \sin\theta_r \tag{9.1-1}$$

式中，n_0——空气折射率；

　　　n_1——纤芯折射率。

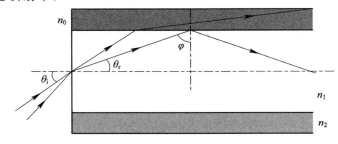

图 9.3　光纤的传光原理

折射光线到达纤芯—包层界面时，若入射角 φ 大于临界角 φ_c，将发生全反射，临界角定义为

$$\sin\varphi_c = \frac{n_2}{n_1} \tag{9.1-2}$$

式中，n_2——包层折射率。

所有 $\varphi > \varphi_c$ 的光线都将被限制在纤芯中，这就是光纤的基本传光原理。

9.1.2　光纤的基本特性

1. 数值孔径

由式(9.1-2)可知，φ_c 是出现全反射的临界角；为实现全反射，对光线的入射角 θ_i 有一个最大值 θ_c 限制。当 $\theta_i = \theta_c$ 时，$\varphi = \varphi_c$，此时 $\theta_r = \frac{\pi}{2} - \varphi_c$，根据式(9.1-1)和式(9.1-2)，可得

$$n_0 \sin\theta_i = n_0 \sin\theta_c = n_1 \cos\varphi_c = \sqrt{n_1^2 - n_2^2} \tag{9.1-3}$$

由于空气折射率 $n_0 = 1$，所以有

$$\sin\theta_c = \sqrt{n_1^2 - n_2^2} \tag{9.1-4}$$

光纤的数值孔径(Numerical Aperture，NA)定义为

$$NA = \sin\theta_c = \sqrt{n_1^2 - n_2^2} \tag{9.1-5}$$

数值孔径能反映光纤的集光能力，光纤孔径越大，集光能力就越强，但 NA 越大，经光纤传输后产生的信号的畸变也越大，所以要选择适当的 NA 值。

2. 传输损耗

光纤材料对光波的吸收、散射、光纤结构的缺陷、弯曲以及光纤间的不完全耦合等原因，导致光功率随传输距离呈指数规律衰减，这种现象称为光纤的传输损耗，简称损耗。光信号在光纤中的传播不可避免地存在着损耗。光纤损耗的大小可用光在光纤中传输 1 km 产生的功率衰减分贝数，即损耗系数 α 来表示：

$$\alpha = \frac{10}{L} \lg\left(\frac{P_i}{P_o}\right) \quad (\text{dB/km}) \tag{9.1-6}$$

式中，P_o——光纤输出端光功率；

　　　P_i——光纤输入端光功率；

　　　L——光纤长度(km)。

3. 色散

色散是表征光纤传输特性的一个重要参数。当光脉冲通过光纤传输时，由于多种因素，光纤中产生的脉冲展宽现象称为色散。如果光脉冲变得过宽，它们将在时间和空间上发生互相重叠或完全重合，则原来施加在光束上的信息就会丧失。色散可用光脉冲在光纤中每传输 1 km 时脉冲宽度增加的纳秒数(ns/km)来表示。

光纤色散一般可分为模式色散、材料色散和波导色散三类。

(1) 模式色散：在多模光纤中，不同模式按不同群速度传播，到达终点产生的延迟不同，使窄脉冲弥散而导致脉冲展宽。

(2) 材料色散：光纤中传输的光脉冲具有一定的频率宽度，材料折射率因入射频率而变化，不同频率的光按不同速度传播，从而引起光脉冲展宽。

(3) 波导色散：光纤的几何结构决定了同一模式、不同频率的光具有不同速度，导致光脉冲在传输过程中展宽。

9.1.3　光纤传感器

1. 光纤传感器的组成

光纤传感器由光源、光纤、光探测器以及一些光无源器件组成，如图 9.4 所示。

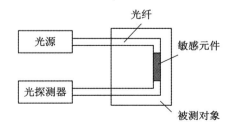

图 9.4　光纤传感器

为保证光纤传感器的性能，一般需要光源体积尽量小、波长要匹配、亮度要高、稳定性要好等等。光纤传感器使用的光源种类很多，按光的相干性可分为相干光源和非相干光源。非相干光源有白炽光源、发光二极管 LED 等，相干光源包括各种激光器，如 He-Ne 激光器、激光二极管 LD 等。

光探测器的作用是把传送到接收端的光信号转换成电信号，以便做进一步的处理。它和光源的作用相反。常用的光探测器有光电二极管、光电三极管、光敏电阻、光电池等。在光纤传感器中，光探测器性能的好坏既影响被测物理量的变换准确度，又关系到光探测接收系统的质量。

光无源器件是一种不必借助外部的任何光或电的能量，自身就能够完成某种光学功能的元器件，按功能可分为光连接器、光衰减器、光功率分配器、光波长分配器、光隔离器、光调制器、光开关等。

2. 光纤传感器的分类

光纤传感器可按不同方式进行分类。按光纤在传感器中功能的不同，光纤传感器可分为功能型（传感型）光纤传感器和非功能型（传光型）光纤传感器。功能型光纤传感器中的光纤不仅起传光作用，而且还是敏感元件；非功能型光纤传感器利用其他敏感元件来感受被测量的变化，而光纤只作为光的传输介质。

根据光纤传感器的测量范围，还可分为点式光纤传感器和分布式光纤传感器，点式光纤传感器只能测量单点的信号，而分布式光纤传感器可以测量信号呈一定空间分布的场。

光纤的传输特性受被测物理量的作用而发生变化，使光纤光波的特征参量（强度、相位、波长、偏振态等）被调制；按调制的光波参数，光纤传感器又可分为强度调制型光纤传感器、相位调制型光纤传感器、波长调制型光纤传感器和偏振态调制型光纤传感器。

9.2　光纤传感器的工作原理和应用

当光纤受到外界环境因素（如温度、压力、振动、电场、磁场、化学量等）的影响时，传输光的光强、相位、波长、偏振态等将随之发生变化，如果能检测出这些光波特征参量的变化，就能实现对外界物理量的测量，这就是光纤传感器的基本工作原理。

9.2.1　强度调制型光纤传感器

利用外界因素引起光纤中光强的变化来探测外界物理量的光纤传感器，称为强度调制型光纤传感器。被测物理量作用于光纤（接触或非接触），使光纤中传输的光信号的强度发生变化，检测出光信号强度的变化量，即可实现对被测物理量的测量。

改变光纤中光强的方法很多，例如：改变光纤的微弯状态，改变光纤的耦合条件，改变光纤对光波的吸收特性，改变光纤的耦合条件，改变光纤中的折射率分布等。

1. 光纤微弯传感器

光纤微弯传感器利用光纤中的微弯损耗来探测外界物理量的变化。如图 9.5 所示，激光器发出的激光进入多模光纤中传输，当变形器发生不同位移时，光纤产生微弯的程度也不同，从而产生对光纤中传输光强的调制。这种传感器具有结构简单、灵敏度高、动态范围宽等优点，主要用于位移、应变、压力、水声等量的测量。

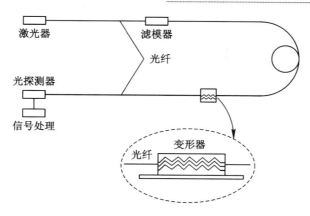

图 9.5　光纤微弯传感器的工作原理图

2. 光纤辐射传感器

X 射线、γ 射线等的辐射会使光纤材料的吸收损耗增加，从而使光纤的输出功率下降。利用这一特性可构成光纤辐射传感器。图 9.6 是光纤辐射传感器的工作原理图。

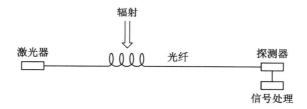

图 9.6　光纤辐射传感器的工作原理图

光纤辐射传感器具有灵敏度高、线性范围大、有记忆特性等特点。改变光纤成分，可对不同的辐射敏感。如铅玻璃光纤，对 X 射线、γ 射线和中子射线最敏感。这种光纤传感器还具有结构灵活、牢固可靠等优点，它既可以做成小巧的仪器，也可用于核电站、放射性物质堆放处等大范围的检测。

9.2.2　相位调制型光纤传感器

利用外界因素引起的光波相位变化来探测各种物理量的传感器，称为相位调制型光纤传感器。这类光纤传感器具有灵敏度高、灵活多样等特点。其中，干涉型光纤传感器利用光纤作为相位调制元件，构成干涉仪，当被测物理量与光纤发生相互作用时，会引起光纤中传输光的相位变化。目前干涉仪的类型有马赫-曾德尔（Mach-Zehnder）光纤干涉仪（简称 M-Z 干涉仪）、Sagnac 光纤干涉仪、法布里-珀罗光纤干涉仪以及迈克尔逊光纤干涉仪等。下面介绍马赫-曾德尔光纤干涉仪及其传感应用。

马赫-曾德尔光纤干涉仪是一种双光束干涉仪，图 9.7 为全光纤 M-Z 干涉仪的原理图。由激光器发出的相干光，经光纤耦合器被分成两束，分别送入两根长度基本相同的单模光纤（即 M-Z 干涉仪的两臂，为探测臂和参考臂）。从两臂输出的两激光束经耦合器叠加后发生干涉，干涉光强为

$$I \propto (1 + \cos\delta) \qquad\qquad (9.2-1)$$

其中，δ 为干涉仪两臂光程差所对应的相位差，当 $\delta = 2m\pi$ 时，对应着干涉场的最大值，m 为干涉级次，且有

$$m = \frac{\Delta L}{\lambda} \quad 或 \quad m = f\Delta t \qquad\qquad (9.2-2)$$

式中，ΔL——相对光程差；

$\quad\quad \Delta t$——相对光程时延；

$\quad\quad f$——光频率；

$\quad\quad \lambda$——光波长。

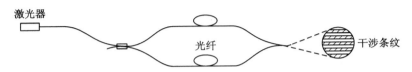

图 9.7　全光纤 M-Z 干涉仪的原理图

当外界因素引起 ΔL、Δt、f、λ 发生变化时，m 就发生变化，即引起干涉条纹移动，由此可感测相应的物理量。温度、压力、加速度等外界因素可直接引起传感臂光纤长度和折射率发生变化，从而引起相位变化。

如图 9.8 所示为一种基于磁致伸缩效应的光纤电流传感器，镍是一种典型的磁致伸缩材料，套着镍管的光纤可以作为 M-Z 干涉仪的测量臂，镍管外套有一个待测电流（微安数量级）通过的线圈。当被测电流通过线圈后，将产生磁场并作用在镍管上，引起磁致伸缩效应，使光纤发生形变，干涉仪两臂的相位差将出现变化，从而引起干涉条纹的移动。通过测量条纹的移动量，即可测量出被测电流的大小。

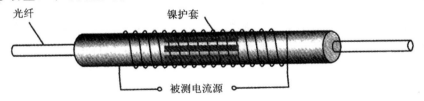

图 9.8　基于磁致伸缩效应的光纤电流传感器

9.2.3　波长调制型光纤传感器

利用被测参量引起光纤中传输光的波长变化来测量各种物理量的传感器，称为波长调制型光纤传感器。光纤光栅传感器通过外界参量对光纤光栅布拉格中心波长的调制来获取传感信息，是目前研究和应用最为普及的波长调制型光纤传感器。它具有抗干扰能力强、结构简单、重复性好、易于组网等优点；但是对波长变化的检测需要用到较复杂的技术和较昂贵的仪器或光纤器件，需要大功率的宽带光源或可调谐光源，分辨率和动态范围也受到一定限制。在光纤光栅出现至今的短短二十多年里，各种用途的光纤光栅层出不穷，种类繁多，特性各异。下面介绍光纤布拉格光栅（Fiber Bragg Grating，FBG）及其传感应用。

FBG 属于反射型带通滤波器，其反射谱如图 9.9 所示。FBG 的布拉格方程为

$$\lambda_B = 2n_{co}\Lambda \tag{9.2-3}$$

式中，Λ——光栅周期；

$\quad\quad n_{co}$——纤芯有效折射率；

$\quad\quad \lambda_B$——布拉格波长。

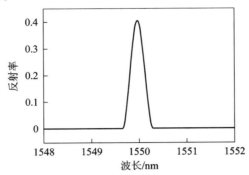

图 9.9　光纤布拉格光栅的反射谱

由式(9.2-3)可知，光纤光栅的布拉格波长取决于光栅周期 Λ 和纤芯有效折射率，任何使这两个参量发生改变的物理过程都将引起光栅布拉格波长的漂移。在所有引起光栅布拉格波长漂移的外界因素中，最直接的是应力、应变和温度等参量。无论是对光栅进行拉伸还是挤压，都会导致光栅周期发生变化，且光纤本身所具有的弹光效应会使有效折射率随外界应力状态的变化而改变；环境温度的变化也会引起光纤类似的变化。因此基于 FBG 的光纤应力/应变传感器和光纤温度传感器，已成为光纤光栅在光纤传感领域中最直接的应用。

如图 9.10 所示为光纤光栅应力/应变传感器的典型结构。采用宽带发光二极管作为系统光源，利用光谱分析仪进行布拉格波长漂移检测，这是光纤光栅作为传感应用的最典型结构。

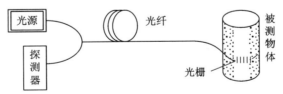

图 9.10　光纤光栅应力/应变传感器典型结构

9.2.4　偏振态调制型光纤传感器

利用外界因素引起的光纤中光波偏振态的变化来探测有关参量的光纤传感器，称为偏振态调制型光纤传感器。偏振态调制型光纤传感器通常基于电光、磁光和弹光效应，最典型的例子就是高压传输线用的光纤电流传感器。

光纤测电流的基本原理是利用光纤材料的 Faraday 效应(磁光效应)，即处于磁场中的光纤会使在光纤中传播的线偏振光的偏振面发生旋转，其旋转角度为

$$\Omega = VHL \tag{9.2-4}$$

式中，H——磁场强度；

      L——磁场中光纤的长度；

      V——维尔德（Verdet）常数，由光纤材料决定。

由于载流导线在周围空间产生的磁场满足安培环路定律，所以对于长直导线有

$$H=\frac{I}{2\pi R} \tag{9.2-5}$$

式中，R——导线半径；

      I——长直导线中的电流。

由式(9.2-4)和式(9.2-5)可得

$$\Omega=\frac{VLI}{2\pi R}=VNI \tag{9.2-6}$$

式中，N——绕在导线上的光纤的总匝数，即

$$N=\frac{L}{2\pi R}$$

偏振态调制型光纤电流传感器结构如图9.11所示，激光器发出的光束经起偏器、物镜耦合进入单模光纤。高压载流导线中的电流为 I，由于磁光效应，光纤中线偏振光的偏振面旋转角度为 Ω，出射光经棱镜分光后分为振动方向相互垂直的两束线偏振光（强度分别为 J_1、J_2），再分别送入信号处理单元进行运算后输出，得到

$$\frac{J_1-J_2}{J_1+J_2}=\sin(2\Omega)\approx2\Omega \tag{9.2-7}$$

因此根据测量到的 Ω、L、R 等参数，即可由式(9.2-6)求出导线中的电流 I。

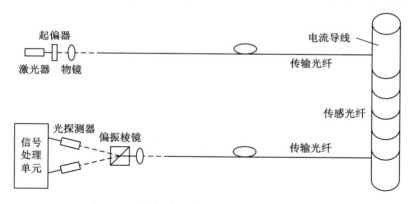

图 9.11　偏振态调制型光纤电流传感器结构

9.3　分布式光纤传感器

分布式光纤传感器利用光波在光纤中传输的特性，沿光纤长度方向，连续地传感被测物理量（温度、压力、应力和应变等）。此时，光纤既是传感介质，又是传输介质，传感光纤的长度可从一千米到上百千米。

9.3.1　分布式光纤传感器的特点和分类

分布式光纤传感器除具有一般光纤传感器的优点外，它还具有以下无可比拟的优点：

（1）传感空间范围大：能在大空间范围内连续进行传感，一次测量就能获取光纤长度范围内的一维信息分布情况，如果将光纤敷设成网状，即可获取被测区域的二维、三维信息分布情况。

（2）结构简单、使用方便：传感和传光为同一根光纤，传感部分结构简单，使用时只要将此传感光纤敷设到被测量处即可。

（3）性价比低：分布式光纤传感器可在大空间范围连续、实时进行测量，可在整个光纤长度范围内获得大量信息。因此和一般光纤传感器相比，其单位长度内信息获取的成本大大降低。

分布式光纤传感器可按不同方式分类，按用途分，有分布式光纤温度传感器、分布式光纤压力传感器和分布式光纤应力/应变传感器等；按传感机理分，有散射型、干涉型、偏振型、微弯型和荧光型等分布式光纤传感器。本节介绍散射型分布式光纤传感器。

9.3.2　散射型分布式光纤传感器

光在光纤中传输会发生散射，包括瑞利散射、布里渊散射和拉曼散射。瑞利散射为光波在光纤中传输时由于光纤纤芯折射率在微观上随机起伏而引起的线性散射，是光纤的一种固有特性；布里渊散射是入射光与声波或传播的压力波相互作用的结果，可看作入射光在移动的光栅上的散射，多普勒效应会使散射光的频率不同于入射光；拉曼散射是入射光波的一个光子被一个声子散射成为另一个低频光子，同时声子完成其两个振动态之间的跃迁。瑞利散射属于弹性散射，散射前后光的波长不发生变化，拉曼散射和布里渊散射则属于非弹性散射，散射波长相对于入射波长均发生偏移。

利用光纤中的散射光强随温度等参量的变化关系以及光时域反射（OTDR）技术，就能构成散射型分布式光纤传感器。散射型分布式光纤传感器提出于 20 世纪 70 年代末，目前基于瑞利散射和拉曼散射的分布式传感器的研究已经趋于成熟，并逐步走向实用化。基于布里渊散射的分布式传感器研究起步较晚，但它在温度、应变测量上所达到的测量精度、测量范围及空间分辨率均高于其他传感器。

1. OTDR 技术

OTDR 系统的工作原理是通过将光脉冲注入光纤中，当光脉冲在光纤内传输时，会由于光纤本身的性质、连接器、接头、弯曲或其他类似的事件而产生散射、反射，其中一部分散射光和反射光将经过同样的路径延时返回到输入端。根据入射信号与其返回信号的时间差（或时延）τ，即可计算出上述事件位置与入射端的距离为

$$d = \frac{c\tau}{2n} \tag{9.3-1}$$

式中，c——光在真空中的速度；

n——光纤纤芯的有效折射率。

2. 瑞利散射分布式光纤传感器

瑞利散射分布式光纤传感器基于瑞利散射原理进行传感，利用光干涉技术定位，当传感光纤受力时，瑞利散射光强会随之变化，利用该效应即可构成分布式压力传感器，或分布式光纤应力/应变传感器。如图 9.12 所示，激光器发出的宽谱激光，经光纤耦合器 C1 分成两束，一束为参考光，通过参考光纤直接进入光探测器；另一束通过光纤耦合器 C2 进入传感光纤，传感光纤中的瑞利散射光再通过光纤耦合器 C2 和 C3 进入光探测器，即为传感光。参考光和传感光经耦合器 C3 后叠加，发生干涉，通过对干涉光进行傅里叶变换等一系列处理计算后，即可确定压力（应力/应变）的大小和位置。

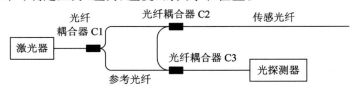

图 9.12　瑞利散射分布式光纤传感器

3. 拉曼散射分布式光纤传感器

拉曼散射分布式光纤传感器（Raman Optical Time Domain Reflectometer，ROTDR）是利用拉曼散射和散射介质温度等参量之间的关系进行传感，利用 OTDR 技术定位。

拉曼散射分布式光纤传感器已较广泛地用于大空间范围的温度测量，主要用于火警监控和报警，2 km 内温度测量精度能达到 1℃。拉曼散射分布式光纤传感器的基本结构如图 9.13 所示。

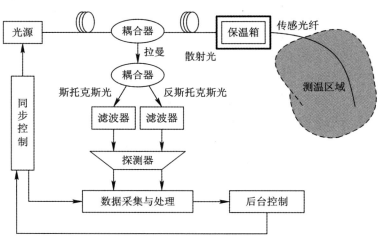

图 9.13　拉曼散射分布式光纤传感器

拉曼散射光含有斯托克斯光和反斯托克斯光，斯托克斯光的光强与温度无关，而反斯托克斯光的光强随温度变化。反斯托克斯光的光强 $I_{as}(T)$ 与斯托克斯光的光强 $I_s(T)$ 之比和温度之间的关系为

$$\frac{I_{as}}{I_s} = a e^{-\frac{hcv_0}{kT}} \tag{9.3-2}$$

式中，c——光在真空中的速度；

　　　　h——普朗克常数；

ν_0——入射光频率；

k——玻尔兹曼常数；

T——绝对温度值；

a——与温度相关的系数。

通过测量$\dfrac{I_{as}}{I_s}$，即可计算出温度为

$$T=\frac{hc\nu_0}{k}\frac{1}{\ln a-\ln\left(\dfrac{I_{as}}{I_s}\right)} \tag{9.3-3}$$

由于 ROTDR 直接测量的是拉曼散射光中的$\dfrac{I_{as}}{I_s}$，与其光强的绝对值无关，因此即使光纤老化，光损耗增加，仍可保证测温精度。

4. 布里渊散射分布式光纤传感器

布里渊散射分布式光纤传感器（Brillouin Optical Time Domain Reflectometer，BOTDR）是利用布里渊散射和散射介质温度等参量之间的关系进行传感，利用 OTDR 技术定位。

如图 9.14 所示为基于 BOTDR 的分布式应变传感器，探测器接收的是布里渊后向散射光，它相对于入射光中心频率会发生偏移，该频移主要由入射光频率、纤芯折射率 n、光纤内声速 v 等决定。当光纤的温度和应变发生变化时，光芯折射率 n 和声速 v 会随之发生相应的变化，从而导致布里渊频移的改变。检测布里渊频移的变化量，就可获知温度和应变的变化量。同时，测定该散射光的回波时间，就可确定散射点的位置。

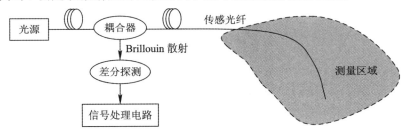

图 9.14 基于 BOTDR 的分布式应变传感器

9.4 光纤传感器工程应用实例

9.4.1 在电力系统中的应用

电流、电压和电功率是反映电力系统中能量转换与传输的基本电参量，是电力系统计量的重要内容。随着电力工业的迅速发展，传统的电磁测量方法日益显露出其固有的局限性，如电绝缘问题、电磁干扰问题、磁饱和问题、长期稳定问题等。光纤传感器具有灵敏度高、响应速度快、抗电磁干扰、耐腐蚀、电绝缘性能好、防燃防爆、体积小、结构简单以及便于组网等优点。近年来，应用于电力系统的光纤传感器有电压传感器、电流传感器、电功

率传感器、温度(报警)传感器等。

光纤电压传感器(OVT)是利用某些功能材料中的物理效应来工作的,如线性电光效应(Pockels 效应)、克尔效应(Kerr 效应)和逆压电效应等。逆压电效应是指当压电晶体受到外电场作用时产生机械变形,即产生应变的现象。将逆压电效应所引起的压电晶体形变转化为可检测的调制光信号,即可实现电场(或电压)的光学传感。

ABB 公司的 420 kV 光纤电压传感器,是基于石英晶体反压电效应工作的,其结构如图 9.15 所示。输电线上的电压加到 4 个串联石英晶体上,缠绕在石英晶体上的光纤会随着晶体的形变而受到调制,光纤中传输光的相位会随着光纤折射率的变化而变化,检测光纤输出光的相位变化即可实现对被测电压的测量。图中,直径为 64 mm 的电极与石英晶体的表面相连接以使沿晶体的电场分布相对均匀,高压电势的电晕放电环可进一步减少电场梯度。传感器利用石英晶体的逆压电效应,通过电场的线积分来测量电压。待测电压均匀分布在 4 个石英晶体上,4 个石英晶体的压电形变由双模传感光纤探测,光纤双模的相位差调制与外加电压成正比。该传感器可测量的最小电压为 17 V(rms),最大测量电压为 545 kV(rms)。

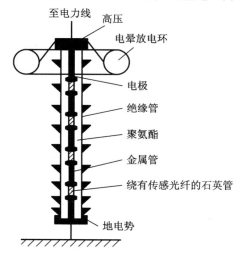

图 9.15 420 kV 光纤电压传感器结构

9.4.2 在生物医学中的应用

由于光学方法具有非破坏性和灵敏度高的优点,因此在生物传感器中获得广泛应用;在医学应用中,主要有光纤血压传感器、光纤温度传感器、医用光纤内窥镜以及应用于组织和细胞的光谱分析等的光纤传感器。

1. 薄膜型光纤血压计

如图 9.16 所示为薄膜型光纤血压计的结构。光源发出的光信号通过光纤传输入射到薄膜表面,并将薄膜表面的反射光信号传输回光电探测器。血压的压力使光纤端面的薄膜变形,探测器接收的反射光信号强度受薄膜表面的形变调制。在小的压力变化范围内,通过精确设计,反射光的强度近似正比于薄膜两侧血压的差值,根据反射光的强度即可确定压力的大小。这种薄膜型光纤血压计非常细小、可自由弯曲,很适合于人体测量。

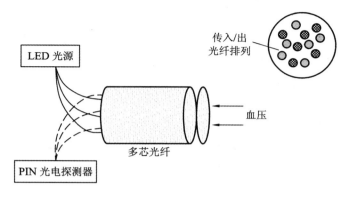

图 9.16　薄膜型光纤血压计的结构

2. 光纤血流计

多普勒型光纤血流计原理如图 9.17 所示。激光器发射出频率为 f 的激光，经透镜、光纤被送到表皮组织。对于不动的组织，例如血管壁，所反射的光不产生频移；而对于皮层毛细血管里流速为 v 的红细胞，反射光会产生频移，其频率变化为 Δf；发生频移的反射光强度与红细胞的浓度成比例，频率的变化值与红细胞的运动速度成正比。反射光经光纤收集后，先在光检测器上进行混频，然后进行信号处理，从而得到红细胞的运动速度和浓度。

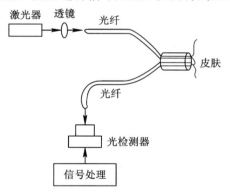

图 9.17　多普勒型光纤血流计原理

9.4.3　在土木工程中的应用

土木工程包括道路、公路、桥梁、隧道、水坝、土方工程及道路安全(如天气(雾、雨夹雪、雪等)，车辆与路面的相互作用的路面情况)和操作(交通增长、动态称重、驾驶辅助等)相关的一些领域，因此存在许多土木结构健康和安全监测的需求。利用光纤本身特征的功能型光纤可构成性能优良的分布式光纤传感器，特别适于需要同时监测在光纤通过的路途上大量位置处的连续变化的物理量，如建筑物、桥梁、水坝等大型结构中应力、应变、振动、温度分布的实时监测等。国内外研究和工程实践表明，光纤传感器能够满足土木工程测量的高精度、远距离、分布式和长期性的技术要求，为解决上述关键问题提供了良好的技术手段。

1. 光纤光栅腐蚀传感器

钢筋混凝土结构健康的重要影响因素中,钢筋腐蚀是导致钢筋混凝土结构健康标志之一——结构耐久性劣化的最重要因素。钢筋腐蚀会导致钢筋体积增大、混凝土保护层开裂、剥落,直至结构承载力降低乃至工程建筑结构物倒塌。传统的检测钢筋腐蚀的方法主要是电化学方法,工作量大,抗干扰能力差,不能实现定量在线健康监测。因此,光纤传感器进入了人们的视野。图9.18所示为光纤光栅腐蚀传感器示意图,利用FBG应变传感原理来直接监测钢筋体积变化,光纤光栅被固定在圆形钢筋的表面,钢筋腐蚀后,直径增大,光纤光栅受到的拉伸应变增大,使光纤光栅的反射波长发生变化,这时通过测量FBG的波长移动就可以测得钢筋锈蚀程度。

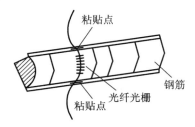

图9.18 光纤光栅腐蚀传感器示意图

2. 隧道健康光纤光栅监测系统

隧道工程因其施工工期长、施工环境复杂,不仅要满足施工全过程的监测要求,还要能够在竣工后运营期对隧道结构长期进行在线健康监测。传统的隧道工程安全监测主要采用电阻应变片式传感器,而零漂移使得隧道长期监测产生很大失真。而采用光纤传感器能实现隧道工程结构的长期健康监测。隧道健康光纤光栅监测系统由光纤光栅、传输光纤和光纤光栅解调仪构成;通常,系统网络的监控站设在隧道出口,各断面按监测要求布设光纤光栅,通过不同芯线的光缆将光纤光栅串接后引至出口测站,在测站接入光纤光栅解调仪,完成数据的收集、处理和发布。

9.4.4 在环保监测中的应用

环保监测领域的传感器侧重于监测水质污染、大气污染和工业排污测控等几个方面,例如,对水质监测的项目包括对污水的流量、酸碱度、电导率、温度、浊度、色度、溶解氧、总磷、总氮、氟化物、氰化物、硫化物以及金属离子浓度特别是重金属离子浓度等进行检测。光纤传感技术在环保监测领域的应用是国际上的研究热点,目前相对较成熟的主要是用于大气污染监测和危险、易燃、易爆气体监测的光纤气体传感器。

如图9.19所示为1984年世界上第一个光纤氢气传感器的结构示意图,是一种基于光纤M-Z干涉仪的氢气传感器。探测单元是作为M-Z干涉仪一臂的一段3 cm长的镀膜单模光纤,光纤在去除涂覆层后,依次镀上10 nm厚度的钛膜和10 μm厚度的钯膜,其中钛膜是为了加强钯膜与光纤的结合。当探测光纤置于含有氢气的环境中时,钯膜吸收氢气后体积膨胀会拉伸光纤,继而带来干涉仪信号臂(镀膜光纤)中传输光的相位变化,使干涉条纹发生漂移。该传感器可实现氮气背景环境中低至0.6%(体积分数)的氢气探测(室温常压)，响应时间小于 3 min。发展至今，类似的干涉式光纤氢气传感器(如迈克尔逊式、Sagnac式以及法布里-珀罗式)不断被研制出来，传感器的尺寸越来越小，灵敏度和响应时间也有了显著的提升。

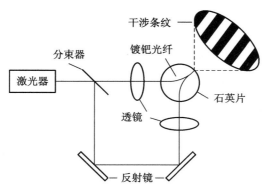

图 9.19　光纤氢气传感器结构示意图

10 第 10 章 化学量传感器

顾名思义，化学量传感器是以化学量如气体成分、溶液中某种物质的浓度等作为检测对象的。当然，这是一种不太严格的说法，例如测量气体相对湿度、物质水含量的传感器，用这种定义就很难确定其究竟是属于物理量传感器还是化学量传感器。实际上，有关这两种传感器的研究文章既经常出现在化学量传感器的专业杂志中，也会出现在物理量传感器的专业杂志中。化学量传感器的一种较为通用的定义是对各种化学物质敏感并将其浓度转换为电信号进行检测的小型器件，被分析物通过与敏感器件之间发生化学反应或者化学过程将其化学或者化学生物信息以定量或定性的方式转换为可进一步分析的有用电信号。

10.1 气敏传感器

气敏传感器（又称气体传感器）是用来测量气体的类别、浓度和成分的传感器。由于气体的种类繁多，性质各不相同，不可能用一种传感器检测所有类别的气体，因此，能实现气、电转换的传感器种类很多。按构成材料，气敏传感器可分为半导体和非半导体两大类。目前，实际使用最多的是半导体气敏传感器。因此，本节以半导体气敏传感器为例进行介绍。

10.1.1 电阻型半导体气敏传感器

1. 电阻型半导体气敏材料的导电机理

电阻型半导体气敏传感器是利用气体在半导体表面的氧化和还原反应导致敏感元件阻值变化而制成的；当半导体器件被加热到稳定状态，气体接触半导体表面能被吸附时，被吸附的分子首先在物体表面自由扩散并失去运动能量，一部分分子会被蒸发掉，另一部分残留分子则产生热分解而化学吸附在吸附处。若半导体的功函数小于吸附分子的亲和力（气体的吸附和渗透特性），则吸附分子将从器件内夺得电子，而变成负离子吸附，使得半导体表面出现电荷层。例如，氧气等具有负离子吸附倾向的气体被称为氧化型气体或电子接收性气体。如果半导体的功函数大于吸附分子的离解能，吸附分子将向器件放出电子，而形成正电子吸附。具有正离子吸附倾向的气体有 H_2、CO、碳氢化合物和醇类，它们被称为还原型气体或电子供给性气体。

当氧化型气体吸附到 N 型半导体，还原型气体吸附到 P 型半导体上时，将使半导体载流子减少，而使电阻值增大。当还原型气体吸附到 N 型半导体上，氧化型气体吸附到 P 型半导体上时，则载流子增多，使半导体电阻值下降。图 10.1 表示了气体接触 N 型半导体时所产生的器件阻值变化情况。由于空气中的含氧量大体上是恒定的，因此氧化的吸附量也是恒定的，器件阻值也相对固定。若气体浓度发生变化，其阻值也会变化。根据这一特性，可以从阻值的变化得知吸附气体的种类和浓度。半导体气敏时间（响应时间）一般不超过 1 min。N 型材料有 SnO_2、ZnO、TiO 等，P 型材料有 MoO_2、CrO_3 等。

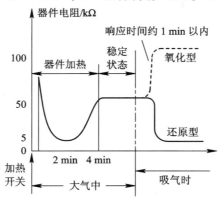

图 10.1　N 型半导体吸附气体时器件阻值变化情况

2. 电阻型半导体气敏传感器的结构

电阻型半导体气敏传感器通常由气敏元件、加热器和封装体等三部分组成。其中，气敏元件从制造工艺来分有烧结型、薄膜型和厚膜型三类，它们的典型结构如图 10.2 所示。

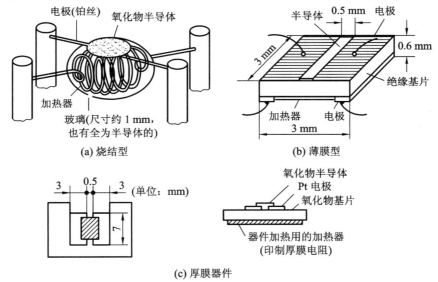

图 10.2　电阻型半导体气敏传感器的器件结构

图 10.2(a) 为烧结型气敏元件。这类元件以 SnO_2 半导体材料为基体，将铂电极和加热丝埋入 SnO_2 材料中，用加热、加压、温度为 $1000\sim900\,℃$ 的制陶工艺烧结而成，因此被称为半导体导瓷，简称半导瓷。半导瓷内的晶粒直径为 $1\ \mu m$ 左右，晶粒的大小对电阻有一定影响，但对气体检测灵敏度则无很大的影响。烧结型器件制作方法简单，器件寿命长；但由于烧结不充分，器件机械强度不高，电极材料较贵重，电性能一致性较差，应用受到一定限制。

图 10.2(b) 为薄膜型气敏元件，采用蒸发或溅射工艺，在石英基片上形成氧化物半导体薄膜（其厚度约在 $1000\ \text{Å}$ 以下）。其制作方法也很简单。实验证明，SnO_2 半导体薄膜的气敏特性最好，但这种半导体薄膜为物理性附着，器件间性能差异较大。

图 10.2(c)为厚膜型气敏元件，这类元件是将 SnO_2 或 ZnO 等材料与 3%～15%(重量)的硅凝胶混合制成能印制的厚膜胶，把厚膜胶用丝网印制到装有铂电极的氧化铝(Al_2O_3)或氧化硅(SiO_2)等绝缘基片上，再经 400～800℃ 温度烧结 1 h 制成。由于这种工艺制成的元件离散度小，机械强度高，适合大批量生产，所以是一种很有前途的器件。

加热器的作用是将附着在敏感元件表面的尘埃、油雾等烧掉，加速气体的吸附，提高其灵敏度和响应速度。加热器的温度一般控制在 200～400℃。

加热方式一般有直热式和旁热式两种，因而形成了直热式和旁热式气敏元件。直热式气敏元件是将加热丝直接埋入 SnO_2 或 ZnO 粉末中烧结而成，因此，直热式常用于烧结型气敏结构。直热式结构如图 10.3(a)、(b)所示。旁热式气敏元件是将加热丝和敏感元件同置于一个陶瓷管内，管外涂梳状金电极作测量极，在金电极外再涂上 SnO_2 等材料，其结构如图 10.3(c)、(d)所示。

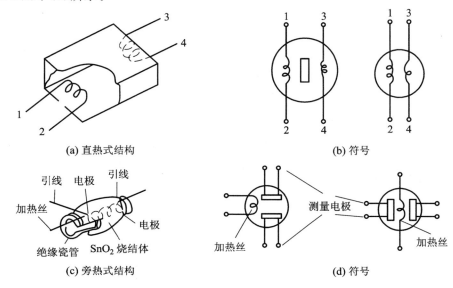

(a) 直热式结构   (b) 符号

(c) 旁热式结构   (d) 符号

图 10.3 气敏元件结构与符号

直热式结构的气敏传感器的优点是制造工艺简单、成本低、功耗小，可以在高电压回路中使用。其缺点是热容量小、易受环境气流的影响，测量回路和加热回路间没有隔离而相互影响。国产 QN 型和日本费加罗 TGS♯109 型气敏传感器均属此类结构。

旁热式结构的气敏传感器克服了直热式结构的缺点，使测量极和加热极分离，而且加热丝不与气敏材料接触，避免了测量回路和加热回路的相互影响；器件热容量大，降低了环境温度对器件加热温度的影响，所以这类结构器件的稳定性、可靠性比直热式的好。国产 QMN5 型和日本费加罗 TGS♯812/813 等型气敏传感器都采用这种结构。

3. 气敏元件的基本特性

1) SnO_2 系

烧结型、薄膜型和厚膜型 SnO_2 气敏元件对气体的灵敏度特性如图 10.4 所示。气敏元件的阻值 R_c 与空气中被测气体的浓度 C 成对数的关系变化：

$$\log R_c = m\log C + n \qquad\qquad (10.1-1)$$

式中，n——常量，取值与气体检测灵敏度有关，除了随材料和气体种类不同而变化外，还会由于测量温度和添加剂的不同而发生大幅度变化；

m——气体的分离度，随气体浓度变化而变化。对可燃性气体，$1/3 \leqslant m \leqslant 1/2$。

在气敏材料 SnO_2 中添加铂（Pt）或钯（Pd）等作为催化剂，可以提高其灵敏度并加大对气体的选择。添加剂的成分和含量，以及元件的烧结温度和工作温度，都将影响元件的选择性。

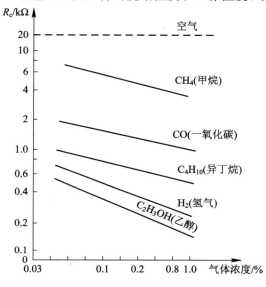

图 10.4　SnO_2 气敏元件灵敏度特性

例如在同一工作温度下，含 1.5%（重量）Pd 的元件对 CO 最灵敏，而含 0.2%（重量）Pd 时对 CH_4 最灵敏。又如同一含量 Pt 的气敏元件，在 200℃ 以下，检测 CO 最好，而在 300℃ 时检测丙烷最好，在 400℃ 以上检测甲烷最佳。实验证明，在 SnO_2 中添加 ThO_2（氧化钍）的气敏元件，不仅对 CO 的灵敏程度远高于其他气体，而且其灵敏度随时间而产生周期性的振荡现象；同时，该气敏元件在不同浓度的 CO 气体中，其振荡波形也不一样，如图 10.5 所示。虽然目前尚不明确其机理，但可以利用这一现象对 CO 浓度作精确的定量检测。

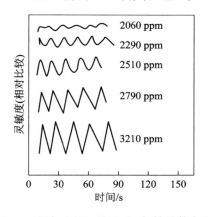 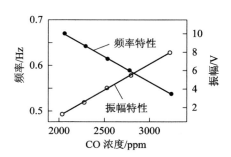

图 10.5　添加 ThO_2 的 SnO_2 气敏元件在不同浓度 CO 气体中的振荡波形及振荡频率、幅度
与 CO 浓度的关系特性曲线（工作温度为 200℃，添加 1%（重量）的 ThO_2）

SnO_2 气敏元件易受环境温度和湿度的影响，图 10.6 给出了 SnO_2 气敏元件受环境温度、湿度影响的综合特性曲线。其中，R_H 为相对湿度，R_0 为气敏传感器在室温及 50% 湿度

环境下的电阻阻值。由于环境温度、湿度对其特性有影响，所以使用时通常要进温度补偿。

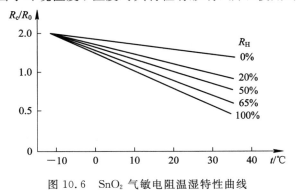

图 10.6　SnO₂ 气敏电阻温湿特性曲线

2) ZnO 系

　　ZnO(氧化锌)系气敏元件对还原性气体有较高的灵敏度，其工作温度比 SnO₂ 系气敏元件约高 100℃，因此不及 SnO₂ 系元件应用普遍。与 SnO₂ 系气敏元件相似，要提高 ZnO系元件对气体的选择性，也需要添加 Pt 和 Pd 等金属元素。例如，在 ZnO 中添加 Pd，则对H₂ 和 CO 呈现出高的灵敏度，而对丁烷(C₄H₁₀)、丙烷(C₃H₈)、甲烷(CH₄)等烷烃类气体灵敏度很低，如图 10.7(a)所示。如果在 ZnO 中添加 Pt，则对烷烃类气体有很高的灵敏度，而且含碳量越多，灵敏度越高，对 H₂、CO 等气体则灵敏度很低，如图 10.7(b)所示。

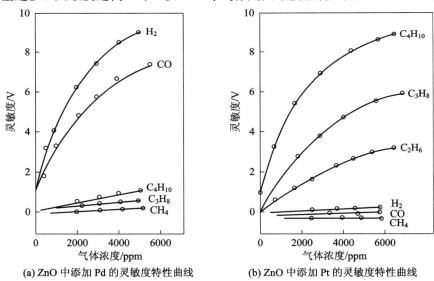

(a) ZnO 中添加 Pd 的灵敏度特性曲线　　(b) ZnO 中添加 Pt 的灵敏度特性曲线

图 10.7　ZnO 系气敏元件的灵敏度特性曲线

10.1.2　非电阻型气敏传感器

　　非电阻型气敏传感器也是半导体气敏传感器之一，它是利用 MOS 二极管的电容-电压特性的变化以及 MOS 场效应晶体管(MOSFET)的阈值电压的变化等特性而制成的气敏器件。由于这类器件的制造工艺成熟，便于气敏器件与处理电路进行集成，因而其性能稳定且价格便宜。特定材料还可以使器件对某些气体特别敏感。

1. MOS 二极管气敏传感器

MOS 二极管气敏传感器是在 P 型半导体硅片上，利用热氧化工艺生成一层厚度为 $50 \sim 100$ nm 的二氧化硅（SiO_2）层，然后在 SiO_2 的表面蒸发一层钯（Pd）的金属薄膜作为栅电极，如图 10.8(a) 所示。由于 SiO_2 层电容 C_a 固定不变，而 Si 和 SiO_2 界面电容 C_s 是外加电压的函数，其等效电路见图 10.8(b)。由等效电路可知，总电容 C 也是栅偏压的函数。其函数关系称为该类 MOS 二极管的 $C\text{-}U$ 特性。由于钯对氢气（H_2）特别敏感，钯吸附了 H_2 以后，会使钯的功函数降低，导致 MOS 管的 $C\text{-}U$ 特性向负偏压方向平移，如图 10.8(c) 所示。根据这一特性就可测定 H_2 的浓度。

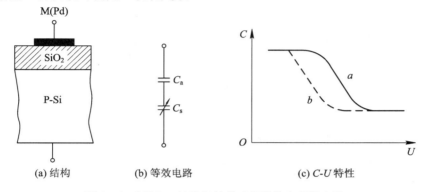

|(a) 结构|(b) 等效电路|(c) $C\text{-}U$ 特性|

图 10.8　MOS 二极管气敏传感器结构和等效电路

2. 钯-MOS 场效应晶体管气敏传感器

钯-MOS 场效应晶体管（Pd-MOSFET）的结构与普通 MOSFET 的结构对比如图 10.9 所示。由图可知，它们的主要区别在于栅极 G。Pd-MOSFET 的栅电极材料是钯（Pd），而普通 MOSFET 的为铝（Al）。因为 Pd 对 H_2 有很强的吸附性，当 H_2 吸附在 Pd 栅极上时，引起 Pd 的功函数降低。根据 MOSFET 的工作原理，当栅极（G）、源极（S）之间加正向偏压 U_{GS} 且 $U_{GS} > U_T$（阈值电压）时，则栅极氧化层下面的硅从 P 型变为 N 型。这个 N 型区域将源极和漏极连接起来，形成导电通道，即为 N 型沟道。此时，MOSFET 进入工作状态。若此时在源极（S）和漏极（D）之间加电压 U_{DS}，则源极和漏极之间有电流流通（I_{DS}）。I_{DS} 随 U_{DS} 和 U_{GS} 的变化而变化，其变化规律即为 MOSFET 的 $U\text{-}A$ 特性。当 $U_{GS} < U_T$ 时，MOSFET 的沟道未形成，故无漏源电流。U_T 的大小除了与衬底材料的性质有关外，还与金属和半导体之间的功函数有关。Pd-MOSFET 气敏传感器就是利用 H_2 在钯栅极上吸附后引起阈值电压 U_T 下降这一特性来检测 H_2 浓度的。

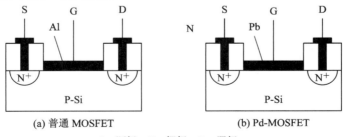

|(a) 普通 MOSFET|(b) Pd-MOSFET|

S—源极；G—栅极；D—漏极。

图 10.9　Pd-MOSFET 和普通 MOSFET 结构对比

由于这类器件特性尚不够稳定，用 Pd-MOSFET 和 Pd-MOS 二极管定量检测 H_2 浓度还不成熟，因此只能作 H_2 的泄漏检测。

10.1.3 气敏传感器的主要参数与特性

1. 灵敏度

灵敏度(k)是气敏传感器的一个重要参数，标志着气敏传感器对气体的敏感程度，决定了测量精度，用传感器的阻值变化量 ΔR 与气体浓度变化量 ΔP 之比来表示：

$$k = \frac{\Delta R}{\Delta P} \qquad (10.1-2)$$

灵敏度的另一种表示方法是采用气敏传感器在空气中的阻值 R_0 与在被测气体中的阻值 R 之比，以 K 表示：

$$K = \frac{R_0}{R} \qquad (10.1-3)$$

2. 响应时间

响应时间即从气敏传感器与被测气体接触，到气敏传感器的阻值达到新的恒定值所需要的时间。它表示气敏传感器对被测气体浓度的反应速度。

3. 选择性

在多种气体共存的条件下，气敏传感器区分气体种类的能力称为选择性；对某种气体的选择性好，就表示气敏传感器对它有较高的灵敏度。选择性是气敏传感器的重要参数，也是目前较难解决的问题之一。

4. 稳定性

当气体浓度不变时，若其他条件发生变化，在规定的时间内气敏传感器输出特性维持不变的能力，称为稳定性。稳定性表示气敏传感器对于气体浓度以外的各种因素的抵抗能力。

5. 温度特性

气敏传感器灵敏度随温度变化的特性称为温度特性。温度有传感器自身温度与环境温度之分。这两种温度对灵敏度都有影响。传感器自身温度对灵敏度的影响相当大，解决这个问题的措施之一就是采用温度补偿方法。

6. 湿度特性

气敏传感器的灵敏度随环境湿度变化的特性称为湿度特性。湿度特性是影响检测精度的另一个因素，解决这个问题的措施之一就是采用湿度补偿方法。

7. 电源电压特性

气敏传感器的灵敏度随电源电压变化的特性称为电源电压特性；为改善这种特性，需采用恒压源。

10.1.4 应用举例

各类易燃、易爆、有毒、有害气体的检测和报警都可以用相应的气敏传感器及其相关电路来实现。如气体成分检测仪、气体报警器、空气净化器等等已用于工厂、矿山、家庭娱乐场所等，下面给出几个经典实例。

1. 简易家用气体报警器

图 10.10 是一种最简单的家用气体报警器电路。采用家用电热式气敏传感器 TGS109，当室内可燃气体浓度增加时，气敏传感器接触到可燃性气体而电阻值降低。这样流经测试回路的电流增加，可直接驱动蜂鸣器 BZ 报警。对于丙烷、丁烷、甲烷等气体，报警浓度一般选定在其爆炸浓度下降的 1/10，可通过调整电阻来调节。

2. 实用酒精测试仪

图 10.11 所示为实用酒精测试仪的电路，只要被测试者向传感器吹一口气，该测试仪便可点亮不同颜色和数量的发光二极管，显示醉酒的程度，从而判断被测试者是否适宜驾驶车辆。气体传感器选用二氧化锡气敏元件。

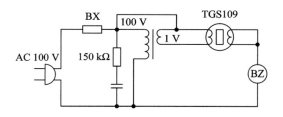

图 10.10 最简单的家用气体报警器电路

当气体传感器探测不到酒精时，加在显示驱动器 A 的第 5 脚电平为低电平。当气体传感器探测到酒精时，其内阻变低，从而使 A 的第 5 脚电平变高，A 共有 10 个输出端，每个输出端可以驱动一个发光二极管。显示驱动器 A 根据第 5 脚电压高低来确定依次点亮发光二极管的级数。酒精含量越高，则点亮二极管的级数越大。A 的上面 5 个发光二极管为红色，表示超过安全水平；下面 5 个发光二极管为绿色，代表安全水平，酒精含量不超过 0.05%。

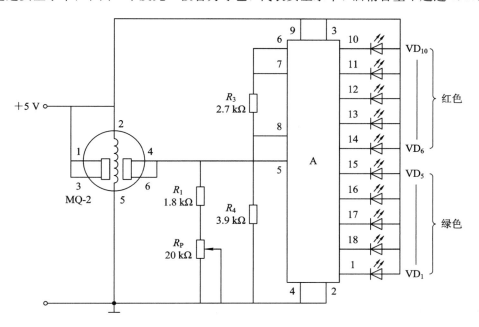

图 10.11 酒精测试仪电路

10.2 离子敏传感器

随着科学技术的发展,在生物学、临床医学、化学、环境保护等领域要求快速准确地检测各种离子(如钾、钠、钙、氯、pH值等)的活度显得越来越重要,传统的方法是采用离子选择电极(ISE)法进行检测,但是因为设备体积大,输出阻抗高(约10^8 Ω),需要具有高输入阻抗的离子计与之匹配进行测量,在实际使用中很不方便。随着半导体平面工艺技术的发展,出现了离子敏场效应晶体管(ISFET),使得检测离子获得了新的手段,可以说ISFET的出现是化学与固体物理学相结合、电化学与半导体理论相互渗透的产物。与ISE相比,ISFET具有体积小、响应快、输出阻抗低、易于小型化、集成化等优点,因而更具有生命力。

10.2.1 离子选择电极

离子选择电极(ISE)法是使用离子选择电极作指示电极的电位分析方法。1975年IU-PAC(国际纯粹与应用化学联合会)推荐使用"离子选择电极"这个术语,并给出定义:离子选择电极是一类化学传感器,它的电位与溶液中特定离子活度的对数呈线性关系。

无论哪种离子选择电极,都具有一个感应膜(或称敏感膜),它是离子选择电极的最重要的组成部分,也是决定该电极性质的主体。常用离子选择电极的结构简图如图10.12所示,主要包含感性膜和内部标准溶液及内部电极部分。

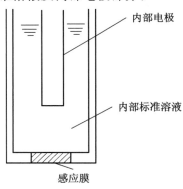

内部电极

内部标准溶液

感应膜

图 10.12 离子选择电极的结构简图

历史上由Cremer研究出的测量溶液pH值的玻璃膜电极,是最早的离子选择电极。20世纪30年代,商品玻璃电极及专用测量仪器即pH计的问世,标志着玻璃电极测pH值进入实用化阶段。

pH计最基本的元件是一个特殊制作的半透性玻璃膜片。该感应膜片仅允许氢离子通过,其他离子则不允许通过;当电极浸泡在含有氢离子溶液中时,外部的离子通过膜片向电极内扩散,直到内部与外部的浓度差处于平衡状态。此时,膜片内侧积累有与外侧溶液中氢离子浓度成正比的电荷。由于目标离子由ISE膜片的高浓度一侧通过扩散迁移到低浓度一侧,在ISE的膜片两侧就会产生电位差。

到20世纪60年代,Punger等人研究成功有机体系的感应膜片,以卤素、银离子及其他多种离子为对象的离子选择电极相继问世，巩固了离子选择电极以溶液中离子为对象的传感器地位；当时由于固体膜电极的出现，F^-、Ag^+、S^{2-}、CN^-、Pb^{2+}、Cu^{2+} 的检测成为可能。

离子选择电极的结构如图 10.13 所示，将合适的参比电极与离子选择电极一起浸入样品溶液中，其中离子选择电极包含的特殊敏感膜对溶液中某些离子的活度具有选择性反应。在离子选择膜两边就会产生一个电位差。在平衡状态下，该电位依赖于样品溶液中离子活度及内参比溶液中离子的活度。根据奈斯特（Nernst）方程，有

$$E_m = \frac{2.303RT}{Z_i F} \ln \frac{a_i}{a_j} \qquad (10.2-1)$$

式中，E_m——相对于内参比电极的膜两侧的电位；

　　　Z_i——被测离子上的基本电荷（即一个质子的电荷）；

　　　a_i——在膜的样品一侧的离子活度；

　　　a_j——在膜的另一侧的内参比电极的离子活度；

　　　T——温度；

　　　R——气体常数（$8.314\ JK^{-1}mol^{-1}$）；

　　　F——法拉第常数（$9.69 \times 10^4\ C \cdot mol^{-1}$）。

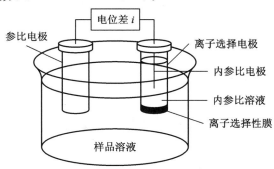

图 10.13　离子选择电极分析中所使用的电极

早在 1889 年，奈斯特提出了电极电位与溶液组分的关系式——奈斯特方程，它是现代离子电极定量分析方法的理论基础。

同时浸入在溶液中的参比电极产生固定的参比电位 E_r，通过一个高输入阻抗的电位测量装置测得电位差，它是离子选择电极的电位 E_m 与参比电极的电位 E_r 之差，即

$$E = E_m - E_r \qquad (10.2-2)$$

把式（10.2-1）中的 E_m 代入式（10.2-2），并合并常数项得

$$E = \frac{2.303RT}{Z_i F} \ln \frac{a_i}{a_j} - E_r = 常数 + \frac{2.303RT}{Z_i F} \ln a_i \qquad (10.2-3)$$

由式（10.2-3）可看出，测得的电位差与样品中被测离子的活度 a_i 有关。符合这一关系的电极称为表现出奈斯特效应的电极。将测得的电位差处理、放大、变换，便能以数字形式直接显示出样品中被测离子的活度 a_i。

10.2.2　离子敏场效应管

离子敏场效应管（ISFET）传感器是在金属氧化物场效应晶体管（MOSFET）基础上制成的对特定离子敏感的离子检测器件，是集半导体制造工艺和普通离子电极特性于一体的传

感器，其结构与普通的 MOSFET 类似。在 ISFET 中，由特定的离子敏感膜、被测电解液及参比电极代替了 MOSFET 的金属栅极；让敏感膜直接与被测离子溶液接触，通过离子与敏感膜的相互作用，调制场效应晶体管的漏源电流的变化，达到检测溶液中离子活度的目的。

1. MOSFET 的结构及漏-源电流特性

利用垂直于半导体表面的外电场（如栅电压 U_{GS}）来改变半导体表面的性质，称为半导体的表面电场效应。建立在半导体表面电场效应基础上的器件称为场效应晶体管（FET）。图 10.14 是金属-绝缘层（如 SiO_2）-半导体场效应晶体管（MOSFET）的工作原理。源区（S）与漏区（D）是高掺杂的 N^+ 区，源区与漏区间距在几微米到几十微米的范围，它们之间隔着 P 型硅衬底，这相当于两个 PN 结背靠背串联在一起。在源-漏极间加电压（U_{DS}）时，电流非常小（等于 PN 结反向漏电流），可以认为源、漏间不导通，但是在栅极上相对于衬底加一足够大的正电压（U_{GS}）时，由于表面电场效应，半导体表面由 P 型转变为 N 型，即出现反型层，这个反型层将源、漏间连接起来。这时若加 U_{DS} 电压，便有电流 I_D 由源区通过反型层流到漏区，这个电流称为漏极电流。显然，U_{GS} 越大，表面反型越严重（即反型层电阻越小），那么 I_D 电流也就越大。连通源、漏区的 N 型反型层称为 N 型沟道。只有当栅电压大于某特定电压（阈值电压）时，在 P 型硅表面才能形成 N 型沟道的 MOSFET 器件，称为 N 沟道增强型 MOSFET。

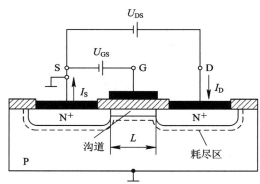

图10.14　N 沟道增强型 MOS 晶体管的工作原理

图 10.15 是增强型 NMOS 晶体管的直流伏安特性曲线，表示的是漏源电流 I_D 和漏源电压 U_{DS} 之间的关系，以栅源控制电压 U_{GS} 为参变量，也称为增强 NMOS 晶体管的直流输出特性，该曲线可分为截止区、线性区/过渡区（统称为非饱和区）以及饱和区。

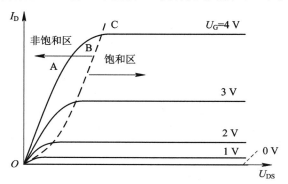

图 10.15　增强型 NMOS 晶体管直流伏安特性曲线

在 $U_{GS} < U_T$ 的条件下，漏、源之间尚未形成沟道，因此有 $I_D \cong 0$，这时当然就不考虑它的工作状态，这里 U_T 为阈值电压。若 $U_{GS} \geqslant U_T$，漏、源之间形成沟道，但如果漏、源之间电压 U_{DS} 较小，沿沟道方向的沟道截面积不相等的现象很不明显，这时沟道相当于一个截面均匀的电阻，因此源、漏电流 I_D 随 U_{DS} 几乎是线性增加的。在非饱和的线性区，漏极电流表达式为

$$I_D = \frac{W\mu_n}{L}C_{ox}\left[(U_{GS}-U_T)U_{DS} - \frac{1}{2}U_{DS}^2\right] \qquad (10.2-4)$$

式中，μ_n——沟道中电子迁移率；

　　L 和 W——分别为沟道的长和宽；

　　C_{ox}——单位面积栅氧化层电容。

也可以将 $\mu_n C_{ox}$ 用参数 K_p 表示，称为跨导系数（它是 Spice 软件中的一个参数模型）。

随着 U_{DS} 的增加，沿沟道方向的沟道截面积不相等的现象逐步表现出来。U_{DS} 增加到使漏端沟道截面积减小到零时称为沟道"夹断"，如图 10.16 所示，这时 MOS 晶体管的工作状态对应图 10.15 所示的特性曲线上的 C 点。

出现夹断时的 U_{DS} 称为饱和电压，记为 U_{Dsat}，这时的电流记为 I_{Dsat}；如果 U_{DS} 再增加，使得 $U_{DS} > U_{Dsat}$，这时漏端 PN 结耗尽层进一步扩大，如图 10.17 所示。但是夹断点与源之间的电压，即有效沟道区两端的压降仍保持为 U_{Dsat}。因此通过沟道区的电流基本保持为 I_{Dsat}。由于 U_{DS} 大于 U_{Dsat} 后，I_D 基本保持不变，因此称这一区域为饱和区。

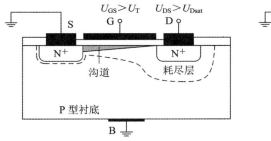

图 10.16　沟道夹断　　　　　　　　图 10.17　饱和区的沟道

从上述可知，当 $U_{GS} \geqslant U_T$ 时，$U_{DS} > U_{Dsat}$ 对应于特性曲线上的饱和区，分析可得该区域的漏极电流为

$$I_D = \frac{W\mu_n}{2L}C_{ox}[U_{GS}-U_T]^2 \qquad (10.2-5)$$

其中的阈值电压 U_T 为

$$U_T = \phi_{ms} + 2\phi_F - \frac{Q_{SS}+Q_B}{C_{ox}} \qquad (10.2-6)$$

式中，C_{ox}——单位面积栅氧化层电容；

　　ϕ_{ms}——金属与半导体的功函数之差；

　　ϕ_F——P 型半导体衬底内部的费米能级；

　　Q_B——耗尽区的单位面积电荷；

　　Q_{SS}——等效界面态和氧化层电荷；

　　L——沟道长度；

W——沟道宽度；

μ_n——沟道中电子的表面迁移率。

2. ISFET 的结构和工作原理

ISFET 的基本结构如图 10.18 所示，它类似于普通的 MOSFET，因而具有类似的输出特性；不同之处在于它没有金属栅极，栅介质呈裸露态或在其上涂敷有对离子敏感的敏感膜，与参比电极以及待测溶液一起起着栅电极的作用。

参比电极上所加电压(包括溶液与敏感膜之间的奈斯特电压)通过待测溶液加到绝缘栅上，使半导体表面反型，形成导电沟道。如果参比电极上施加的电压正好使半导体表面反型($U_0 = 2U_F$)，这时参比电极上的电压称为阈值电压，用符号 U_T^* 表示。

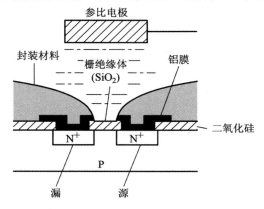

图 10.18 ISFET 的基本结构

ISFET 阈值电压的表示式类似于 MOFET 的阈值电压的表达式(10.2 - 6)，只需将式中 ϕ_{ms} 由两个新项所代替，即表示电解液与栅介质界面处的化学势 ϕ_1 及参比电极与电解液之间的参比电位 U_R。于是 ISFET 的阈值电压为

$$U_T^* = \phi_1 + U_R + 2\phi_F - \frac{Q_B}{C_{ox}} - \frac{Q_{SS}}{C_{ox}} \tag{10.2 - 7}$$

式中，对特定结构的 ISFET，除了 ϕ_1 外，其他各项为常数，所以 U_T^* 的变化只由电解液与栅介质界面处 ϕ_1 的变化决定，ϕ_1 的大小又取决于敏感膜的性质和电解液中的离子活度(稀释溶液中，离子的活度与浓度相等)。根据奈斯特关系，可得

$$\phi_1 = \phi_0 \pm \frac{RT}{Z_i F} \ln a_i \tag{10.2 - 8}$$

式中，ϕ_0——常数；

R——气体常数；

F——法拉第常数；

a_i——待测离子的活度；

Z_i——离子的价数；

T——绝对湿度。

对于一价阳离子(如 H^+)，有

$$\phi_1 = \phi_0 + \frac{2.303RT}{F} \ln a_{H^+} \tag{10.2 - 9}$$

由此得

$$U_T^* = \phi_o + U_R - \left[\frac{Q_{SS}}{C_{ox}} - 2\phi_F + \frac{Q_B}{C_{ox}} \right] + \frac{2.303RT}{F} \ln a_{H^+} \tag{10.2-10}$$

对于给定的 ISFET 和参比电极，式(10.2-10)化简为

$$U_T^* = C + k \cdot \mathrm{pH} \tag{10.2-11}$$

式中，pH 是指溶液的 pH 值，pH 值是溶液中离子活度的量度，若 a_i 表示某离子的活度，则 pH 值定义为 $\mathrm{pH} = -\lg a_i$。对式(10.2-11)微分得

$$k = \frac{\mathrm{d}U_T^*}{\mathrm{dpH}} \tag{10.2-12}$$

其中，k 称为 ISFET 的灵敏度。由式(10.2-12)可以看出，根据 ISFET 阈值电压的变化，能够测量电解液中离子的活度。

按照阈值电压的定义，若栅源电压 U_{GS} 等于阈值电压 U_T^*，ISFET 绝缘栅的下面就形成导电通道(相当于增强型 ISFET)，器件处于工作状态。这时只要加上漏源电压 U_{DS}，沟道中就有电流通过。

当 U_{DS} 不是很大时，ISFET 工作在线性区，其漏源电流表达式为

$$I_D = \frac{W\mu_n}{L} C_{ox} \left[(U_{GS} - U_T^*) U_{DS} - \frac{1}{2} U_{DS}^2 \right] \tag{10.2-13}$$

将 U_T^* 值代上式(10.2-13)就得到漏—源电流方程表达式：

$$I_D = \frac{W\mu_n}{L} C_{ox} \left\{ \left[U_{GS} + \phi_o - U_R + \left(\frac{Q_{SS}}{C_{ox}} + \frac{Q_B}{C_{ox}} - 2\phi_F \right) - \frac{2.303}{F} \ln a_{H^+} \right] U_{DS} - \frac{1}{2} U_{DS}^2 \right\} \tag{10.2-14}$$

3. ISFET 的性能参数

ISFET 栅极上的离子敏感膜是决定 ISFET 工作性能优劣的关键，但是其专一性不是绝对的，会不同程度地受到干扰离子的影响，因此 ISFET 的性能参数应该反映这方面的性能。

1) 奈斯特(Nernst)响应

ISFET 的功能是将溶液中被测离子的活度转换成一定的电流(电压)输出。换句话说，ISFET 的漏极电流(或输出电压)随着离子活度的变化而变化，这种现象称为响应。在一定的离子活度变化范围内，如果这种响应符合 Nernst 方程，就称为 Nernst 响应。它的特点是溶液中离子活度的对数与 ISFET 的漏极电流(或输出电压)呈线性关系。例如：

$$I_{DS} = a \left[k_0 + E_{REF} \pm \frac{RT}{Z_i F} \ln a_i \right] \tag{10.2-15}$$

式中，a、k_0、E_{REF}——分别为与器件几何尺寸、结构、栅源电压、漏源电压等有关的常数；

　　R、T、Z_i、F、a_i——意义同前。

当 a、k_0、E_{REF}、R、T、Z_i、F 均为常数时，I_{DS} 与离子活度 a_i 的对数呈线性关系。

2) 选择系数

ISFET 的 Nernst 响应是依靠离子敏感膜上的某种响应离子的交换反应和膜内电荷的迁移来完成的。但是在实际的体系中，一般情况下，总是存在着多种离子。如果非待测离子也参与上述两种过程，将对检测产生干扰。为了进一步说明这个问题，采用如下普遍的 Nernst 方程：

$$\phi_1 = \phi_o \pm \frac{2.303RT}{Z_i F} \lg \left[a_i + \sum \eta_{i,j} a_j^{Z_i/Z_j} \right] \tag{10.2-16}$$

式中，ϕ_1——Nernst 电位，其值取决于敏感膜材料、离子吸附、离子交换等因素；

ϕ_o——常数；

a_i、a_j——分别表示待测离子和干扰离子的活度；

$\eta_{i,j}$——选择系数，表示非待测离子所引起的干扰，是判断器件选择性优劣的重要标准。

多种干扰离子的存在所产生的误差可由下式进行估计：

$$误差 = \frac{\eta_{i,j}a_j^{Z_i/Z_j}}{a_i} \times 100\% \qquad (10.2-17)$$

(1) 当 $\eta_{i,j} \ll 1$ 时，表明器件对 i 离子的选择性好。

(2) 当 $\eta_{i,j} = 1$ 时，表明器件对待测离子和干扰离子的响应相等，选择性差。

(3) 当 $\eta_{i,j} \gg 1$ 时，表明器件对干扰离子的响应超过了待测离子。

显然，$\eta_{i,j}$ 愈小愈好。

表 10.1 列举了一种干扰离子情况的 ISFET 选择系数。

表 10.1　K^+、Ca^{2+}——ISFET 的选择系数

干扰离子	选择系数	干扰离子	选择系数	干扰离子	选择系数	干扰离子	选择系数
K^+	1	Ni^{2+}	6.9×10^{-5}	Ca^{2+}	1	Na^+	8.7×10^{-6}
NH_4^+	6.6×10^{-3}	Na^+	6.9×10^{-3}	NH_4^+	1.07×10^{-5}	K^+	8.8×10^{-7}
Mg^{2+}	3.3×10^{-5}	Ca^{2+}	3.5×10^{-5}	Ma^{2+}	8.7×10^{-6}	Sr^{2+}	2.5×10^{-2}
Ba^{2+}	2.2×10^{-5}	Sr^{2+}	1.2×10^{-5}	Ba^{2+}	4.6×10^{-3}	Cd^{2+}	8.7×10^{-4}
Cd^{2+}	3.8×10^{-5}	Cu^{2+}	3.2×10^{-5}	Mn^{2+}	9.5×10^{-3}	Ni^{2+}	1.07×10^{-5}

ISFET 的选择系数可用以下两种方法求得。

(1) 溶液法（S.S.M）：用一个 ISFET 分别对只含有待测离子或干扰离子的标准溶液进行测量，用各自得到的电位与活度（$\lg a_i$ 或 $\lg a_j$）关系作图，得到校正曲线（见图 10.19）。它们的电位值用 Nernst 公式表示为

$$\phi_1 = \phi_{o1} \pm \frac{2.303RT}{Z_iF}\lg a_i \qquad (10.2-18)$$

$$\phi_2 = \phi_{o2} \pm \frac{2.303}{Z_iF}\lg(\eta_{i,j}a_j^{Z_i/Z_j}) \qquad (10.2-19)$$

根据式（10.2-18）和式（10.2-19），可以用以下两种方法计算选择系数：

① 等活度法。假定干扰离子与代谢离子的活度相等，且 $\phi_{o1} = \phi_{o2}$，则式（10.2-18）和式（10.2-19）相减得

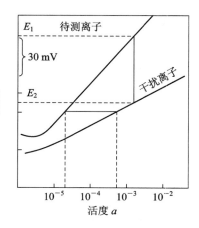

图 10.19　校正曲线

$$\phi_2 - \phi_1 = \pm \frac{3.03RT}{Z_iF}\left[\lg\eta_{i,j} + \left(\frac{Z_i}{Z_j}-1\right)\lg a_i\right] = k\left[\ln\eta_{i,j} + \left(\frac{Z_i}{Z_j}-1\right)\ln a_i\right]$$

$$(10.2-20)$$

式中，$k = \pm \dfrac{2.303RT}{Z_iF}$——ISFET 的实际斜率。

若 $Z_i = Z_j$，则得到

$$\lg \eta_{i,j} = \frac{\phi_2 - \phi_1}{k} \qquad (10.2-21)$$

由此即可求得选择系数 $\eta_{i,j}$。

② 等电位法。假定 $\phi_2 = \phi_1$，且 $\phi_{o1} = \phi_{o2}$，则由式(10.2-18)和(10.2-19)可得到

$$\lg a_i = \lg(\eta_{i,j} a_j^{Z_i/Z_j})$$

$$a_i = \eta_{i,j} a_j^{Z_i/Z_j}$$

$$\eta_{i,j} = \frac{a_i}{a_j^{Z_i/Z_j}} \qquad (10.2-22)$$

注意　这种方法只是一种近似方法，因为假定 $\phi_{o1} = \phi_{o2}$ 且待测离子与干扰离子实际斜率相等，而实际上是不可能相等的。

（2）混合溶液法（F.I.M）：在固定干扰离子活度为 a_j 时，改变溶液中待测离子的活度 a_i，用 ISFET 测量相应电位，并作出它们的关系曲线，如图 10.20 所示。从图中可以看出，随着待测离子活度的下降，曲线逐渐发生弯曲，出现干扰，这时的电位完全由干扰离子的活度 a_j 决定，作关系曲线中直线部分（待测离子的奈斯特曲线）的延长曲线，与曲线弯曲部分的水平切线相交于 A 点，该点所对应的待测离子和干扰离子的相应电位相等，所对应的待测离子的活度 a_x 称为截距活度，则选择系数为

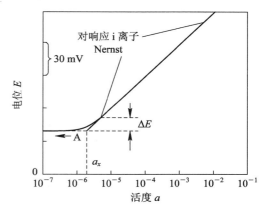

图 10.20　固定干扰离子求 $\eta_{i,j}$ 的方法

$$\eta_{i,j} = \frac{a_x}{a_j^{Z_i/Z_j}} \qquad (10.2-23)$$

3）线性范围和检测下限

线性范围是指 ISFET 在测量过程中得到的校正曲线的直线部分，即符合 Nernst 方程的部分，如图 10.21 中的线段 AB。把线段 AB 对应的活度范围称为 ISFET 的线性范围。

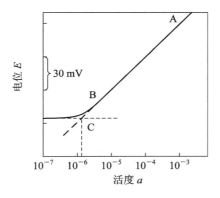

图 10.21　ISFET 的线性范围与检测下限

　　检测下限是指 ISFET 在溶液中能够测量的待测离子的最低活度，也就是校正曲线的直线延长线和曲线的水平切线的交点 C 所对应的活度。

　　4）斜率、转换系数及响应时间

　　斜率是指 Nernst 响应范围内，待测离子的活度变化 10 倍时所引起电位的变化值。它反映了 ISFET 的转换功能。在 25℃时，一价离子的理论斜率为 59.16 mV，二价离子的理论斜率为 29.58 mV，而 ISFET 的实际斜率与理论斜率之比称为转换系数，它可以更明确地反映器件的转换能力。响应时间一般定义为从 ISFET 和参比电极接触到待测溶液起，到器件输出电压比稳定电压相差 1 mV 时所需要的时间；也有定义为器件电流值达到平衡值的 95% 时所需要的时间。

　　4. ISFET 的等效电路

　　在分析 MOSFET 的工作特性时常采用等效电路，如图 10.22 所示，它为分析问题提供了方便。对于 ISFET 也可采用类似的方法引入等效电路。

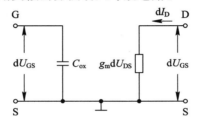

图 10.22　MOSFET 的等效电路

　　假设栅介质为一理想的绝缘体，除了因栅压或电解质溶液的变化引起的与电容有关的电流外，没有栅电流流过。电解液的成分变化所引起 Nernst 电位的变化，在沟道表面附近的所有点都相同。依照这种工作模型，其等效电路如图 10.23 所示。由等效电路得漏源电流表达式为

$$dI_D = g_m(dU_{GS} - dE_r + d\phi) + dI_{photo} \tag{10.2-24}$$

$$dI_D = g_m(dU_{GS} + d\phi)（理想情况下） \tag{10.2-25}$$

式中，$d\phi$——Nernst 电位变化量；

　　　　dE_r——参比电极的电位随溶液的变化量；

　　　　dI_{photo}——光照引起的电流变化量；

　　　　dU_{ox}——控制栅改变量，即外加栅压（参比电极所加电压）变化量 dU_{GS} 以及 Nernst 电位改变量 $d\phi$ 之和；

　　　　C_{ox}——栅电容；

　　　　g_m——跨导。

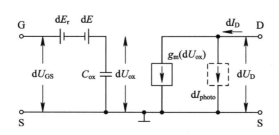

图 10.23　ISFET 的等效电路

测试时通常使用甘汞电极或 Ag/AgCl 电极作为参比电极，认为 $dE_r \cong 0$，所以 ISFET 的漏电流变化为

$$dI_D = g_m(dU_{GS} + d\phi) + dI_{photo}（有光照）\tag{10.2-26}$$

$$dI_D = g_m(dU_{GS} + d\phi)　（屏蔽光照）\tag{10.2-27}$$

ISFET 的跨导为

$$g_m = \frac{WC_{ox}\mu_n}{L}U_{DS}（线性区）\tag{10.2-28}$$

$$g_m = \frac{WC_{ox}\mu_n}{L}(U_{GS} - U_T^*)　（饱和区）\tag{10.2-29}$$

下面对等效电路作简要讨论。

当栅压固定时，如果使参比电极上所加电压保持不变，测量漏电流随离子活度的变化，即随 $d\phi$ 的变化，在这种情况下，$dU_{GS} = 0$，则

$$dI_D = g_m d\phi\tag{10.2-30}$$

说明漏源电流与离子活度之间具有线性关系。

当 I_D、U_{DS} 固定时，$I_D = 0$，则

$$dU_{GS} = -d\phi\tag{10.2-31}$$

也就是说，测得的 U_{GS} 值不依赖于 g_m，即与器件的几何尺寸、材料参数无关。测得的 U_{GS} 实际上是由于溶液浓度的变化而引起的 Nernst 电位的变化，因此可以采用此法测试。

由式(10.2-26)和式(10.2-27)可知在有光照的情况下，测得的输出电压比无光照时要小，但是整个响应特性曲线斜率不变。

在相同条件下测量，$d\phi = 0$，$dI_D = 0$，代入式(10.2-26)，得

$$dU_{GS} = -\frac{1}{g_m}dI_{photo}\tag{10.2-32}$$

实测结果与理论相符。

5. ISFET 固态 Ph 传感器

前面讨论 ISFET 工作原理时，对于一价阳离子(例如 H^+)，得出的表达式(式 10.2-9～式 10.2-12)实际上表征了 pH 传感器的检测特性。对 H^+ 响应的 ISFET 是最基本的 ISFET，也是人们研究最多的半导体离子敏传感器，这是因为去掉了 MOSFET 的金属栅而保留了介质膜，让其直接与溶液接触，就构成了最简单的 H^+-ISFET。

这里以美国 ORION 公司 615700 型离子选择型 FET 固态 pH 电极为例，介绍实际的 pH 传感器。这种离子选择型场效应晶体管(ISFET)固态 pH 传感器采用 N 型硅制成 P 沟道增强型场效应管结构。

图 10.24 为 P 沟道增强型 MOS 场效应管的工作原理。图中 S 表示源极，D 表示漏极，G 表示栅极。图 10.25 为 P 沟道增强型 MOS 场效应晶体管的转移特性曲线。当栅源电压 $|U_{GS}|$ 增大到阈值电压 $|U_T|$ 时，N 型 Si 衬底表面的反型层开始形成，源、漏之间开始有电流通过，当 $|U_{GS}|$ 继续增大时，反型层中的空穴增多，源漏电流随之增加。相反，$|U_{GS}|$ 减小时，源漏电流也跟着减小，当 $|U_{GS}| \leqslant |U_T|$ 时，沟道消失，$I_{DS} = 0$。

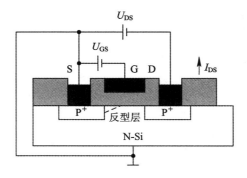

图 10.24　P 沟增强型 MOS 场效应
晶体管工作原理

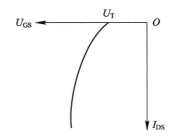

图10.25　P 沟增强型 MOS 场效应
晶体管转移特性曲线

由于 ISFET 用氢离子敏感膜（绝缘层）代替了 MOSFET 的金属栅，所以 ISFET 固态 pH 传感器的参比电位及敏感膜电位代替了 MOSFET 中的金属膜与半导体电位。图 10.26 为 ISFET 固态 pH 传感器的工作原理。当敏感膜与被测溶液接触时，由于氢离子的存在，在敏感膜与溶液界面上感应出对氢离子敏感的奈斯特响应电位：

$$\phi_1 = \phi_0 + 2.3026\frac{RT}{F}\lg a_{H^+} \qquad (10.2-33)$$

式中，H^+——氢离子的活度。

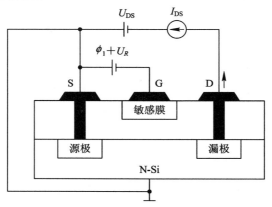

图 10.26　ISFET 固态 pH 传感器工作原理

该电位控制 P 沟道的导电性，使漏源电流发生变化，从而实现对氢离子活度的检测，测出溶液的 pH 值。pH 值定义为

$$pH = -\ln a_{H^+} \qquad (10.2-34)$$

代入式（10.2-33），得

$$\phi = \phi_0 + 2.3026\frac{RT}{F}pH \qquad (10.2-35)$$

式中，ϕ_0、R、T、F——意义同前。

方程（10.2-35）表示电化学 pH 电池中产生的电动势是 pH 的一个线性函数。因数 $-2.3026\frac{RT}{F}$ 称为斜率因数，取决于溶液温度。因此，进行 pH 的测量还需设置温度补偿装置，使 pH 计的显示数字与温度无关。

　　由 MOSFET 的基本原理可知，使漏源电流发生变化的重要参数之一是阈值电压；因源极接地，这里的阈值电压就是指源、漏之间刚好导通时的栅源电压。对于 ISFET 固态 pH 传感器，栅源电压 U_{GS} 与阈值电压 U_T 可分别表示为

$$|U_{GS}| = |\phi + U_R| \tag{10.2-36}$$

$$|U_T| = |\phi + U_R| - \Delta\phi \tag{10.2-37}$$

式中，ϕ——ISFET 膜电位；

　　　U_R——参比电位；

　　　$\Delta\phi$——源极与敏感膜之间的电位增量。

$\Delta\phi$ 可由下式表示：

$$\Delta\phi = s \cdot pH \tag{10.2-38}$$

式中，$s = 2.306\dfrac{RT}{F}$，为斜率因数。

　　将式 (10.2-38) 代入式 (10.2-37)，可得

$$|U_T| = |\phi + U_R| - |s \cdot pH| \tag{10.2-39}$$

　　图 10.27 为 ISFET 固态 pH 传感器的输出特性曲线。由图可知，在非饱和区（图中以虚线为界），当 $|\phi + U_R| > |U_R|$，$U_{DS} = 0$ 时，就会形成沟道，漏源电流随漏源电压 $|U_{DS}|$ 的增加而增加，当 $|U_{DS}|$ 增大至 $|U_{DS}| > |\phi + U_R| - |U_T|$ 后，$|U_{DS}|$ 的增加并不明显地引起漏源电流的增加，这时可以认为电流饱和了。实际应用时应避开饱和区，因此漏源电流的测量范围只能是一个有限范围。这个电流与电压间的定量关系可由下式表示：

$$I_{DS} = -\frac{\mu_p C_{ox} W}{2L}\left[2(|\phi + U_R| - |U_T|)|U_{DS}| - |U_{DS}|^2\right] \tag{10.2-40}$$

式中，μ_p——表面电荷迁移率；

　　　C_{ox}——单位面积栅绝缘膜电容；

　　　W——沟道宽度；

　　　L——沟道长度。

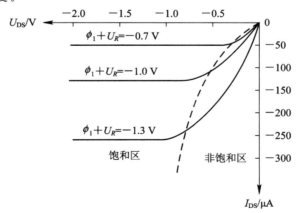

图 10.27　ISFET 固态 pH 传感器输出特性曲线

　　将式 (10.2-39) 代入式 (10.2-40) 并简化后，可得

$$I_{DS} = -\frac{\mu_p C_{ox} W}{L}\left(|s \cdot pH| - \frac{1}{2}|U_{DS}|\right)|U_{DS}| \tag{10.2-41}$$

由式(10.2-41)可知,漏源电流 I_{DS} 与溶液的 pH 值呈线性关系。当漏源电压 U_{DS} 恒定时,测定 I_{DS} 的变化,就可测出相应的 pH 值。

615700 型固态 pH 传感器实际的参比电极为 Ag/AgCl 电极,它的周围充有 KCl 凝胶体,通过多孔陶瓷与液体接触,构成测量电极与参比电极的盐桥。

615700 型 pH 传感器电极的主要技术参数如下:

① 测量范围:0~14 pH;

② 测量精度:±0.02 pH;

③ 温度范围:0~85℃。

6. 离子敏感膜

离子敏感膜是 ISFET 中的核心部分,它是响应不同离子并将其化学量转换成电学量的关键;使用不同的栅介质和敏感膜可派生出各种 ISFET,常见的有无机绝缘膜、固态敏感膜和有机高分子 PVC 膜三种。无机绝缘材料如 SiO_2、SiN_4、Al_2O_3 和 Ta_2O_5 等在 ISFET 中可以起到栅介质和离子敏感膜的双重作用。

将作为敏感材料的单晶体、多晶体固定在 MOSFET 栅上,或将某种难溶电解质盐分散在经适当稀释后的氯仿硅橡胶基体(或聚氟化偶磷、氮的合成橡胶基体)中,利用蒸镀、化学气相淀积或溅射到 ISFET 的栅绝缘层表面,就制成了针对特定离子的相应的固态膜 ISFET。如用 AgBr 固态敏感膜可制成测定溶液中 Ag^+ 和 Br^- 离子浓度的器件;用 75% 的 AgCl 和 25% 的 PNF(聚氟化偶磷、氮)以甲基异丙酮为溶剂可制成 Cl^- ISFET。常用的固态膜材料还有 LaF、CdS、AlF_3、Hg_2Cl_2、$AgI-Ag_2S$ 等。

有机高分子 PVC 膜,是通过将离子活性物质及增塑剂分散到聚乙烯(PVC)基质中,与一定量的四氢呋喃或环己酮溶剂均匀混合而制成透明溶液,然后滴加到栅极上,室温防尘放置 24 h 以上,待溶液挥发后,就在绝缘栅上形成了一层富有弹性的 PVC 膜。离子活性物质是液体离子交换剂或电中性的有机多齿螯合剂。液体离子交换剂中含有带正电荷或带负电荷的有机离子或络离子,它们与相应的金属离子组成离子交换剂盐,分散在以 PVC 为基体的薄膜中。涂敷在 ISFET 的栅区后,离子交换剂与溶液中的待测离子形成中性络合物,中性载体交换剂是一种电中性的有机分子,具有连续的定域电荷,一般由环或开链冠醚组成。这种中性载体具有足够的能量与选择离子(阳离子),可形成多齿螯合阳离子。一般将中性载体交换剂作为电活性材料,通过适当的有机溶剂分散到 PVC 粉中,涂覆到 MOS-FET 的栅极引脚上,或用滴加、溅射等方式淀积到 ISFET 的栅绝缘层上,制成不同种类的有机高分子膜 ISFET。

第二篇 物联网系统

第 11 章　传感器电路与系统应用

11.1　传感器信号的类型及处理方法

11.1.1　传感器信号的类型

一般传感器输出信号(传感器信号)的类型如图 11.1 所示。

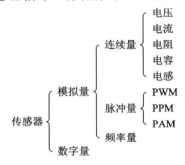

图 11.1　传感器输出信号类型

对于不同的传感器输出信号类型,需要分别进行相应的信号处理。模拟连续式传感器的输出信号可以归纳为 5 种形式:电压、电流、电阻、电容和电感。在处理这些信号时,需要先将它们转变成电压信号,再经过放大、滤波及调理后进行模/数(A/D)转换,如图 11.2 所示。

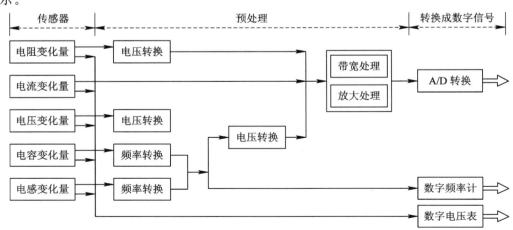

图 11.2　传感器信号模拟量的处理

模拟量传感器通常可以分为有源和无源两大类。有源传感器将被测物理量直接转换成电能，以电压或电流形式输出，比如光电池等。无源传感器则需要外部电源驱动，在输入物理量控制下输出电能，如光敏电阻、热敏电阻、应变片和霍尔传感器等。

11.1.2　电容式与电感式传感器信号处理方法

电容式与电感式传感器信号的处理方法常用的有以下 2 种：

（1）电桥式 LC 传感器信号调制方式：

采用交流激励信号，利用各类电桥，经过检波电路将频率信号转换成直流电压信号，然后进行模/数转换，如图 11.3 所示。

图 11.3　电桥式 LC 传感器信号调制方式

（2）振荡式 LC 传感器信号调制方式：

采用传感器表现出的 LC 特性接入振荡器电路，使其输出一定频率信号，然后进行鉴频，变换为直流电压信号，再利用模/数转换器进行测量，或直接使用数字频率计进行测量，如图 11.4 所示。

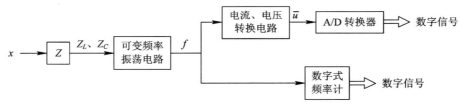

图 11.4　振荡式 LC 传感器信号调制方式

11.1.3　频率变化式传感器信号处理方法

频率变化式传感器类型较丰富，包括模拟式传感器（如石英晶体振荡频率式温度传感器）和脉冲重复频率式传感器（如光敏或磁敏等非接触式转速计等），其信号调理电路如图 11.5 所示。

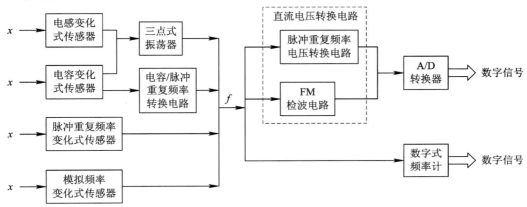

图 11.5　频率变化传感器信号调理方式

11.2 传感器信号基本运算电路

11.2.1 求差电路

图 11.6 为信号求差电路，从结构上看，它是反相输入和同相输入相结合的放大电路。如果 $R_1 = R_2$，$R_3 = R_4$，则电路放大倍数计算公式如下：

$$A_{ud} = \frac{u_o}{u_{i2} - u_{i1}} = \frac{R_4}{R_1} \tag{11.2-1}$$

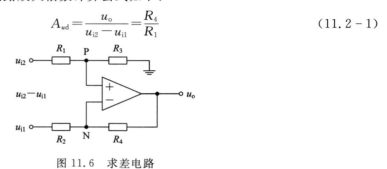

图 11.6 求差电路

11.2.2 高输入阻抗的差分放大电路

图 11.7 为高输入阻抗的差分放大电路，如果 $R_1 = R_{21}$，则

$$u_{o2} = \frac{R_{22}}{R_2}(u_{i2} - 2u_{i1}) \tag{11.2-2}$$

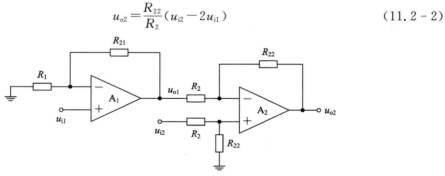

图 11.7 高输入阻抗的差分放大电路

11.2.3 求和电路

图 11.8 为信号求和电路，若 $R_1 = R_2 = R_3$，则

$$u_{o2} = u_{i1} + u_{i2} \tag{11.2-3}$$

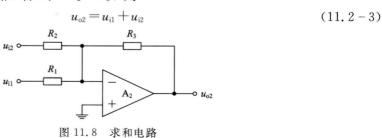

图 11.8 求和电路

11.2.4　积分电路

图 11.9 为积分电路，其中，$i_1 = \dfrac{u_i(t)}{R}$，$i_2 = -C\dfrac{\mathrm{d}u_o(t)}{\mathrm{d}t}$，并且假设电容器 C 的初始电压 $u_C = 0$，则输出电压到当前时间 T 的表达式为

$$u_o = -\frac{1}{RC}\int_0^T u_i(t)\,\mathrm{d}t \tag{11.2-4}$$

设时间常数 $\tau = \dfrac{1}{RC}$，则可得

$$u_o \approx -\frac{u_i}{RC}T = -\frac{u_i}{\tau}T \tag{11.2-5}$$

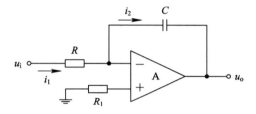

图 11.9　积分电路

11.2.5　微分电路

图 11.10 为微分电路，其输出电压表达式为

$$u_o = -RC\frac{\mathrm{d}u_i}{\mathrm{d}t} \tag{11.2-6}$$

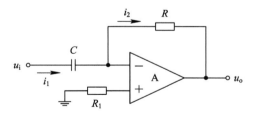

图 11.10　微分电路

11.3　传感器信号基本运算电路

11.3.1　信号放大电路

从传感器所获得的信号通常很微弱，故传感器信号放大器除了应具有足够大的放大倍数外，还应具有高输入电阻和高共模抑制比。

1. 理想运算放大器

理想运算放大器(理想运放)如图 11.11 所示。理想运放具有非常大的增益($A_o = \infty$),且有虚短虚断的功能($u_+ = u_-$,$I_i = 0$),输入电阻无穷大($r_i = \infty$),输出电阻接近于 0($r_o = 0$)。

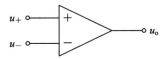

图 11.11　理想运算放大器

2. 同相比例运算放大器

同相比例运算放大器如图 11.12 所示,放大倍数为

$$A_u = \frac{u_o}{u_i} = 1 + \frac{R_2}{R_1} \tag{11.3-1}$$

另一种常用的同相比例运算放大器是电压跟随器,如图 11.13 所示。此类电路的结构特点是输出电压全部反馈到反相输入端,信号从同相端输入。电压跟随器是同相比例运算放大器的特例。电压跟随器性能好,输入电阻无穷大,输出电阻趋于 0,一般在电路中作阻抗变换器或缓冲器。

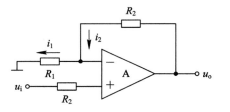

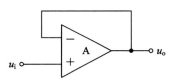

图 11.12　同相比例运算放大器　　　　图 11.13　电压跟随器

3. 反相比例运算放大器

反相比例运算放大器如图 11.14 所示,其结构特点是输出电压反馈到反相输入端,信号从反相端输入。其放大倍数为

$$A_u = \frac{u_o}{u_i} = -\frac{R_2}{R_1} \tag{11.3-2}$$

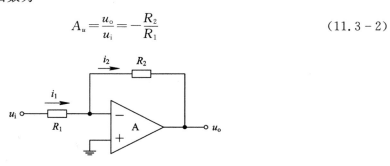

图 11.14　反相比例运算放大器

4. 仪用放大器

仪用放大器如图 11.15 所示。

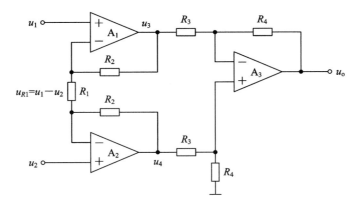

图 11.15　仪用放大器

$$u_{R1} = u_1 - u_2 \tag{11.3-4}$$

$$\frac{u_{R1}}{R_1} = \frac{u_3 - u_4}{2R_2 + R_1} \tag{11.3-5}$$

由式(11.3-4)和式(11.3-5)可得

$$u_3 - u_4 = \frac{2R_2 + R_1}{R_1} u_{R1} = \left(1 + \frac{2R_2}{R_1}\right)(u_1 - u_2) \tag{11.3-6}$$

$$u_o = -\frac{R_4}{R_3}(u_3 - u_4) = -\frac{R_4}{R_3}\left(1 + \frac{2R_2}{R_1}\right)(u_1 - u_2) \tag{11.3-7}$$

故电压增益为

$$A_u = -\frac{R_4}{R_3}\left(1 + \frac{2R_2}{R_1}\right) \tag{11.3-8}$$

该电路放大差模信号，抑制共模信号。差模放大倍数越大，共模抑制比越高，因此输入信号中含有的共模噪声也将被抑制。

11.3.2　电桥电路

传感信号检测中常采用电桥电路。四臂电桥是将元器件参数的变化转换成电流或电压的变化，因此，它经常用来测量精密电子元器件值(如电阻 R、电感 L、电容 C 等)和元件参数(如频率)等。

根据四臂电桥供电电压的性质，电桥可以分为直流电桥和交流电桥；根据测量方式，电桥又可分为平衡电桥和不平衡电桥。

1. 基本电阻电桥

四臂电阻电桥如图 11.16 所示，电桥的输出电压为

$$U_o = E\left(\frac{R_1 R_3 - R_2 R_4}{(R_1 + R_3)(R_2 + R_4)}\right) \tag{11.3-9}$$

其中，E 为电源电压，当电桥平衡时，$U_o = 0$，则

$$\frac{R_1}{R_2} = \frac{R_4}{R_3}, \ R_1 R_3 = R_2 R_4 \tag{11.3-10}$$

式(11.3-10)就是直流电桥的平衡条件。

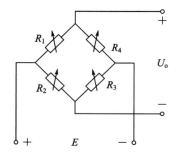

图 11.16　四臂电阻电桥

显然，若电桥平衡，则其相邻的两个桥臂电阻的比值相等或相对的两个桥臂电阻的乘积相等。若 4 个桥臂上电阻值均有变化，分别为 ΔR_1、ΔR_2、ΔR_3、ΔR_4，则由式(11.3 - 10)可得

$$U_o = E\left(\frac{(R_1+\Delta R_1)(R_3+\Delta R_3)-(R_2+\Delta R_2)(R_4+\Delta R_4)}{(R_1+\Delta R_1+R_3+\Delta R_3)(R_2+\Delta R_2+R_4+\Delta R_4)}\right) \qquad (11.3-11)$$

为获得较高的电桥灵敏度，经常使用四臂等臂电桥，即 $R_1 = R_3 = R_2 = R_4$。

当满足 $\Delta R_i \ll R_i$，$\Delta R_1 = -\Delta R_2 = \Delta R_3 = -\Delta R_4 = \Delta R$ 时，输出与电阻变化(可以看作应变传感器)呈线性关系：

$$U_o = \frac{E}{4}\left(\frac{\Delta R_1}{R_1} - \frac{\Delta R_2}{R_2} + \frac{\Delta R_3}{R_3} - \frac{\Delta R_4}{R_4}\right) = E\frac{\Delta R}{R} \qquad (11.3-12)$$

由此可见，四臂平衡电桥的输出电压与激励电压和桥臂电阻的变量呈线性关系。

2. 电桥的补偿电路

四臂电桥的使用除了要考虑弹性元件的结构形式、材料和加工工艺外，还要选用性能良好的黏合剂及熟练的粘贴技术。由于实际上弹性材料的参数都不可能十分理想，会产生桥路的初始不平衡、零点的漂移、输出灵敏度的漂移和输出非线性等问题，因此还要采取电路的补偿技术，以提高它的精度。电桥的补偿电路如图 11.17 所示。

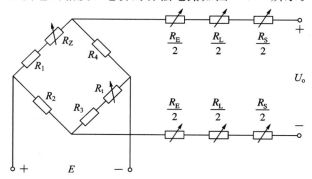

图 11.17　电桥的补偿电路

初始不平衡时，可通过调节 R_Z 使电桥达到平衡。需要温度补偿时，可通过串接热敏电阻 R_t 来进行补偿；需要输出高灵敏度时，可以通过串接补偿电阻 R_S(采用温度系数小的材料制成)，调整传感器输出灵敏度。为了使电桥平衡，在电源的两端各接 1/2 阻值的电阻(如图 11.17 所示)。一般情况下，传感器的输出与输入之间并不是线性关系，而是非线性关系(如图 11.18 中 a、b 两条曲线所示)。

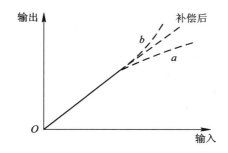

图 11.18　电桥的非线性关系

非线性的成因很多，比如：弹性元件受力后，横断面产生变化，使得输出与电阻变化（可以看作应变传感器）呈现非线性；电桥电路的输出与桥臂电阻的变化产生的非线性；弹性元件本身存在的非线性等。补偿的方法是接入 R_L，而为了使电桥平衡，正、负电源两边各一半电阻。

3. 四臂电桥检测电路应用举例

应变传感器经常使用四臂电桥作为检测电路，而模/数转换器是电桥电路转换的一个关键元件，其性能直接影响着检测的质量。图 11.9 是 ADS1230 与四臂电桥的连接示例。

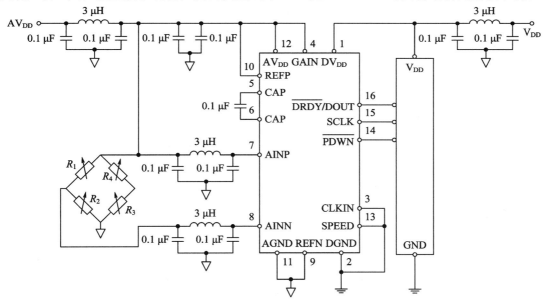

图 11.19　四臂电桥检测电路

11.4　阵列语音采集系统

陈列语音采集系统主要由 5 路麦克风阵列、A/D 转换型、主控芯片 STM32F103C8T6 的 A/D 转换器、RS-232 串口通信模块、电源、PC 等组成，如图 11.20 所示。系统电路原理如图 11.21 所示，其主要功能是实现 5 路语音信号的实时采集、传输和存储，硬件系统实物图如图 11.22 所示。

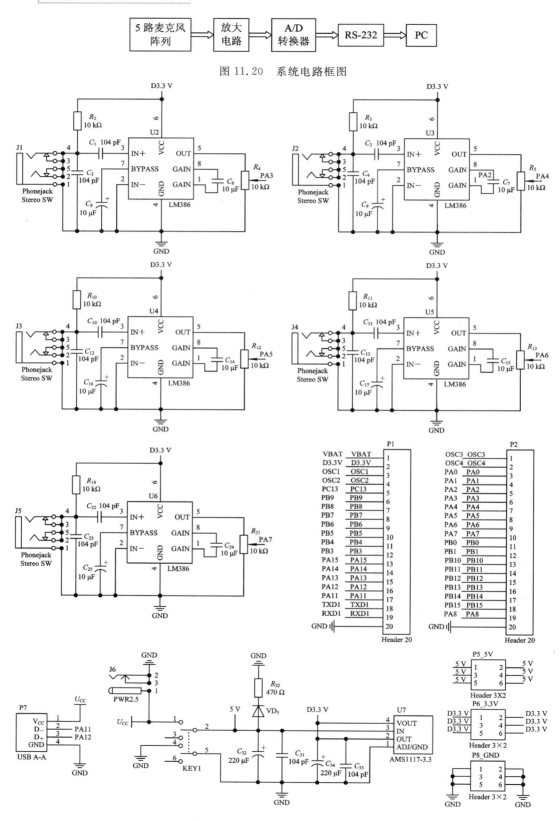

图 11.20 系统电路框图

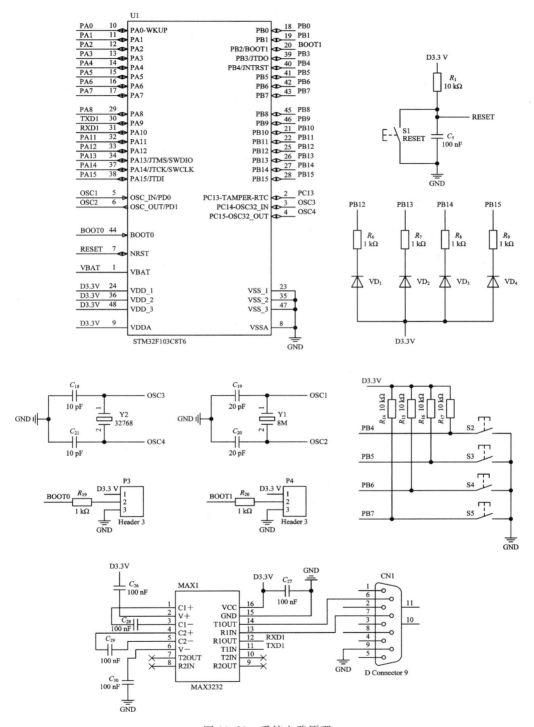

图 11.21 系统电路原理

图 11.22　硬件系统实物

　　本系统以 STM32F103C8T6 为控制核心，以 LM386 为音频放大器；5 路麦克风独立采样，采样频率为 8 kHz，采用 STM32 内部 ADC，量化位数为 12 bit；采样获得的语音数据通过串口发送给上位机；上位机实时显示多路语音信号的波形并将语音信号保存为可播放的 .wav 文件。上位机运行界面如图 11.23 所示。

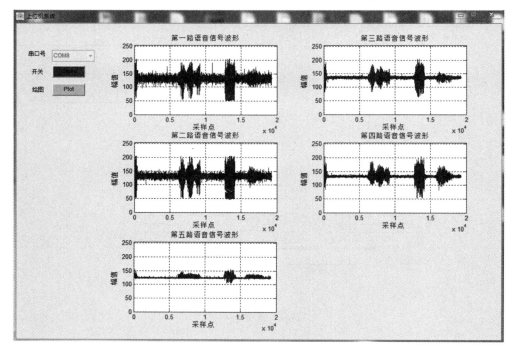

图 11.23　上位机运行界面

11.5　MEMS 传感器实验系统

MEMS(Micro-Electro-Mechanical System，微机电系统)主要由微型机构、传感器、执行器以及相应的处理电路组成，它是在多种微细加工技术与现代信息技术最新成果的基础上发展而来的。MEMS 技术开辟了一个全新的领域，无论是在传感器制造还是微型光学器件制造上，都有广阔的应用前景。本系统的 MEMS 传感器模块采用一个 6 自由度的角加速度传感器 MPU6050、一个 3 自由度的磁力计 HMC5883L 以及一个 1 自由度的气压计 BMP180。

MPU6050 是一种 6 自由度的惯性传感器模块，主要由一个三轴陀螺仪，三轴加速度传感器和一个可扩展的数字运动处理器 DMP 组成。

HMC5883L 是一种磁场检测模块，主要由一个 I2C 接口的弱磁传感器芯片和其他外围电路元件构成。

BMP180 由压阻传感器、A/D 转换器和 I2C 数字接口组成。它可以输出气压、温度和高度三个参数。其中，输出的气压以及温度是传感器直接测量并经过校正后的数据，海拔则是通过对校正后的气压值计算得到的。

MEMS 传感器实验系统实物如图 11.24 所示，系统原理框架如图 11.25 所示。

图 11.24　MEMS 传感器实验系统实物

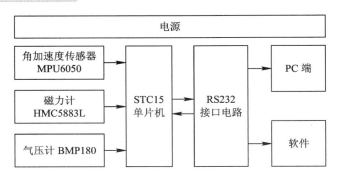

图 11.25　MEMS 传感器实验系统原理框架

本系统采用串口助手作为上位机程序，用于接收 RS232 串口传输的经由单片机处理的数据，最后将数据在 PC 端显示。数据采集结果如图 11.26 所示。

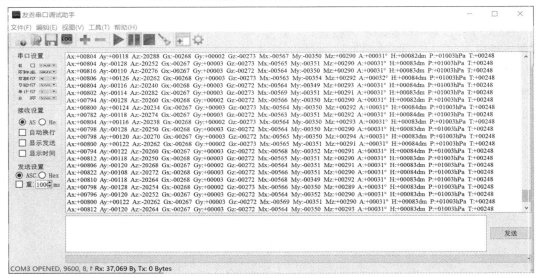

图 11.26　传感数据采集结果

图中，Ax、Ay、Az 表示当前模块在 X、Y、Z 三个维度的重力输出；Gx、Gy、Gz 表示当前模块所受的角速度在 X、Y、Z 三个维度的输出；Mx、My、Mz 的值为磁力传感器上 X、Y、Z 轴方向所测得的磁场强度；P 为气压，T 为温度，H 为海拔。

11.6　电子心肺音采集系统

为了改善传统听诊器的低频性能较差，受环境干扰大，听诊结果存在医生主观判断因素，无法数字化存储，无法复听，无法为病理研究提供数据支持等问题，电子心肺采集系统的应用逐步成为主流。本系统硬件电路主要包括压电传感器电路、信号调理电路、功率放大电路、中央处理器电路、无线传输电路等。图 11.27 为电子心肺音采集系统框图，图 11.28 为电子心肺音采集系统核心板实物。

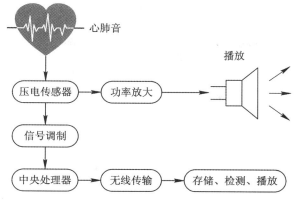

图 11.27 心肺音采集系统框图

图 11.28 电子心肺音采集系统核心板实物

作为医用传感器，要能够无失真地采集生理信号，因此，其灵敏度、精度、频带宽度、响应速度、信噪比都是极为重要的参数。新型材料聚偏氟乙烯（PVDF）的压电性能良好，并且拥有灵敏度高、响应速度快、频带宽等优点，广泛应用于健康监测领域。电子心肺音采集系统即为采用此类材料制作的传感器。

电子心肺音采集系除了核心板以外，还有 CM-01B 传感器、蓝牙模块与扬声器模块，能够实现心肺音的采集、调制、播放、发送等功能。

图 11.29 为电子心肺音采集系统的硬件系统实物，图 11.30 为电子心肺音采集系统的采集结果。

图 11.29　硬件系统实物

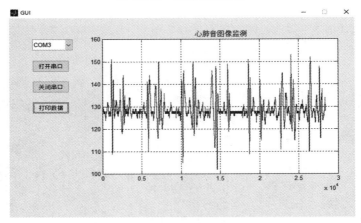

图 11.30　电子心肺音采集系统的采集结果

CM-01B 为接触式压电传感器，内部集成了前置低噪声调理电路，通过外置橡胶垫检测活塞式位移运动来收集唯一的振动信号。该传感器为接触传导型，有效地避免了空气传导型传感器受环境干扰大的缺点，能够有效增加信噪比。

心肺音的主要频段为 37.5～1000 Hz，能量主要集中在小于 100 Hz 的频率范围内，在 100～200 Hz 频段内心肺音信号逐渐减弱。CM-01B 传感器在 10 Hz～2 kHz 频段内具有良好的频响特性，无明显衰减，能够较好地采集心肺音信号。图 11.31 为 CM-01B 传感器的频响曲线。

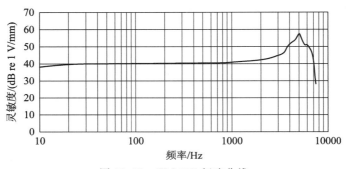

图 11.31　CM-01B 频响曲线

第 12 章 无线传感器网络(WSN)

无线传感器网络(Wireless Sensor Network，WSN)通常可以被描述为节点网络，它具有协同感知、控制环境等功能，使人或计算机与周围环境之间能够进行交互。现在的 WSN 通常包括传感器节点、执行器节点、网关和客户端;大量的传感器节点随机部署在监控区域内或附近，通过自组织形成网络，将收集到的数据通过多跳传输到其他传感器节点，在传输过程中，监控数据可以由多个节点处理，在多个节点后到达网关节点。随着相关技术的成熟，WSN 设备的成本急剧下降，其应用正在从军区逐步扩展到工商业领域。

12.1 无线传感器网络的体系结构

12.1.1 WSN 的应用系统架构

1. WSN 的定义

目前 WSN 没有统一的定义，比较有代表性的定义如下:

(1) 无线传感器网络是一种分布式传感网络，它的末梢是可以感知和检查外部世界的传感器。WSN 中的传感器通过无线方式通信，因此网络设置灵活，设备位置可以随时更改，还可以与互联网通过有线或无线的方式进行连接。也就是说，它是通过无线通信方式形成的一个多跳自组织网络。

(2) 无线传感器网络是由部署在监测区域内大量的廉价微型传感器节点组成，通过无线通信方式形成的一个多跳的自组织网络系统，其目的是协作地感知、采集和处理网络覆盖区域中被感知对象的信息，并发送给用户。传感器、感知对象和用户构成了无线传感器网络的三个要素。

(3) 无线传感器网络是大量的静止或移动的传感器以自组织和多跳的方式构成的无线网络，其目的是协作地感知、采集、处理和传输网络覆盖地理区域内感知对象的监测信息，并报告给用户。

无线传感器网络是传感器之间、传感器与用户之间最常用的通信方式，用于在传感器与用户之间建立通信路径。从上述定义可以看出，传感器、感知对象和用户是传感器网络的三个基本要素。

2. WSN 的应用系统架构

协作式感知、传输、处理和发布感知信息是无线传感器网络的基本功能。根据定义，WSN 的应用系统架构可分为感知层、传输层、支撑层和应用层，如图 12.1 所示。

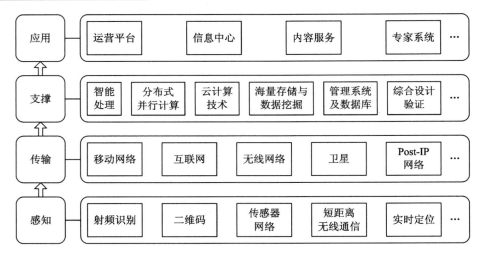

图 12.1　WSN 的应用系统架构

（1）感知层的主要动能是采集物理世界中发生的物理事件和数据，包括各类物理量、标识、音频、视频数据。物联网的数据采集涉及传感器、LoRA、多媒体信息采集、ZigBee和实时定位等技术。例如，压力传感器、三轴加速度感知器、视频采集器等都用于完成传感器网络的数据采集和设备控制。

在感知层，主要采用的设备包含各种类型传感器（或执行器）的网络节点和其他短距网络设备（如路由节点设备、汇聚节点设备等）。一般这类设备的计算能力都有限，主要的功能和作用是完成信息采集和信号处理工作，一般需要感知的地理范围比较广阔，包含的信息也比较多，该层中的设备还需要通过自组织网络技术，以协同工作的方式组成一个自组织的多节点网络进行数据传递。

（2）传输层的主要功能是直接通过移动通信网（如 GSM、TD-SCDMA、WCDMA、CDMA、5G、无线接入网、无线局域网等）等基础网络设施，对来自感知层的信息进行接入和传输。传输层主要采用能够接入各种异构网的设备，作为网络的网关接入移动通信网。由于这些设备具有较强的硬件支撑能力，因此可以采用相对复杂的软件协议进行设计，其功能主要包括网络接入、网络管理和网络安全防护等。目前的接入设备多为传感网与公共通信网（如无线互联网、4G 网、5G 网、NB-IoT 等）的连通。

（3）支撑层的主要功能是在高性能计算环境下，为上层的应用建立一个可靠和高效的网络计算平台。支撑层主要的系统设备包括大型服务器群、云计算设备、边缘计算、分布式计算群等。支撑层需要采用高速并行计算机群，对获取的海量信息进行实时分析、控制、管理，以便实现智能化、信息融合、数据挖掘、态势分析预测及海量数据存储等，同时为应用层提供一个用户接口。

（4）应用层中包括各类用户界面，以及其他管理设备等，根据实际需求可以面向各行业实际应用的管理平台和运行平台。在应用层必须结合不同行业的专业知识和业务模型，构建面向行业实际应用的综合管理平台，以便完成更加精细和准确的智能化信息管理。例如，当对环境生态污染等进行检测和预警时，需要相关生态、环保类学科领域的专门知识和行业专家的经验，在应用层构建生态环境的经验模型。

12.1.2　WSN 感知节点结构

WSN 应用系统对感知节点的一般要求是体积小、成本低、电池供电、无线网络，部署较方便。WSN 感知节点的主要目标是对监测区域内感兴趣的各种物理量采集、处理和传输；WSN 感知节点一般采用电池供电，节点的存储容量受限，在大部分时间必须保持低功耗，以节省能量的消耗。无线传感器网络还对网络安全性、节点自动配置、网络动态重组等方面有一定的要求。图 12.2 所示为一些典型的 WSN 感知节点的结构。WSN 节点有着信息采集和信息传输两大功能，它主要包括的功能模块有传感器模块、处理器模块、通信模块和电源管理模块。

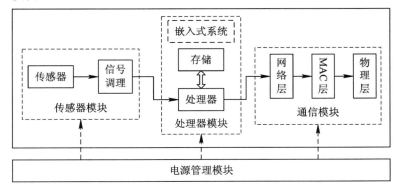

图 12.2　WSN 感知节点结构

1. 传感器模块

传感器模块主要由各种类型的传感器和信号调理单元构成。被监测区域的目标决定了传感器单元的类型，根据监测感兴趣的物理信号，可使用不同类型的传感器进行数据采集；通过信号调理单元对信号进行数/模转换等，以匹配处理器的接口。

2. 处理器模块

处理器模块要包括处理器和信号存储器两个单元，它是 WSN 感知节点的核心，所有的传感器控制、能量计算、网络协调、通信协议等都将在这个模块的支持下完成，所以处理器的选择在传感器节点的设计中至关重要。WSN 感知节点的处理器应该满足外形小、集成度高、功耗低、成本低、有安全保证等要求。WSN 感知节点为了顺利完成各类任务，一般都采用嵌入式操作系统，例如美国加州大学伯克利分校开发的 TinyOS、中国开源社区主导开发的开源实时操作系统 RT-thread 等。

3. 通信模块

通信模块主要包括物理层、MAC 层、网络层，负责该 WSN 感知节点与其他节点或者网关节点等之间的无线通信。无线信号的收/发在 WSN 感知节点中耗能最大，因此考虑通信模块的工作能耗和收/发能耗，对于降低 WSN 感知节点的能耗以及延长整个 WSN 网络的寿命非常关键。例如，美国德州仪器开发的芯片 CC2430 包含有 ZigBee 通信物理层，在低功耗模式下仅需两节五号电池，就可以维持网络 6～8 个月的寿命。

4. 电源管理模块

电源管理模块为 WSN 感知节点各部件提供能量。需要长时间进行数据采集的传感器需要通过周边能量收集、无线充电等方式来维持节点的正常运转。电源管理模块不但为 WSN 感知节点提供正常工作所必需的电能,同时通过电源管理机制来延长 WSN 的工作寿命。

12.1.3 WSN 体系结构

WSN 的部署方式有飞行器散播、人工埋置和火箭弹射,部署完成后各节点任意分布在被监测区域内,节点以自组织的形式构成网络。WSN 通常包括 WSN 感知节点、网关/汇聚节点(Sink Node)和任务管理节点。图 12.3 是 WSN 体系结构。

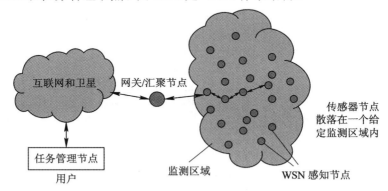

图 12.3　WSN 网络体系结构

WSN 的体系结构是组织无线传感器节点的组网技术,有多种形态和组网方式。如果按照节点功能及结构层次,WSN 通常可分为平面网络结构、层次网络结构以及 Mesh 网络结构。WSN 节点经多跳转发,通过基站或网关汇聚节点接入网络,在网络的任务管理节点对感应的信息进行管理、分类和处理,再把感应的信息送给用户使用。

1. 平面网络结构

平面网络结构的网络比较简单,所有节点的地位平等。该结构的网络拓扑结构简单、易维护,具有较好的健壮性。该结构的网络由于没有中心管理节点,故采用自组织协同算法形成网络。图 12.4 是平面网络结构的示意图。

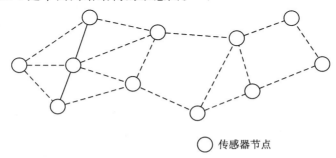

○ 传感器节点

图 12.4　平面网络结构示意图

2. 层次网络结构

层次网络结构是 WSN 平面网络结构的一种扩展的拓扑结构,网络分为上层和下层两个部分,上层为中心骨干节点,下层为一般传感器节点。图 12.5 是层次网络结构的示意图。通常,网络可能存在一个或多个骨干节点,骨干节点之间或一般传感器节点之间采用的是平面网络结构。具有汇聚功能的骨干节点和一般传感器节点之间采用的是层次网络结构。这种层次网络结构通常以簇的形式存在,按功能分为簇首(具有汇聚功能的骨干节点,Cluster - Head)和成员节点(一般传感器节点,Members)。这种网络拓扑结构扩展性好,便于集中管理,可以降低系统建设成本,提高网络覆盖率和可靠性,但是集中管理开销大,硬件成本高,一般 WSN 节点之间不能够直接通信。

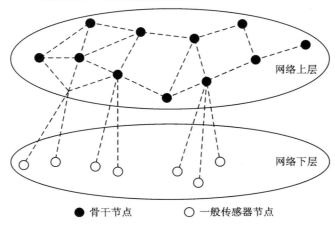

图 12.5　层次网络结构示意图

3. Mesh 网络结构

Mesh 网络结构是一种新型的无线传感器网络结构,与传统无线网络拓扑结构具有结构和技术上的不同,如图 12.6 所示。Mesh 网络内部的节点一般都是相同的,因此 Mesh 网也称为对等网。通常 Mesh 网络结构节点之间存在多条路由路径,网络对于单点或单个链路故障具有较强的容错能力和鲁棒性。Mesh 网络结构的优点就是尽管所有节点地位都是对等的,且具有相同的计算和通信传输功能,但某个节点可被指定为簇首节点,而且可执行额外的功能;一旦簇首节点失效,另外一个节点可以立刻补充并接管原簇首那些额外执行的功能。一种典型的无线 Mesh 网络拓扑其网内每个节点至少可以和一个其他节点通信,这种方式可以实现比传统的集线式或星形拓扑更好的网络连通性。

○ 传感器节点

图 12.6　Mesh 网络结构示意图

除此之外,Mesh 网络结构还具有以下特征:

(1)自组织网络,当节点加入或者离开网络时,其余节点可以自动重新路由它们的消息或信号到网络外部的节点,以确保存在一条更加可靠的通信路径。

(2)支持多跳路由:来自一个节点的数据在到达一个网关或之前,可以通过多个其余节点转发。

在不牺牲当前信道容量的情况下，扩展无线传感器网络的覆盖范围是无线传感器网络设计和部署的一个重要目标之一。采用 Mesh 网络结构，只需短距离的通信链路，且经受干扰的较少，因而可以为网络提供较高的吞吐率及较高的频谱复用效率。

12.2 无线传感器网络的特征

12.2.1 与现有无线网络的区别

目前，无线网络可分为两种：一种是有基础设施的网络，需要固定基站，例如一般使用的手机属于无线蜂窝网的终端设备，需要高大的天线和大功率基站等基础设施来支持；而使用无线网卡上网的无线局域网，由于采用了接入点 AP 或者路由的固定设备，也属于有基础设施的网络。第二种是无基础设施的网络，又称为无线 Ad-Hoc 网络，其节点是分布式的，没有专门的固定基站等基础设施。

无线 Ad-Hoc 网络又可分为两类：一类是移动 Ad-Hoc 网络（Mobile Ad-Hoc Network），它的终端是快速移动的；另一类是无线传感器网络，它的节点是静止的或者移动很慢。

移动 Ad-Hoc 网络是一种小型无线局域网，节点之间不需要经过基站或其他管理控制设备就可以直接实现点对点的无线通信，而且当两个通信节点之间由于功率或其他原因而无法实现链路直接连接时，网内其他节点可以帮助中继信号实现网络内各节点的相互通信。由于无线节点是随时移动的，因而这种网络的拓扑结构也是动态变化的。

传统无线网络的首要设计目标是提供高服务质量和高带宽利用率，其次才考虑节约能源。无线传感器网络的重要设计目标是电能的高效使用，这是无线传感器网络和传统网络的重要区别。

移动 Ad-Hoc 网络是由几十到上百个节点组成的、采用无线通信方式的、动态组网的、多跳的移动性对等网络。它通过动态路由和移动管理技术提供具有高服务质量的网络。

无线传感器网络是集成了监测、控制和无线通信的网络系统，节点数目更为庞大（上千甚至上万），节点分布也更为密集；但由于环境影响和能量耗尽，节点更容易出现故障，而环境干扰和节点故障易造成网络拓扑结构的变化。通常情况下，大多数传感器节点是固定不动的。另外，无线传感器节点具有的能量、处理能力、存储能力和通信能力等都十分有限。

无线传感器网络的主要目标是在电能的高效管理中获取用户感兴趣的监测量，这也是无线传感器网络和传统无线网络的重要区别之一。

12.2.2 与现场总线的区别

在自动化领域，现场总线控制系统（Fieldbus Control System，FCS）已经逐步取代了普通的分布式控制系统（Distributed Control System，DCS），各种基于现场总线的智能传感器/执行器技术得到迅速发展。

现场总线技术将专用微处理器（MCU）加入传统的测量控制仪表，使传统的测量控制仪表具有数字处理能力和数据通信能力，一般连接采用双绞线等作为总线，把多个测量控制仪表连接成网络系统,并按规范的公开的通信协议,在现场的多个测量控制设备之间、现场仪表与远程监控计算机之间实现数据信息的传输与交换,形成各种实际的自动控制系统。现场总线作为一种网络形式,是专门为实现在严格的实时约束条件下工作而特别设计的,目前市场上较为流行的现场总线有 CAN(控制器局域网)、HART(高速可寻址远程传感器)、LonWorks(局部操作网)、Profibus(过程现场总线)等,这些现场总线的网络构成通常是有线的。在开放式通信系统互联参考模型中,它利用的只有第一层(物理层)、第二层(链路层)和第七层(应用层),避开了多跳通信和中间节点的关联队列延迟。

由于现场总线通过报告传感器数据从而控制物理环境,所以从某种程度上说它与无线传感器网络非常相似,甚至可以将无线传感器网络看作无线现场总线的实例。但是两者的区别是明显的,无线传感器网络关注的焦点不是数十毫秒范围内的实时性,而是具体的业务应用,这些应用能够容许较长时间的延迟和抖动。另外,基于无线传感器网络的一些自适应协议在现场总线中并不需要,如多跳、自组织的特点,而且现场总线及其协议也不考虑节约电能的问题。

12.2.3　无线传感器网络的特点

无线传感器网络除了具有 Ad-Hoc 网络共同的移动性、断接性、电源能力局限性等特征以外,在组网方面还具有一些自身的特点,如网络规模大、以数据为中心、自组织性及动态性等。

1. 网络规模大

为了获取到精确的信息,在监测区域通常需要部署大规模的无线传感器网络感知节点,具体部署可分为两种:一种是传感器感知节点分布在很大的地理区域内,如在森林采用无线传感器网络进行森林防火和环境监测时,需要部署大规模的传感器感知节点;另一种是传感器感知节点部署很密集,也就是在面积较小的空间内密集部署大量的传感器感知节点。

无线传感器网络的大规模性具有如下优点:

(1) 大量的信息能够提高监测的精确度,降低对单个节点传感器精度的依赖。

(2) 大量冗余节点的存在,使得网络具有很强的鲁棒性和容错性能。

(3) 大量节点能够增大覆盖的监测区域,减少洞穴或者盲区。

2. 以数据为中心

通常认为无线传感器网络是一个以数据为中心的网络,是任务型的网络。无线传感器网络中的节点采用节点标识编号,而节点标识编号是否需要全网唯一,取决于网络通信协议的设计。由于无线传感器网络感知节点随机部署,构成的无线传感器网络与节点编号之间的关系是动态的,因此节点编号与节点位置没有相关性。用户使用无线传感器网络查询事件时,只将关心的事件通告给网络,而不是给某个确定编号的节点;网络在获得指定事件的信息后汇报给用户。

3. 自组织性及动态性

无线传感器网络中所有的传感器感知节点是对等的,不需要预先指定控制中心,管理和组网都非常简单灵活。每个节点都具有路由功能，可以通过自我协调、自动布置而形成网络，不需要其他辅助设施和人工干预。在无线传感器网络应用中，传感器感知节点的布置不依赖固定的基础设施，可以将其随意布置在监测区域内；而且不能预先对传感器感知节点的位置进行精确设定，也不确定节点之间的相互邻居关系。

另外，无线传感器网络在运行过程中，由于传感器节点能量耗尽或受周围环境影响进入失效状态而必须退出网络，或者为了提高监测精度，在运行着的网络中重新加入更多的传感器节点时，网络的拓扑结构因此而动态地变化着。由于没有控制中心，无线传感器网络的自组织性使网络能够适应拓扑结构的动态变化，不会由于有传感器感知节点的加入或者退出而不能正常运行。

12.3　基于 WSN 技术的室内空气质量监测系统设计及应用

随着社会的发展和城镇化进程的加快，城市人口急剧增长，居民生活环境不断恶化，尤其是室内空气质量问题令人担忧。据统计，平均每人每天有大约 90% 的时间都在室内度过，2020 年，全球有约 700 万人死于环境及室内空气污染所引起的疾病。监测室内空气质量，改善室内空气环境刻不容缓。

传统的室内空气质量监测方法为人工取样实验室分析法，这种方法虽然精度高，但是不能够提供实时值，而且考虑到人工成本，监测采样点的个数也受到极大限制。现阶段的室内空气质量监测设备大多为单一设备，检测元素比较单一，存在无法准确反映室内空气质量和难以形成有效监测网络的缺陷。因此，若设计一套多 WSN 节点的多元素室内空气质量监测系统，就可以对室内空气质量进行准确有效的监测和评级。

12.3.1　WSN 总体硬件结构

室内空气质量监测系统包括空气质量监测节点和数据传输节点，其总体硬件结构框图如图 12.7 所示。空气质量监测节点通过搭载的各类空气传感器获取当前空气质量相关数据，将数据传入 LoRa 模组后发送给数据传输节点。数据传输节点通过 LoRa 模组接收 4 个监测节点的数据，再将数据整合后通过 WiFi 模块上传至云平台。最终，所有数据下发至本地 PC 端，进行空气质量数据的展示、监测和评价。

12.3.2　空气质量监测节点硬件设计

空气质量监测节点的硬件结构框图如图 12.8 所示，节点整体以锂电池供电，并搭配完整的充电、充电均衡、充放电保护电路，经 DC-DC 和 LDO(Low Dropout Regulator，低压差线性稳压器)降压后，得到各模块和芯片的供电电压。本设计选用 STM32F103C8T6 为系统主控芯片，分别采集各空气传感器的数据，通过 LoRa 模组远程传输数据，同时各项数据通过 OLED 显示屏显示，便于调试和后期检修。

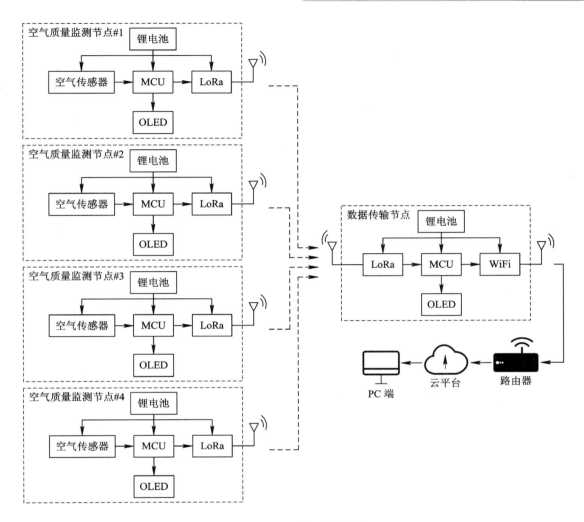

图 12.7　系统总体硬件结构框图

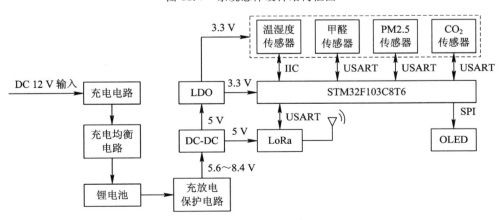

图 12.8　空气质量监测节点硬件结构框图

以下对该节点主要的硬件电路进行介绍。

1. DC-DC 电路

锂电池的输出电压在使用过程中并不是恒定不变的，因此需要设计降压稳压电路。考虑到前级降压电路不能产生过大损耗且输出电流要留足裕量，选用 TI 公司的同步降压稳压器 TPS562209 设计了 DC-DC 电路。TPS562209 最高输出电流可达 4.2 A，如图 12.9 所示，在 2 A 输出电流以内转换效率可以保持在 92% 以上。

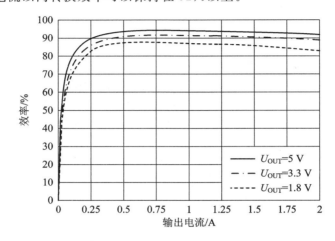

图 12.9　TPS562209 转换效率

图 12.10 是设计的 DC-DC 电路原理图。输出电压由 R_1 和 R_{13} 决定，公式如下：

$$U_{\text{OUT}} = 0.765 \times \left(1 + \frac{R_{13}}{R_1} \right) \qquad (12.3-1)$$

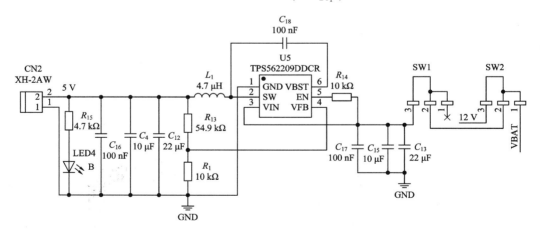

图 12.10　DC-DC 电路原理图

若选择 $R_{13} = 54.9 \text{ k}\Omega$，$R_1 = 10 \text{ k}\Omega$，则输出电压为 5 V，$L_1$ 选择典型的 4.7 μH，以保证足量的输出电流。开关 SW1 用来控制是否开启输入电压，开关 SW2 用来控制选择锂电池或者外部电源作为输入电压。

2. 二氧化碳传感器电路设计

二氧化碳传感器选用了传苣科技的 CJ-102 传感器，实物如图 12.11 所示。

图 12.11　二氧化碳传感器实物

这款传感器采用了 NDIR(Non-Dispersive InfraRed，非分散红外)技术，内置自动校准算法，串口输出数据，分辨率可以达到 1ppm，精度为±(50+0.05×读数)ppm，量程范围为 400～5000 ppm。

NDIR 传感器结构如图 12.12 所示，主要由光源、气室、滤光片和检测器构成。其工作原理是气体浓度与吸收强度满足朗伯-比尔定律，即特定波长红外光强度与气体浓度满足公式：

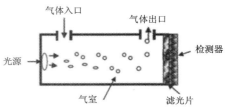

图 12.12　NDIR 传感器结构

$$I=I_0 \cdot e^{-kcl} \qquad (12.3-2)$$

其中，I——吸收后的红外光强度；

$\quad I_0$——入射时的红外光强度；

$\quad c$——待测气体浓度；

$\quad l$——通过光程；

$\quad k$——气体吸收系数。

红外光源会发出周期性的红外光，红外光通过气室时会被待测气体吸收一部分，后部的滤光片可以通过特定波长的红外光，红外光检测器可以测出光强度，再根据公式(12.3-2)即可测算出被测气体浓度。

图 12.13 所示为二氧化碳传感器电路的原理图，因为和甲醛传感器共用了一个串口，因此加入了模拟开关以实现两个传感器的时分复用。当 IN1、IN2 引脚输入低电平时，COM1、COM2 引脚与 NC1、NC2 引脚相连，此时二氧化碳传感器的 RX 引脚接入主控串口 3 的 TX 引脚，TX 引脚接入主控串口 3 的 RX 引脚。当 IN1、IN2 引脚输入高电平时，COM1、COM2 引脚与 NO1、NO2 引脚相连，此时二氧化碳传感器的 TX、RX 引脚与主控断开。

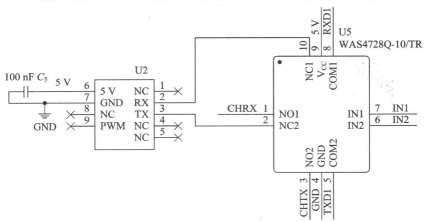

图 12.13　二氧化碳传感器电路原理图

3. 甲醛传感器电路设计

甲醛传感器选用的是英国达特的 WZ-S 传感器，图 12.14 为传感器实物。这款传感器利用电化学原理检测甲醛浓度，内置微处理器，数据直接通过串口输出。检测量程为 0～2 ppm，分辨率为 0.001 ppm。

图 12.15 所示为甲醛传感器电路原理，由于和二氧化碳传感器共用串口，利用模拟开关实现两个传感器的分别开断，当 IN1、IN2 都输入高电平时，COM1、COM2 引脚连到 NO1、NO2 引脚，甲醛传感器的 TX 引脚和 RX 引脚连接到主控串口 1 的 RX 和 TX 引脚，实现通信。

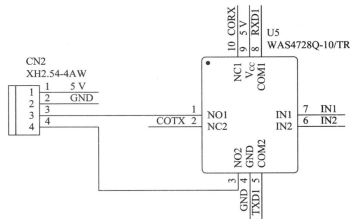

图 12.14 甲醛传感器实物　　　　　　图 12.15 甲醛传感器电路原理

3. 空气监测节点实物

为了减少电源及其他部分的发热对传感器数据造成的影响，空气质量监测节点的 PCB 由电源板、主板和传感器板三部分构成。图 12.16 为空气质量监测节点的实物。

图 12.16 空气质量监测节点实物

12.3.3 数据传输节点电路

数据传输节点的硬件结构框图如图 12.17 所示，主要由电源部分和无线通信部分组成。LoRa 模块接收来自其他空气质量监测节点的数据，由 MCU 处理后送至 WiFi 模块传入云端。

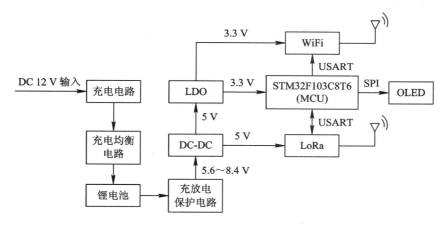

图 12.17　数据传输节点硬件结构框图

本 WiFi 模块选用的是安信可科技的 ESP-07S 模块，WiFi 芯片为 ESP8266，工作频段为 2400～2483.5 MHz，图 12.18 为 WiFi 模块实物。

图 12.18　WiFi 模块实物

图 12.19 为设计的 WiFi 模块电路的原理，模块有两组串口，可以根据不同固件通过跳线焊盘选择相应的串口引脚，模块的 TXD、RXD 分别连接 MCU 串口 3 的 RX、TX 引脚。RST 复位引脚连接 MCU 的 PB1 引脚，IO0 引脚连接 MCU 的 PB0 引脚，以决定模块的工作模式。当 PB0 输出低电平时，模块工作在下载模式；当 PB0 输出高电平时，模块工作在运行模式。

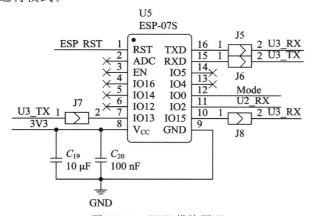
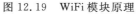

图 12.19　WiFi 模块原理

图 12.20　数据传输节点主控板 PCB 实物

数据传输节点 PCB 分为两部分，底部为电源部分，上层为主控部分。图 12.20 为数据传输节点的主控板 PCB 实物。

12.3.4 监测系统软件设计

1. 总体设计思路

室内空气质量监测系统的总体程序主要包括空气质量监测节点程序和数据传输节点程序，如图 12.21 所示。

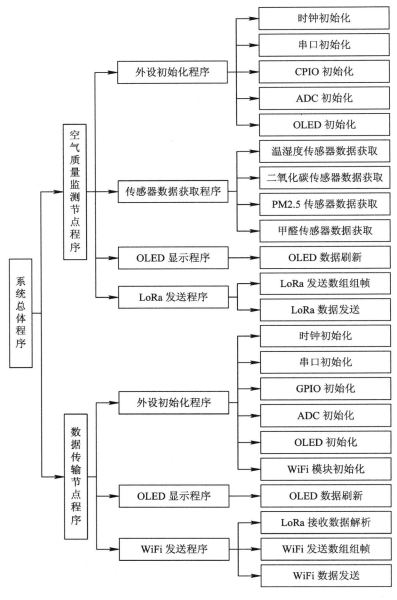

图 12.21 室内空气质量监测系统总体程序结构

2. 数据传输节点软件设计

空气质量监测节点程序主要完成外设的初始化、各传感器的数据获取、OLED 显示屏的显示更新以及 LoRa 的数据循环发送，实现将传感器数据发送到数据传输节点。数据传输节点程序主要完成外设初始化、OLED 显示屏的显示更新以及 WiFi 的数据循环发送，实现对多个监测节点数据的获取、整合，并将数据发送至云端。

当数据传输节点的 LoRa 模块接收到数据后，根据帧头判断是几号节点的数据，然后将各节点数据分别存储至 WiFi 发送帧，WiFi 发送帧协议如表 12.1 所示，用 0x01～0x04 标记各节点数据，共 48B。

表 12.1　WiFi 发送帧协议

字节/B	0	1	2～11	12	13	14～23
位描述	节点编号	节点帧长	节点数据	节点编号	节点帧长	节点数据
值	0x01	0x0C	—	0x02	0x0C	—
字节/B	24	25	26～35	36	37	38～47
位描述	节点编号	节点帧长	节点数据	节点编号	节点帧长	节点数据
值	0x03	0x0C	—	0x04	0x0C	—

图 12.22 所示为 WiFi 数据发送程序的流程。WiFi 模块每隔 10 s 发送一次数据帧，首先将接收到的各节点数据根据协议组帧，同时定时器计数值清零；当计时到 10 s 时，产生中断，WiFi 模块发送数据，之后进入到下一个接收—发送循环。

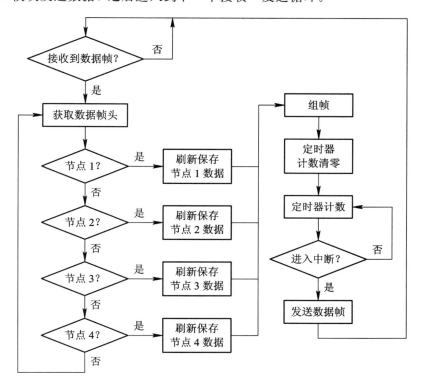

图 12.22　WiFi 数据发送程序流程

3. 云端数据传输

数据传输节点的 WiFi 模块通过 MQTT（Message Queuing Telemetry Transport，消息

队列遥测传输）协议将数据上传至云平台，云平台将数据 Topic 通过规则引擎发送给转发 Topic；在电脑端连接到云平台并订阅此转发 Topic 后，即可收到转发的数据。数据传输过程如图 12.23 所示。

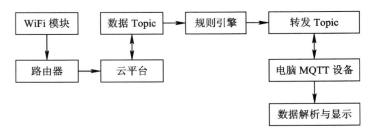

图 12.23　数据传输过程

　　由于此节点中发布者订阅的 Topic 类型为发布类型，即 MCU 可以向云端发布相关的空气质量数据，但云平台无法主动将数据下发给电脑端的 MQTT 设备。为了解决这个问题，电脑端需要再订阅一个订阅类型的 Topic，在云平台上通过规则引擎将原始数据流转给电脑端订阅的 Topic。将发布者称为 Publisher，代理服务端称为 Broker，订阅者称为 Subscriber，则云平台数据流转的过程如图 12.24 所示。

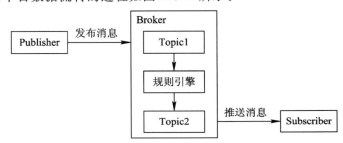

图 12.24　云平台数据流转过程

12.3.5　室内空气质量监测系统测试

1. 电源测试

　　电源电路是系统运行的基础和保障，纯净稳定的电源对电路的稳定工作起着至关重要的作用。本系统的电源测试主要包括保护功能测试、输出电压精度测试和带载测试，选用普源精电的 DP832A 可编程线性直流电源和 DL3021A 可编程电子负载进行测试。DP832A 具有三通道独立电源输出，总功率为 200 W，单通道纹波电压小于 350 μV/2 mV（最大），瞬态响应时间小于 50 μs，电压负载调节率小于(0.01%＋2)mV。DL3021A 具有 150 V/40 A、最大功率 200 W 的输入，动态模式高达 30 kHz，最小分辨率为 0.1 mV/0.1 mA，最大电流上升速度为 5 A/μs。

　　LDO 电路将前级 DC-DC 输出电压降为 3.3 V，图 12.25 所示为 LDO 测试电路，LDO 电路输入端接入可编程电源，用来模拟前级 DC-DC 输出，输出端接电子负载，可观察带载情况下 LDO 输出电压的变化。

图 12.25　LDO 测试电路

图 12.26 为设置的可编程直流电源参数，在阶梯下降模式下，最大值设置为 5 V，最小值设置为 4.3 V，对应 DC-DC 电路的输出电压范围，将延时点设置为 20 点，延时间隔设置为 2 s，观察 LDO 电路输出电压的变化。

图 12.26　可编程电源参数设置

在恒流 0.12 A 带载下输入 5 V 时，LDO 输出约为 3.2 V，输入为 4.3 V 时的输出约为 2.8 V，输出电压跌落超过 10%，说明低压差下带载能力不足，但输出电压范围仍在芯片供电范围内，LDO 电路基本能满足使用需求。

2. 节点功耗测试

对空气质量监测节点和数据传输节点分别进行功耗测试，以预估其电池续航能力，图 12.27、图 12.28 所示为测试结果。图 12.27 为空气质量监测节点的功耗测试结果，正常运行时功耗为 0.736 W，LoRa 模块发送数据时瞬时功耗为 1.712 W，持续运行时电池续航时间约为 20 h。图 12.28 为数据传输节点功耗测试结果，正常运行时功耗为 0.375 W，WiFi 模块发送数据时瞬时功耗为 0.671 W，持续运行时电池续航时间约为 40 h。

图 12.27　空气质量监测节点功耗测试结果

图 12.28　数据传输节点功耗测试结果

3. 云平台数据上传与下发测试

通过 WiFi 模块向云平台发送数据帧，观察云平台 MQTT 设备日志记录有无收到数据。图 12.29 为云平台数据上传的测试结果，可见云平台成功收到数据。图 12.30 为云平台数据下发的测试结果，可见在云平台收到数据的 4 ms 后规则引擎就将数据转发给了下发 Topic，数据下发成功。测试表明，云平台与设备之间的通信达到了要求。

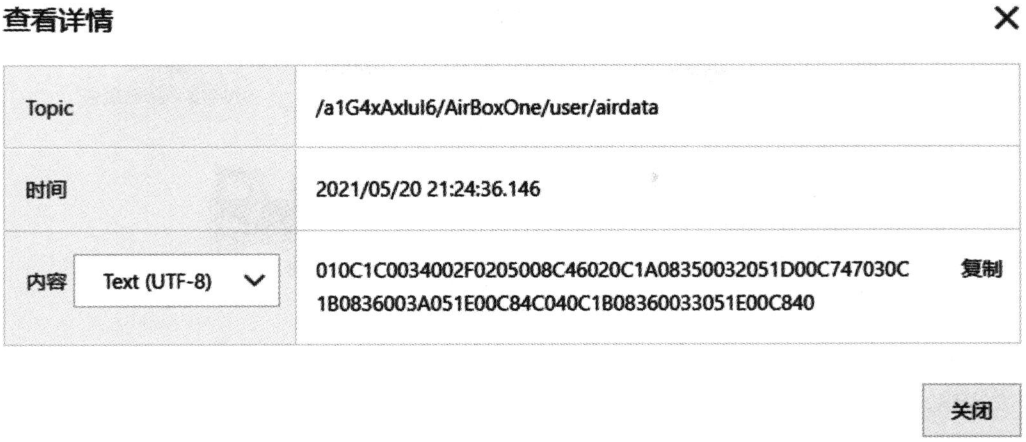

查看详情　

Topic	/a1G4xAxluI6/AirBoxOne/user/airdata
时间	2021/05/20 21:24:36.146
内容　Text (UTF-8) ∨	010C1C0034002F0205008C46020C1A08350032051D00C747030C 1B0836003A051E00C84C040C1B08360033051E00C840　复制

关闭

图 12.29　云平台数据上传测试结果

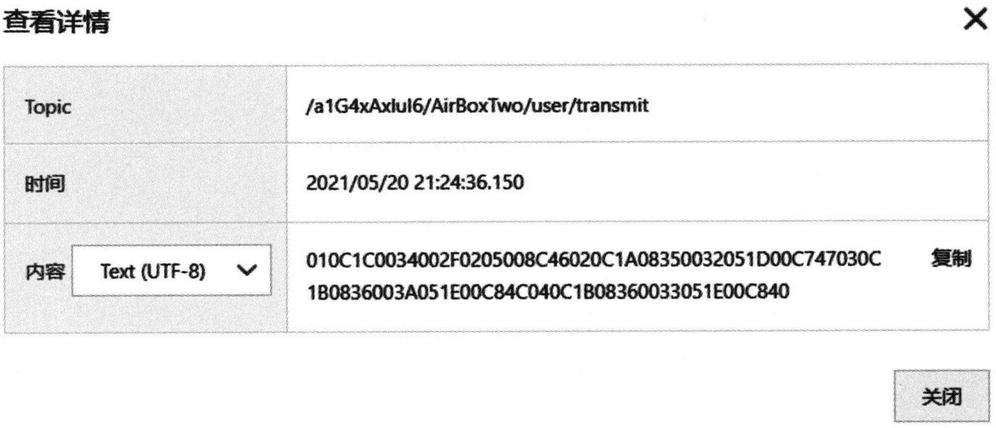

查看详情　

Topic	/a1G4xAxluI6/AirBoxTwo/user/transmit
时间	2021/05/20 21:24:36.150
内容　Text (UTF-8) ∨	010C1C0034002F0205008C46020C1A08350032051D00C747030C 1B0836003A051E00C84C040C1B08360033051E00C840　复制

关闭

图 12.30　云平台数据下发测试结果

12.4　物联网＋区块链实例：分布式高精度定位网络

物联网设备都有不同精度的定位需求（如图 12.31 所示）。传统高精度服务，高度依赖客户自建的基站系统提供差分服务，但是这种服务存在一些缺点。首先，它不能满足大规模用户的接入。通常服务量级为几十个或者几百个终端。其次，它需要实时链接，并且基站的相隔距离不能太远，一般来说不能超过 20 km，因此极大地限制了高精度网络向更多的物联网设备提供服务。

图 12.31   高精度定位网络使用场景

国内某高科技公司拟建的厘米级高精度定位服务网络（如图 12.32 所示），将极大地扩展高精度服务的范围。首先，将点对点的数据链接改为广播方式，通过互联网广播方式或者是卫星广播的方式传递给物联网设备。其次，把每台基站看作区块链系统中的一架矿机，将基站的布置方式通过区块链矿机挖矿的方式来部署，可极大地调动基站部署者的动力，从而通过利润分享的方式来迅速铺开全球网络。

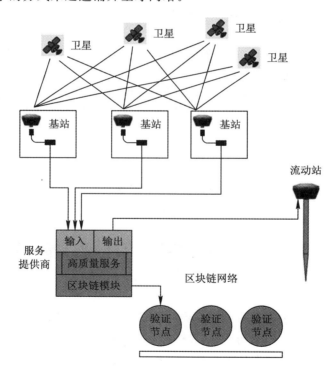

图 12.32   高精度网络架构示意图

1. 数据来源

基站作为矿机，获取卫星导航观测值，形成数据源，它也是高精度定位网络的数据节点。同时，数据节点也会形成一个矿工节点。在高精度定位网络中，一个合格的矿工节点将会被系统识别和考察，而只有数据源质量合格的矿工才会得到奖赏；奖赏的方式是获得通证（Token）。每一个节点都有一个区块链地址。每一个数据源节点都有一个全球唯一的标识。

2. 数据处理

高精度定位网络在收到分布在全球的基站数据后，可以生产出以下几种数据。

（1）全球导航卫星精密轨道信息和卫星钟差信息。这一信息可以作为最终产品发送到高精度定位网络中，高精度定位网络中所有注册过的地址都可以看到该信息。该信息可以用分布式存储的方式存放和管理，并可以作为全球高精度精密单点定位数据来源。

（2）虚拟本地网络。比如一个精准农业用户需要在本地 100 km 范围内建立一个虚拟载波相位差分网络，那么通过本地建立的基站，他可以很快在高精度定位网络上建立一个本地农民使用的虚拟载波相位差分网络。该网络的运行依赖于高精度定位网络，但农民可以在本地实时使用。因此，农民建立更多的高精度定位节点，一方面可使他们自己的农机更加精确；一方面可以为高精度定位网络提供更多的数据。

（3）高精度精密单点定位＋载波相位差分网络产品。用户可以按照自己的需求，在高精度定位网络中既可接收到高精度精密单点定位数据，同时可获取到要求网络提供的某些节点的载波相位差分实时数据。这样，广域网络的厘米级实时定位就可以方便实现。

3. 通证流通

每一个数据来源都是通证的获得者。通过持续不断地提供数据，每一个矿工都将获得数量不一的通证。网络会对持续提供数据的、长期稳定的矿工加大奖赏力度。随着时间的推移，越是长期稳定的节点，其奖励力度也是最大的；每一个使用定位服务的终端（可能是一个手机、可能是一台拖拉机或是一个自动驾驶的汽车），在每次使用高精度定位网络后，都将在其钱包地址里扣除相应的通证。因此通证的产生和通证的使用、消耗形成了一个闭环。

12.5　传感器、物联网与区块链概述

传感器作为一种检测装置，在感受到被测量的信息后，将其转换为电信号或其他所需形式的信息输出，为物联网提供基础的数据。

物联网是一种在互联网基础上延伸而扩展到物与物之间进行信息交换与通信的网络，实现数据的传输、处理、存储、显示和控制等功能。物联网产业潜力巨大，经过多年发展，物联网应用已经进入快速增长期。同时，物联网行业也面临着各种挑战，如数据的可信、数据溯源、信息孤岛、数据价值挖掘、数据共享、隐私保护等问题。

区块链技术自 2009 年诞生以来，技术日益成熟。它的不可篡改、安全、可溯源、零知识证明技术能为设备与设备间大规模协作提供去中心化的解决思路，解决了物联网发展中亟待解决的技术问题。物联网终端设备的分散化无疑也为设备之间的沟通提供了最好的施展空间。

未来传感器必将高度普及，物理世界实现数字化，万物实现互联，无人智能设备普遍

应用数字身份，区块链和数字金融将成为智慧社会底层基础设施。物联网与区块链的结合，是物联网企业利用区块链实现价值转换的有力工具。区块链可以助力物联网降低运营成本、解决安全隐私问题，以及挖掘商业价值。

12.6　物联网面临的各种挑战

12.6.1　中心化的安全、管理压力

从互联网角度而言，当今世界绝大多数的物联网设备隶属于中心辐射型的拓扑结构、或服务器-客户端型架构。每一个联网设备即一个终端，需要定期与中央服务器通信，用以上传数据、与其他设备通信并接收指令。在大多数网络之中，即使两个物联网设备终端仅相隔几米，它们之间也不能直接进行交互，必须依赖中央服务器来协调沟通。而此中央服务器即使是由几台分布式的计算机构成的，也仍然是中心化的管理模式，很有可能成为一个单点故障的部件。这就意味着如果想要攻击（或让其失效，或直接控制）一个庞大的物联网设备网络，只需要攻击或控制中央服务器即可。也就是说，控制了这台中央服务器，就控制了整个网络内的设备从发送、接收指令到上传数据等等一切操作。这不仅是一个明显而又严重的安全隐患，而且给中心化物联网的运营方带来了巨大的管理压力。

物联网的终端（通常为传感器）即大多数物联网设备还在依赖纯文本格式的密码。而更糟糕的是，在网络上为设备建立身份和权限时，制造商往往选取默认密码，或者重复使用常见密码。这样一来，设备对于恶意软件的攻击将不堪一击。实践中如此糟糕的安全习惯不仅源自普遍缺乏的安全意识和常识，而且来源于管理如此庞大、松散的中心化设备群的复杂性。这种密码设置方式进一步限制了设备间通信的安全性，由于缺乏数据的解密方式，一旦跨过了中心化的服务器，就没有办法进行设备身份、信息源头以及可扩展性的验证。

12.6.2　数据的可信、溯源问题

在没有加密保障的身份、签名以及以身份为基础的加密方式下，从大多数物联网设备中收集和发送的数据目前还根本无法进行溯源；而在数据没有得到一个完全独立且可信的第三方担保的情况下，人们根本不会信任这些数据。在这种情况下，设备间通信以及交易的摩擦会急剧加大。这就带来了一个新的安全隐患：那些未被加密或加密性不强的数据会被拦截，甚至在传输途中被篡改。这样一来，其他实体（比如他人、公司、设备）对于这些设备所产生的数据的信任度就会进一步降低，而且还有可能让物联网所有者名誉受损。

12.6.3　信息孤岛挑战

如果将物联网视为一个交易网络的组成部分，那么物联网网络则不可避免地是一条极长的价值链，其中包含了众多不同的组件和参与者。沿着数据流向来看各环节：

终端——有传感器收集数据；

网关——负责管理传感器、整合以及上传数据；

存储系统（比如云）——存储和提供数据；

分析引擎——那些能够对数据进行加工并且生成可操作的指令。

在每个环节，所涉及的所有软、硬件都必须采用一组统一的通信标准。

众多的物联网从业者都自成一派，因此这些通信标准各不相同，这就导致整个物联网行业成为一座座孤岛，完全不同的物联网系统在技术上无法实现沟通，更不用说交易。解决这些孤岛和异构网络之间通信的困难是当今物联网中最大的技术挑战之一，并且这阻碍了物联网领域巨大网络效应的进程。

参 考 文 献

[1] 郁有文，常健，程继红. 传感器原理及工程应用[M]. 西安：西安电子科技大学出版社，2008.

[2] 孟立凡，蓝金辉. 传感器原理与应用[M]. 3 版. 北京：电子工业出版社，2015.

[3] 樊尚春. 传感器技术及应用[M]. 北京：北京航空航天大学出版社，2004.

[4] 单成祥，牛彦文，张春. 传感器原理与应用[M]. 北京：国防工业出版社，2006.

[5] 何金田，成连庆，李玮峰. 传感器技术[M]. 哈尔滨：哈尔滨工业大学出版社，2004.

[6] 樊尚春，刘广玉. 新型传感技术及应用[M]. 北京：中国电力出版社，2005.

[7] 张洪润，张亚凡，邓洪敏. 传感器原理及应用[M]. 北京：清华大学出版社，2008.

[8] 孙传友，孙晓斌. 感测技术基础[M]. 2 版. 北京：电子工业出版社，2006.

[9] 董永贵. 传感技术与系统[M]. 北京：清华大学出版社，2006.

[10] 陶红艳，余成波. 传感器与现代检测技术[M]. 北京：清华大学出版社，2009.

[11] 彭军. 传感器与检测技术[M]. 西安：西安电子科技大学出版社，2003.

[12] 张建奇，应亚萍. 检测技术与传感器应用[M]. 北京：清华大学出版社，2019.

[13] 胡向东，等. 传感器与检测技术[M]. 3 版. 北京：机械工业出版社，2018.

[14] 俞阿龙，李正，孙红兵，等. 传感器原理及其应用[M]. 2 版. 南京：南京大学出版社，2017.

[15] 程德福，凌振宝，赵静，等. 传感器原理及应用[M]. 2 版. 北京：机械工业出版社，2019.

[16] 郝晓剑. 光电传感器件与应用技术[M]. 北京：电子工业出版社，2015.

[17] 何兆湘，黄兆祥，王楠. 传感器原理与检测技术[M]. 武汉：华中科技大学出版社，2019.

[18] 廖延彪，黎敏，闫春生. 现代光信息传感原理[M]. 2 版. 北京：清华大学出版社，2016.

[19] 黎敏，廖延彪. 光纤传感器及其应用技术[M]. 北京：科学出版社，2018.

[20] 赵燕. 传感器原理及应用[M]. 北京：北京大学出版社，2010.

[21] 安毓英，刘继芳，李庆辉. 光电子技术[M]. 北京：电子工业出版社，2007.

[22] 徐卫军，刘运飞，陈彦生. 结构健康监测光纤传感技术研究[M]. 北京：中国水利水电出版社，2011.

[23] 方祖捷，秦关根，瞿荣辉，等. 光纤传感器基础[M]. 北京：科学出版社，2014.

[24] 廖延彪，黎敏，张敏，等. 光纤传感技术与应用[M]. 北京：清华大学出版社，2009.

[25] 李昊宇，潘欣裕，郁凯，等. 使用压电传感器的心肺音采集系统研究[J]. 单片机与嵌入式系统应用，2019，19(03)：62-66.

[26] 崔逊学，左从菊. 无线传感器网络简明教程[M]. 北京：清华大学出版社，2009.

[27] 马飒飒，张磊，夏明飞，等. 无线传感器网络概论[M]. 北京：人民邮电出版社，2015.

［28］ 余成波，陶红艳. 传感器与现代检测技术［M］. 北京：清华大学出版社，2014.

［29］ MOUSAVI S S, SCHUKAT M, CORCORAN P, et al. Traffic light control using deep policy-gradient and value-function based reinforcement learning［J］. IET Intell Transp Syst，2017，11(7)：417－423.

［30］ World health statistics 2020：monitoring health for the SDGs，sustainable development goals［EB/OL］. https：//apps. who. int/iris/bitstream/handle/10665/332070/9789240005105-eng. pdf.

［31］ HJ 633-2012. 环境空气质量指数(AQI)技术规定［S］. 2012.

［32］ GB/T 18883—2002. 室内空气质量标准［S］. 2002.

［33］ 艾哈迈德·巴纳法. 智能物联网区块链与雾计算融合应用详解［M］. 北京：人民邮电出版社，2020.

［34］ 中国通信标准化协会. "物联网＋区块链" 应用与发展白皮书. 2019.